改訂2版

やさしくはじめる

ラズベリー・パイ

電子工作で簡易ロボット&ガジェットを作ろう

クジラ飛行机［著］

Raspberry
Pi OS 対応

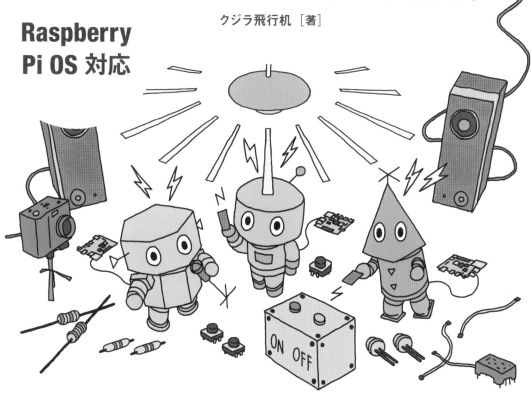

マイナビ

■本書のサンプルファイルについて

本書のなかで使用されているサンプルファイルは以下のURLからダウンロードできます。

https://book.mynavi.jp/supportsite/detail/9784839977566.html/

- ●サンプルファイルのダウンロードにはインターネット環境が必要です。
- ●サンプルファイルはすべてお客様自身の責任においてご利用ください。サンプルファイルを使用した結果で発生したいかなる損害や損失、その他いかなる事態についても、弊社および著作権者は一切その責任を負いません。
- ●サンプルファイルに含まれるデータやプログラム、ファイルはすべて著作物であり、著作権はそれぞれの著作者にあります。本書籍購入者が学習用として個人で閲覧する以外の使用は認められませんので、ご注意ください。営利目的・個人使用にかかわらず、データの複製や再配布を禁じます。

■本書で紹介している接続図について

本書で紹介している接続図は、ソースコードと共にダウンロードすることができます。回路の接続図を見るには、オンラインソフトの「Fritzing」(8ユーロ = 1000円前後)が必要です。Fritzingは以下よりダウンロードできます。

Fritzing (Windows/macOS/Linuxで利用可能)
https://fritzing.org/home/

なお、本書では、回路の配線の接続を示す図を「接続図」と呼んでいますが「実体配線図」と呼ぶこともあります。

■本書に掲載しているプログラムの色について

本書では、ターミナル(P.036参照)という画面に入力する場合については、どこからどこまでを入力するのか分かりにくいため、入力部分に赤い色を付けて掲載しています(プログラムが返してくる文字や、特にその場で入力しないで良い文字は、黒です)。

```
01 $ cat test.txt
02 hello
```

しかし、エディタを使ってプログラムを書く場合は、そのまま入力するのが基本となるため、すべて黒文字で掲載しています。

```
samplefile: src/ch3/led.py

01  # LEDをチカチカするプログラム
02
03  # GPIOなど必要なモジュールを宣言 --- ❶
04  import RPi.GPIO as GPIO # GPIOを利用する
05  import time             # sleepを利用する
```

注 意

- ●本書での説明は、Raspberry Pi 4 Model Bを使用して行っています。使用している環境やソフトのバージョンが異なると、画面が異なる場合があります。あらかじめご了承ください。
- ●本書に登場するハードウェアやソフトウェア、ウェブサイトの情報は本書初版第1刷時点でのものです。執筆以降に変更されている可能性があります。
- ●本書の制作にあたっては正確な記述につとめましたが、著者や出版社のいずれも、本書の内容に関して何らかの保証をするものではなく、内容に関するいかなる運用結果についても一切の責任を負いません。あらかじめご了承ください。
- ●本書中の会社名や商品名は、該当する各社の商標または登録商標です。本書中では ™ および ® は省略させていただいております。

はじめに

本書は、手のひらサイズのコンピューター「Raspberry Pi（以下、ラズパイ）」を使って、ガジェットや簡易ロボットの制作を学ぶ入門書です。ラズパイのインストールから電子工作、さまざまな電子部品の扱い方、カメラやマイクの制御方法など、幅広いトピックを分かりやすく解説します。主流のラズパイ4Bを基本にしつつも、ZeroやPico、3Bなど幅広い機種に対応した解説を載せています。

また、ラズパイは安価で自由度が高いのが魅力ですが、最初は空っぽなので本体だけ買っても何をどうしてよいのか迷うことになります。そこで、本書では、はじめてラズパイに触れる方が疑問に思う点を中心に「何を揃えたら良いのか」「OSをどのようにセットアップするのか」「どんな便利なソフトが使えるのか」「電子工作をどのようにはじめるのか」「簡単なロボットやラジコンを作ってみたい」を順番にスッキリとまとめています。

特に、LEDやディスプレイ、モーター、各種センサーなど、基本的な電子部品をラズパイとどのように接続して、どのように制御するのか、具体的な作例を用いて学んで行きます。本書を一冊手元に置いておけば、ラズパイを使った基本的な電子工作を幅広く楽しむことができるでしょう。

ところで、筆者は子供の頃から自分でロボットを作るのが夢でしたが何からはじめて良いのか悩んでいました。そして、時は2010年代後半になり、IoTやAIのブームが到来しました。発売当初は非力だったラズパイもバージョンを重ねるごとにマシンパワーが上がっており、いろいろな仕事を任せられるようになりました。手軽にロボットや自作ガジェットを作る土台が整ってきました。本書でもWebカメラによる顔認識や、マイクからの音声認識の方法も紹介しています。ぜひ、理想のロボットやガジェット製作を目標にして、本書を読み進めていってください。

なお、本書は2017年に出版された書籍の改訂版です。数年を経てもラズパイの操作や電子工作に大きな変化はありません。しかし、OSの推奨セットアップ方法が一新されより簡単になりました。そしてラズパイ自体の性能も大幅にアップしました。そこで、改訂版では最新のRaspberry Pi OSを使った操作手順に差し替えました。また紹介する電子部品をより便利で入手容易なものに変更しています。より便利で楽しくなったラズパイを本書と一緒に楽しみましょう。

● 本書の特徴
本書では、ラズパイの使い方から、ラズパイのプログラム、電子部品をつなげて使う方法、簡易ロボットやカメラを利用したガジェットなどの開発テクニックまで幅広く解説します。

● 謝辞
本書の執筆において、たくさんの応援をいただきました。この場を借りて感謝を表明します。
EZNAVI.net（望月）様、totomods様、Y.Hirose様、マイナビ出版 伊佐様

ロボット・ガジェット作りの道を概観しよう

前のページで述べたように、本書は、ラズパイを使って、自分だけのオリジナル・ロボットやガジェットを作ることを目標にしています。自作の良さは、好きな機能を選んで追加できることです。最初に、ガジェットやロボット作りの道を概観してみましょう。

● なぜラズパイなのか!?

ロボットやガジェットを作るのに、なぜラズパイが必要なのでしょうか。それは、ラズパイが安定供給されており、安価で入手しやすいことが一番の理由です。そして、ラズパイに関する資料が豊富に揃っています。ラズパイをその中核に据えておけば、問題にあたったとき、資料を調べやすいというのが大きな理由です。

本文中で紹介しますが、ラズパイには、インターネットに接続するLANポート、さまざまな機器を接続できるUSBポート、HDMIディスプレイ出力に加えて、GPIOと呼ばれる汎用入出力ポートが搭載されています。このGPIOにさまざまな電子部品をつないで制御することができるのです。ラズパイを中心にして、さまざまなセンサーや機器を接続できる環境が整っていることは、大きなメリットです。

● ラズパイでガジェットやロボットを作るまでのステップ

本書では、ラズパイでガジェットやロボットを作るまでを順に説明していきます。とはいえ、ラズパイを購入し手に取ると分かる通り、見た目には基板むき出しのそっけない緑色の板です。これを使って、ガジェットやロボットを作るまでには、それなりの知識が必要となります。

ラズパイを利用するために、まずラズパイOS「Raspberry Pi OS（ラズベリーパイ オーエス）」を使いこなす必要があります。このOSは、Linuxをベースに開発されています。そのため、多少なりともLinuxに関する知識が必要となります。これには、ターミナルからコマンドを操作することが含まれます。また、電子回路を作成するために、電子工作に関する知識も必要となります。そして、電子回路を制御するために、プログラミングの知識が必要です。

こうして見ると、大変そうという印象があります。しかし、多くの人が電子工作に挑戦していることから分かるように、それぞれの知識は、それほど深くなくても実践可能です。それに、これらの知識は、本書を読むことで身につけることができます。

● ラズパイのOSについて

ところで、ラズパイ購入時には、OSがインストールされていません。ですから、まずは、ラズパイにOSをインストールしなくてはなりません。しかも、ラズパイには、HDD/SSDなどのストレージも用意されていないのです。ストレージとなるSDカードを準備し、そこにOSをインストールする必要があります。本書のChapter 1では、ラズパイの購入からOSのインストールや設定の方法まで紹介します。

● プログラミングについて

ラズパイで電子工作を行うには、プログラミングを行う必要があります。プログラミングを行うことで、いろいろな仕掛けを作ることができます。

ラズパイでは、Python、C言語、JavaScript、PHP、Rubyなど、いろいろなプログラミング言語を利用することが可能です。本書では、ラズパイで最も利用されている言語Pythonを利用する方法を紹介します。Chapter 2ではPythonの開発環境を整える方法を解説します。

ちなみに、電子工作のためのプログラミングは、それほど難しいものではありません。変数やif文やwhile文などの制御構文、関数について文法の基礎が分かっていれば十分でしょう。そもそも、プログラミング言語のPythonは手軽に使える言語です。他のプログラミング言語を経験したことがある人であるなら、すぐにマスターできるでしょう。もし、手っ取り早くPythonの基礎を学びたいという方は『実践力を身につけるPythonの教科書』(マイナビ出版)がオススメです[※1]。

● 電子工作について

そして、本書のChapter 3、Chapter 4では、電子工作の基礎を学びます。「工作」とは言っても、面倒な作業はありません。ハンダ付けしたり、部品を組み立てたりする場面は、少しだけです。ほとんどの電子部品は、ボードに差し込むだけで使うことができるのです。電子工作に対する敷居は非常に低いと言えるでしょう。

● しゃべったり、光ったり、動いたりするロボット

ところで、どんなロボットを作ってみたいでしょうか。やはり、見たり、聞いたり、話したりすることのできるロボットを作ってみたいですよね。最後のChapter 5では、そうしたロボットを作る上で欠かせない技術を学びます。画像処理、音声認識、音声合成などにも挑戦してみましょう。

● さあ、始めよう！

ラズパイを使ったガジェットやロボット工作は、とても楽しいものです。そして、基礎さえ押さえてしまえば、さまざまな思い通りのガジェットを作ることができるようになります。簡単なガジェットで日々の困ったことを解決することもできるでしょう。Linux、電子工作、プログラミングと乗り越えるべき壁はありますが、それ以上の見返りがあります。本書を通して楽しく学んでいきましょう！

※1　これは、筆者(クジラ飛行机)が書いた入門書で、評判も良いのでぜひ本書と併せてご利用ください！

Contents

Chapter 4　いろいろな電子部品を使ってみよう ── I2C/SPI通信　147

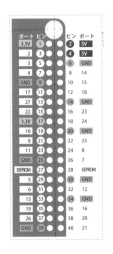

【付録】原寸大GPIOポート図

左に掲載しているのは、Raspberry Pi Model B／Zeroの原寸大GPIOポートに、ピン番号とポート番号を入れたものです。

切り取ってピン中央で折り、ラズパイのピンの横に当てたり、または千枚通しでピン部分に穴を空けてピンに挿したりすると、ワイヤの挿し間違いが防ぎやすくなります。ぜひ使ってみてください。

サポートサイトからPDFでのダウンロードも可能です。

Chapter 1

ラズパイを
セットアップしよう

最初に、ラズベリーパイ（以下、ラズパイ）の入手からセットアップの方法までを紹介します。意外なことに、ラズパイは最初、空っぽなんです。セットアップの方法を、分かりやすく各ステップごとに確認していきましょう。

Chapter 1-1

ラズベリーパイとは？

この節のポイント

● ラズベリーパイについて基本的なことを知っておこう

● ラズベリーパイのモデルとスペックを知っておこう

● ラズベリーパイのOSの種類と本書で使うOSについて知っておこう

ラズベリーパイについて

本書では『ラズベリーパイ（Raspberry Pi、以下ラズパイ）』を使って、電子工作をしたり、簡易的な自作ロボットを作ったりする方法を紹介します。まずは、手のひらサイズの超小型コンピューター「ラズベリーパイ」について概観してみましょう。

ラズベリーパイとは、手のひらサイズの超小型コンピューターです。開発元は、イギリスのラズベリーパイ財団です。ラズパイは、もともと、英国で教育向けの安価なコンピューターとして開発されました。学校などで基本的なコンピューター科学の教育を促進することを意図していたのです。しかし、ふたを開けてみると、教育用としてだけでなく、電子工作ファンや、職場や家庭でネットワークにつながるちょっとした小型コンピューターを必要としていた、大勢の人々が、ラズパイに飛びつきました。

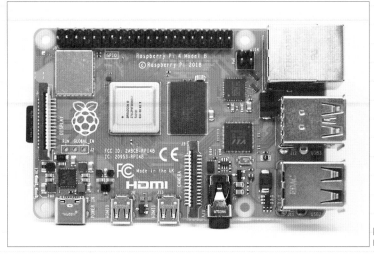

図1-1-1
Raspberry Pi4 model B

ラズパイは熱烈に支持されて世界中で大ヒットを記録しました。なんと、2013年10月までに200万台、2014年6月までに300万台、2015年2月までに500万台、2016年2月までに800万台も販売されました。そして、2019年末で3,000万台、2021年1月には3,700万台と年間約600万台のペースで売れています。

その人気の要因は、一般の人が個々のニーズにあったハードを自作する『メイカームーブメント（Maker Movement）』や『IoT（モノのインターネット；Internet of Things）』の盛り上がりです。ちなみに、IoTとは、あらゆる「モノ（物）」がインターネットに接続され、情報を送り合ったり、コントロールできるようになるというコンセプトのことです。ラズパイの登場により、自分が欲しいと思ったガジェットを自分で手軽に作ることができるようになったのです。

ラズパイは小型で安価であり、インターネットにつながるだけでなく、USBや、汎用入出力のGPIOなど、センサーやデバイスを接続するための入出力ポートが備わっています。そのため、ラズパイはIoTを実現するのにぴったりのデバイスなのです。さまざまなセンサーや画像、音声などの情報を処理して、サーバーに蓄積したり、状況に応じた反応を返したりと、ラズパイを使えば、アイデアを素早く形にすることができるのです。

ラズパイで何ができる？

小型で安価なラズパイですが、以下のように、さまざまな用途に利用することができます。

● **デスクトップパソコンとして使う**
  Webブラウザ、オフィス文書作成
  ゲームやプログラミングなど

● **サーバーとして使う**
  Webサーバー、ファイルサーバー
  メディアサーバーなど

● **電子工作に使う**
  カメラやマイクなどを接続可能
  LEDや赤外線など、さまざまなセンサーを接続可能

ラズパイの性能は、それほど高くはないとはいえ、Webブラウザでネットを見たり、WordやExcelなどのオフィス文書を互換アプリで作成したり、ゲームで遊んだりプログラミングしたりと、私たちがパソコンでしたいことをひと通り行うことができます。

また、ラズパイで動かすことのできる大半のOSはLinux（リナックス）をベースに開発されています。LinuxはWebサーバーなどで広く利用されているOSでもあります。そのため、高性能で安定動作する、Apache（P.082）などのWebサーバーアプリをインストールすれば、Webサーバーとして利用できます。そうすれば、小規模オフィスや、家庭内でデータやファイルを共有する目的でラズパイを使うことができます。ラズパイの消費電力は一般的なパソコンに比べて低いため、常時起動させておくサーバー用途にぴったりと言えます。

そして、本書で主に扱う内容ですが、電子工作の心臓部としてラズパイを利用することができます。カメラから取得した画像を定期的にネットにアップしたり、センサーから取得した値を分析してTwitterに投稿したりと、アイデア次第でさまざまなガジェットを作ることができます。楽しく便利な電子工作を行うのに、ラズパイを外すことはできないでしょう。もちろん、自分で小型ロボットを作ろうと思ったら、ラズパイが第一候補となります。

ラズパイのスペックとモデル

ラズパイは、『シングルボードコンピューター』という種類に分類されます。シングルボードコンピューターとは、むき出しのプリント基板の上に、電子部品と最低限の入出力装置を付けただけの極めて簡素なコンピューターのことを言います。

また、1つのボードの上に、すべてが乗っているという意味で、ワンボードマイコンとも言うことができます。ラズパイが成功したので、後に続けと、インテルやその他のメーカーからも、シングルボードコンピューターが発売されています。

さて、ラズパイには、いくつかの種類があります。種類としては、1A/1A+/1B/1B+/2B/3B/3B+/4B/Zero/Zero W/Zero WH/Picoと多くのバリエーションがあります。Zeroシリーズは安価でスペックが低く用途が限られます。PicoシリーズはRaspberry Pi OSが動きません。そこで、本書では初心者でも容易に扱えるBシリーズを推奨しています。ここで各モデルのスペックをまとめてみましょう。

モデル	発売日	CPU	GPU	メモリ	USB	GPIO	電源	ネットワーク
1 Model B	2012年2月	ARM1176JZF-S シングルコア 700 MHz	250 MHz	256MB /512MB	2	26ピン	1.2A	LAN
1 Model B+	2014年7月	ARM1176JZF-S シングルコア 700 MHz	400 MHz	512 MB	4	40ピン	1.8A	LAN
2 Model B	2015年2月	ARM Cortex-A7 クアッドコア 900 MHz	400 MHz	1GB	4	40ピン	1.8A	LAN
3 Model B	2016年2月	ARM Cortex-A53 クアッドコア 1.2GHz	400 MHz	1GB	4	40ピン	2.5A	LAN /Wifi/Bluetooth
3 Model B+	2018年3月	ARM Cortex-A53 クアッドコア 1.4GHz	400 MHz	1GB	4	40ピン	2.5A	LAN /Wifi/Bluetooth
4 Model B	2019年6月	ARM Cortex-A72 クアッドコア 1.5GHz	Dual Core 500MHz	1GB/2GB /4GB/8GB	4	40ピン	3.0A	LAN /Wifi/Bluetooth
Zero	2015年11月	ARM1176JZF-S シングルコア 1GHz	250 MHz	512MB	1	40ピン	1.2A	なし
Zero W/WH	2017年2月	ARM1176JZF-S シングルコア 1GHz	250 MHz	512MB	1	40ピン	1.2A	Wifi/Bluetooth
Pico	2021年2月	ARM Cortex-M0 デュアルコア 133MHz	-	2MB	1	40ピン	1.8–5.5V DC	なし

各モデルで一番異なるのは、CPUの速度と搭載メモリでしょう。バージョンが上がるにつれ、スペックがよくなっています。また、ネットワークに関して、従来モデルではLANポートだけでしたが、3BになってWi-FiやBluetoothが内蔵されました。そして、4BではCPU/メモリが大幅に向上しました。本書では、主に「Raspberry Pi 4 model B」を対象として書いていきますが、大抵のプログラムは「Raspberry Pi 3 model B」や「Raspberry Pi Zero WH」でも動作させることができるでしょう。

ちなみに、1B+/2B/3B/4B/Zero/Zero WH(W)は汎用入力GPIOのピンの数や配置が同じなので、本書の電子工作を、同じように作ることができます。

ラズパイのOSについて

OS (Operating System)とは、コンピューターにおいて、最も基本的なソフトウェアであり、ハードウェアを抽象化し、コンピューター資源を管理するものです。私たちが普段耳にするPC用のOSとしては、Windowsや、macOS、Ubuntu (Linux) などが有名ですね。世の中には、いろいろなOSがあるものです。

ラズパイでは、Raspberry Pi OS / Ubuntu / Windows 10 IoT Core / OSMC / LibreELEC / PiNet / RISC OS などが利用できます (**図1-1-2**)。このように、かなりたくさんのOSを利用できます。とにかく、いろいろなOSを利用できることに驚いたことでしょう。

しかし、いったいどれを選んだら良いのでしょうか。このうち、ラズパイの Web サイトで、最も目立つところに配置されているのが、「Raspberry Pi OS (ラズベリーパイ オーエス)」です。このOSは、以前はRaspbian (ラズビアン) という名前でしたが2020年5月に「Raspberry Pi OS」へと改名されました。これは、Linuxの有名なディストリビューションである「Debian (デビアン)」をベースとしつつ、それを、ラズパイ用にカスタマイズしたものであり、事実上、ラズパイで最も利用されているOSです。資料も多いので、どれにしようか迷ったら、「Raspberry Pi OS」を選ぶと良いでしょう。しかし、どのOSを利用しても良いというのが、ラズパイの面白さの1つとなっています。余裕があれば他のOSに挑戦してみるのも楽しいことでしょう。本書では、ラズパイで最も利用されているOSである「Raspberry Pi OS」に絞って、インストールから操作方法まで紹介します。

本書でも、最も利用されているOSの「Raspberry Pi OS」に絞って、インストールから操作方法まで紹介します。

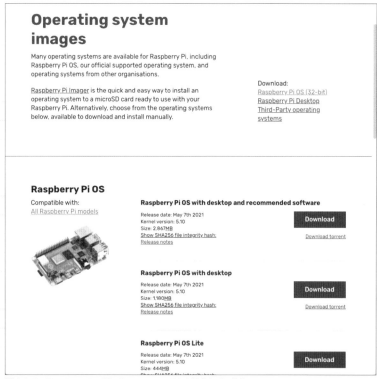

図1-1-2　Raspberry Piでは、Raspberry Pi OSを使うのが一般的

図1-1-3　Raspberry Pi OS以外のOSも利用できる

Windowsがラズパイで動く?

ラズパイのOSの中に、Windowsがあるのにお気づきでしょう。普段Windowsをお使いの方であれば、ラズパイでもWindowsを使いたいと思うことでしょう。しかし、ラズパイで動かすことのできるWindowsは、「Windows 10 IoT Core」というバージョンです。これは普通のWindowsとはちょっと違って、デスクトップ環境や、マルチウィンドウシステム、コマンドプロンプトなどを使うことができません。つまり、普通のWindowsをラズパイで動かせるものではないのです。しかし、Windows 10 IoT Coreを使うと、Windowsのアプリ開発でよく使われるプログラミング言語「C#」で作ったプログラムをラズパイ上で動かすことができます。本書では扱いませんが、C#が得意な方には嬉しいものです。

この節のまとめ

今や、ラズパイは、電子工作や小型コンピューターとして大人気です。IoTの実践にラズパイはぴったりです。なお、ラズパイにはいろいろなタイプが発売されているので、購入の際に注意が必要です。基本的に「model B」シリーズの方が、スペックが高く扱いやすいものです。そして、新しいモデルが出るたびに、2B、3B、4Bと数字が上がり、マシンスペックも向上し付属機能も増えています。なお、ラズパイ用にさまざまなOSが用意されていますが、本書では、ラズパイ推奨のRaspberry Pi OSを利用する方法を紹介します。

ラズパイを購入しよう
── Chapter 1の買物リスト

この節のポイント

● ラズパイはどこで購入できるのか、確認しよう

● ラズパイと一緒に何を買ったらいいのか知っておこう

ラズパイは家電量販店に売っていない

ラズパイは、毎年600万台以上累計3,700万台以上を販売する大人気コンピューターであるにも関わらず、近所の家電量販店には売っていません。ここでは、ラズパイの購入方法を紹介します。

ラズパイが近所の家電量販店では売っていないのは、ラズパイの性質上、仕方がないことでしょう。ラズパイは基盤むき出しのシングルボードコンピューターであり、明らかに一般向けのコンピューターではないからです。結論から言うと、**インターネットのオンライン通販サイト**、あるいは、**電子パーツ専門店**で購入する必要があります。つまり、ラズパイを始める最初の一歩は、ラズパイと周辺機器を購入することであると言えます。

買物リスト ── 本体と一緒に周辺機器も買おう

ラズパイを買って箱を空ければ分かりますが、名刺サイズで薄い板状のボードが入っているだけです。ですから、ラズパイを始めるにあたって、別途、電源やモニターやキーボード、マウスなどを購入する必要があります。

機器	説明
Raspberry Pi本体	本書では、Raspberry Pi 4 model B を推奨
microSDカード	公式では、容量は8GB以上、高速なクラス10を推奨（本書では16GB、クラス10を推奨）
USBキーボード	USB接続のキーボード。ラズパイゼロでは、USB-A を microUSB につなぐためのアダプタも必要
USBマウス	USB接続のマウス。ラズパイゼロでは、USB-A を microUSB につなぐためのアダプタも必要
USB電源アダプター	ラズパイを動かすための電源。アンペア表記に注意（※1）
USBケーブル	電源アダプターとラズパイをつなげる （ラズパイ4BならUSB Type-C ケーブル、3B/3B+/ゼロならMicroUSBケーブルが必要）
HDMI対応モニター	HDMI対応のPC用ディスプレイや液晶テレビも利用可
ラズパイ用ケース	あると便利。自作も可
LANケーブル	必須ではないがあると便利
SDカードリーダー	PCに付いていれば不要

※1　USB電源アダプターの選択は特に重要です。本文（P.011）を参照してください。

Chapter 1では、ラズパイの基本的なセットアップを行いますが、ここで必要となる機器を前ページの表にまとめてみました。どれも一般的なパソコン周辺機器ですが、注意点もありますので、購入前に、本節の解説を一読することをオススメします。

なお、Chapter 3以降で説明する電子工作で必要なものは、P.088で紹介しています。まとめて購入したい方はこちらもご確認ください。

自由度が高いだけで難しい訳ではない

家電量販店には売ってなくて、キーボードも、マウスも、ディスプレイも何も付いてない……と言うと、ハードルが高く、ちょっと難しいもののように感じるでしょうか。大丈夫です。本書が手元にあれば、それほど悩むことはないでしょう。しかも、ラズパイの周辺機器は、どれも一般的なものであり、それをUSBポートやディスプレイポートに差し込むだけですから非常に簡単です。

どのモニターを使うのか、どのキーボードを使うのか、どのマウスを使うのか……。それらすべてを私たちが自分自身で選ぶことができるというだけです。自由に自分の好みにあったものを選んで揃えることができます。

もしかすると、家に使っていないキーボードやマウスがあるかもしれません。そうであれば、ラズパイ用に別途買う必要はありません。また、家にある液晶TVには、HDMI入力端子がついていますか？　そうであれば、モニターも買う必要はありません。パソコンやガジェット好きの方であれば、こうしたものはすでに持っていることが多いものです。もしなかったとしても、それほど高いわけではありませんので、予算と相談して、ラズパイ本体と同時に購入すると良いでしょう。

ラズパイのセットアップにはパソコンが必要？

先の買物リストの内容に加えて、インターネット接続のあるパソコン（Windows/macOS）も必要です。これは、ラズパイを購入したり、OSをセットアップするのに利用します。ラズパイの起動にはmicroSDを利用するので、パソコンにSDカードリーダーが付いていなければ、それも必要です。

ちなみに、ラズパイのOSが入ったmicroSDが販売されており、これを購入すればパソコンがなくてもラズパイを使うことができます。しかも、本書のOSインストール作業を飛ばすことができます。

とはいえ、トラブルが起きてラズパイOSを入れ直すことも多々あるので、やはり、一般的なパソコンがあれば便利です。もちろん、トラブルに備えて、予備のmicroSDカードを用意しておけば、トラブルが起きたときは、SDカードを差し替えて、トラブルのあったラズパイSDカードを復旧するということもできるので、必ずパソコンが必要となるわけではありません。しかし、本書では、より一般的な方法として、WindowsやmacOSを利用して、ラズパイをセットアップする方法を紹介します。

ラズパイを購入しよう

さて、ここでは、ラズパイの購入が可能なオンラインショップを紹介します。次のサイトからラズパイ本体を購入することができます。

Chapter 1-1でラズパイには、いろいろなバージョンやモデルがあることを紹介しました。これから、ラズパイを購入される方は、「model B」シリーズの最新版を探して選ぶと良いでしょう。本書改定時点の最新版はRaspberry Pi 4 model Bです。もし、電子工作を中心に利用したい方であれば、より安価なRaspberry Pi Zero WH（以後、ラズパイゼロと略します）も選べます。本書では、ラズパイゼロで動く作例に関しては「ラズパイゼロOK」のアイコンを示します。

図1-2-1　AmazonでRaspberry Pi 4 ModelBを検索したところ

各種オンライン通販サイトで、ラズパイを購入できます。大手通販サイトのAmazonでもラズパイを購入できますし、いろいろな電子部品を販売している秋月電子通商やSWITCH SCIENCEでも購入できます。なお、「Raspberry Pi 4 model B」には、搭載メモリが、1GB、2GB、4GB、8GBの4種類のモデルが発売されており、メモリ容量によって価格が異なります。本書の範囲では2GBのモデルでも十分動きます。ただし、値段は高くなるもののメモリが大きな方が快適に動きます。

図1-2-2　本書執筆時の参考価格で価格は変動している

また、Amazonを利用する場合、複数のラズパイ本体が出品されているので、一度商品検索をして他に安いものがないか調べてみると良いでしょう。

● Amazon
　[URL] https://www.amazon.co.jp/

● SWITCH SCIENCE > Raspberry Pi
　[URL] https://www.switch-science.com/catalog/list/?keyword=raspberry+pi

● 秋月電子通商 > Raspberry Pi Model B
　[URL] https://akizukidenshi.com/catalog/goods/search.aspx?sort=rd&search=x&keyword
　　　=Raspberry+Pi+Model+B

● Raspberry Pi Shop by KSY
　[URL] https://raspberry-pi.ksyic.com/

はてな?

どのラズパイを買えば良いのか?

本書のオススメは原稿執筆時点の最新モデル「Raspberry Pi 4 model Bの8GB」です。しかし、半額で買える2GBのモデルでも基本的には十分楽しめます。また、電子工作が中心という方であればラズパイゼロでも十分です。ただし、ラズパイゼロを使う場合、OSのデスクトップを動かすので精一杯です。いろいろなデスクトップアプリを動かしたり、ブラウザでWebサイトを見るには力不足です。本書で紹介しているプログラムも一部動きません(ただし、動かないものには注が入っています)。
普通のPCを買うよりもずっと安く多目的に使えるのがラズパイの魅力です。この後紹介するマシンスペックを参考にしつつ、お財布と相談して購入すると良いでしょう。

【参考価格】(値段は時期により上下します)
・Raspberry Pi 4 model B / 8GB ... 10,340円
・Raspberry Pi 4 model B / 4GB ... 7,700円
・Raspberry Pi 4 model B / 2GB ... 5,225円
・Raspberry Pi Zero WH ... 1,848円

ところで、オンラインショップで購入する際に、気にしたいのは「送料」です。いくら本体が安くても、送料が高ければ実質の支払金額で損をしてしまいます。それで、機器の値段だけでなく、送料の有無を確認しましょう。また、送料が必要であっても、ラズパイ本体と一緒に周辺機器や電子工作で必要な部品と併せて買うことができれば、結果的には支払金額が安くすみます。

周辺機器について

ラズパイ本体に加えて、周辺機器が必要です。ここでは、周辺機器を購入する上でのポイントや注意点を紹介します。

USB電源アダプターとUSBケーブルについて

前述のとおり、ラズパイ本体には、電源アダプターもケーブルも付いていません。そこで、USB電源アダプターとUSBケーブルが必須となります。購入に際しては、電源アダプターのアンペアに注意しましょう。

今では、スマートフォンの充電などで、USB電源アダプターが一般的になっています。

最近では、100円ショップでもUSB電源アダプターを販売しています。しかし、ラズパイのModel Bは消費電力が大きく、3Bでは2.5A、4Bでは5V/3.0Aの出力ができる電源アダプターを推奨しています。残念ながら、100円ショップで売っている電源アダプターの多くは、スマートフォン用のものであり、「高速充電に対応している」と書かれているものでも出力が2.1Aや1Aしかないものが多いようです。アンペア数の低い電源アダプターでは、ラズパイを安定して動かすことができません。

また、ラズパイのモデルにより、電源用USB端子の形状が異なりますので、間違えないように注意しましょう。

TIPS

ラズパイのモデル別必要電源とUSB端子の形状

機種	必要アンペア	USB端子の形状
Raspberry Pi 3 Model B	2.5A	microB
Raspberry Pi 4 Model B	3.0A	Type-C
Raspberry Pi Zero WH	1.2A	microB

なお、ラズパイゼロであれば1.2Aで動くので、安価なスマートフォン用の電源も使えます。

電源不足によるトラブルに注意

ちなみに、筆者がラズパイ4Bで試してみたところ、急速充電に対応したUSB充電器であれば、ラズパイOSを起動して簡単なアプリを動かすことができました。しかし、周辺機器を使ったり、電子工作をしたり、高負荷な処理を実行するなど、何かのタイミングで処理が途中で止まってしまうという症状が出ました。

もしラズパイの動作が不安定だと感じたら、電源アダプターのアンペア数を疑ってみると良いでしょう。なお、USB電源アダプターには小さな字でアンペア数が記載されているので確かめてみてください。

図1-2-3　電源アダプターは5V 3.0Aのものを選ぼう

電源アダプターに関しては、該当するラズパイモデル対応をうたっているものを購入するのが安心です。また、USB
ケーブルを選ぶ際も、データ通信専用のケーブルではなく、充電用のケーブルを選ぶと良いでしょう。

microSDカードについて

ラズパイは、OSをmicroSDカードに入れて動かします。つまり、microSDがパソコンのストレージ（HDD/SSD）に
相当します。そのため、microSDカードはとにかく高速に読み書きできるものがオススメです。microSDカードの最
大転送速度を確認して選ぶと良いでしょう。本書では、後半部分でいろいろなソフトウェアをインストールしますので、
64GB以上の大容量のものをオススメします。また、microSDからSDカードへの変換アダプタが付いているものだ
と便利です。

そして、注意点ですが、ラズパイとmicroSDにいくらか相性があるようです。「Raspberry Pi 動作確認済み microSD」
で検索してみて、動作保証が取れているものを買うと失敗がないでしょう。

加えて、安価なmicroSDカードを買うと当たり外れがある場合もあります。そのため、動作確認済みのmicroSDカー
ドを選んでも、うまく動かない場合もあるかもしれません。不良品であれば交換してもらうこともできますが、お金
に余裕があれば念のため異なるメーカーのものを数枚購入すると安心です。

モニターとHDMIケーブルについて

ラズパイの画面を出力するために、HDMI対応のモニターかTVが必要です。パソコン用のモニターがオススメですが、
TVにも接続できます。最近のTVには、大抵HDMI入力端子が付いているので、一度、自宅のTVの側面や裏側をの
ぞき込んで確認してみると良いでしょう。なお、モニターを購入する際には、HDMI入力端子がついていることを確
認すると良いでしょう。

ちなみに、HDMIにはいくつか端子がありますが、
ラズパイのモデルごとに端子の形状が異なるので
注意しましょう。ラズパイ4Bではmicro HDMIが
使われており、ラズパイゼロではmini HDMI、ラ
ズパイ3Bでは標準HDMIです。HDMIケーブルを
購入する際は注意してください。

また、標準HDMIとmicro HDMI / mini HDMIを変
換するアダプターも発売されています。すでにHDMI
ケーブルが手元にあるなら、買い直すより変換ア
ダプターを買う方がお得かもしれません。

標準HDMI　　mini HDMI　　micro HDMI

図1-2-4　HDMIにはさまざまな種類がある。ラズパイ4ではmicro HDMI
を使う

なお、最近のモニターやTVは大抵HDMI入力に対応していますが、古いパソコン用モニターには、VGA/DVI端子の
みで、HDMI端子に対応していないものもあります。その場合、HDMI→VGAの変換コンバーターもあるので予算と
相談しつつ、自宅にある機材を上手に活用すると良いでしょう。

USBキーボードとUSBマウス

ラズパイを操作するためには、USBにつなげるキーボードとマウスが必要です。もし、デスクトップPCを持ってい
る方であれば、大抵のキーボードとマウスは、USBにつないで使うものでしょうから、それを流用することができます。

ただし、昔のキーボードとマウスは、PS/2端子のものが主流でしたから、**USB接続**かどうか確認してみましょう。PS/2からUSBへの変換コネクタもありますが、変換コネクタよりも、マウスやキーボードの方が安く売っている場合も多いです。また、ラズパイゼロは通常のUSB-Aは挿せませんので、USB-AをmicroUSBに変換するアダプタも必要です。

ちなみに、以前、筆者はラズパイ用にワイヤレスのキーボードとマウスを買ったのですが、ラズパイを常時オンで使っていたところ、あっという間にワイヤレスの電池が切れてしまって、電池交換が大変でした。監視カメラやファイルサーバーなど、常時起動しておく用途でラズパイを使う場合には、有線の方が適しているかもしれません。

また、注意点ですが、ラズパイ3B以降のモデルにはBluetoothがついているので、Bluetoothキーボードも利用できます。しかし、ラズパイの設定を終えないとBluetoothの設定ができません。ラズパイの設定にはUSB接続のキーボードが必要になります。つまり、Bluetoothキーボードだけがあってもラズパイを使えません（もちろん、ネットワーク経由でラズパイに接続して、Bluetoothの設定を行うことも可能ですが、この場合、VNC/SSHなどの知識が必要になります。詳しくは本書Chapter 2-2のP.047をご覧ください）。

LANケーブルについて

ラズパイ3B以降のモデルであれば、Wi-Fiに対応しています。そのため、LANケーブルは必須ではありません。それでも、ラズパイの設定時には、物理的なLANケーブルでつなげた方がトラブルは少ないでしょう。Wi-Fi接続は、無線LANルーターとの相性もあり、時になかなかつながらず悩むこともあります。筆者は、100円ショップのLANケーブルを試してみましたが問題なく動作しています。

PCがあれば、モニターもキーボードも使わないという選択肢もある

ラズパイをパソコンのように利用したい場合には、モニターやキーボード・マウスは必須です。しかし、別途パソコンがある場合には、ネットワーク経由でラズパイに接続し操作するという方法もあります。

ラズパイには、SSHやVNCというサーバーアプリがインストールされており、それぞれ、パソコンからラズパイに接続して操作できるようになっているのです。ラズパイを電子工作やサーバー用途で使いたいという場合には、あえてモニターやキーボードをつなげないこともあります。

そして、インストール作業自体も、ネットワーク経由で行うことができます。ただし、Linuxやネットワークに詳しいことが前提となります。本書では、モニターやキーボードを、実際にラズパイにつなげて操作するという前提で、作業方法を紹介していきます。

この節のまとめ

ラズパイは、オンライン通販などで購入することができます。ただし、ラズパイ本体に加えて周辺機器一式を揃える必要があります。しかし、すべてを一式、新品で揃えたとしても、新品のパソコンを買うよりもずっと安い値段です。また、ラズパイで使う周辺機器は、一般的なタイプのものがほとんどです。家にある周辺機器をうまく流用すると、より安価にラズパイ環境を整えられます。

ラズパイ各部の名称と働き

手のひらサイズに、大きな可能性を秘めたラズパイですが、各部には何がついていて、どんな働きをするのでしょうか。ここでは、ラズパイの各部の名称と働きを確認してみましょう！

各部の名称と働き

それでは、ラズパイを概観してみましょう。以下は、Raspberry Pi 4 model B です。

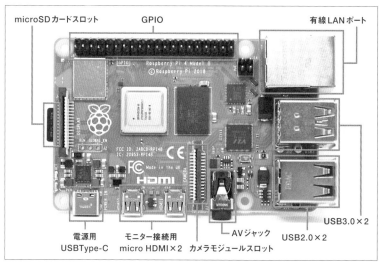

図1-2-A　Raspberry Piの各部と名称

この写真の右上から時計回りに見てみましょう。右上には、**有線LANポート**(イーサネットポート)があります。ここに、LANケーブルを差し込み、ブロードバンドルーターとラズパイをつなげることで、インターネットにつながります。

右下には、**4つのUSB端子**があります。ここに、マウスやキーボードを挿して利用します。もちろん、USB端子にはいろいろなUSB対応機器を差し込んで利用することができます。ただし、ラズパイは低電力で動いていますので、ポータブルハードディスクなど、この**USBから電力を得て動く周辺機器**の中には、電力不足で動かないものもあります。そうした機器を利用するには、別途給電機能のついたUSBハブを利用します。なお、USB2.0の口が2つ、3.0の口が2つであり、LANポートに近い方(青色)がUSB3.0となっています。

USBポートの左には、**4極ミニジャック**(AVジャック/オーディオジャック)があります。これは、主に、ラズパイで音を出力したい時、スピーカーと接続する時に利用します。ですが、実は、RCA出力ジャックとなっており、アナログAV出力とオーディオ出力の機能を持っています。そのため、RCAケーブルを利用して設定を変更することで古いTVをラズパイのモニターとして利用することもできます(ただしHDMI端子の利用が推奨されています)。

その左には**ラズパイ専用カメラモジュール**のためのスロットがあります。カメラモジュールについてはChapter 5 (P.217)をご覧ください。

その左には、**micro HDMI端子**があり、ここからモニターのHDMI端子と接続します。すでに紹介した通り、HDMI端子にはいろいろな種類がありますので、モニターとラズパイの接続の際には、HDMI端子の形状にあったケーブル（P.012）を用意しましょう。形状を変換するアダプターも安価です。なお、ラズパイ4には二系統のHDMI端子があり、2つのモニターに接続できます。モニター1つで使う場合は、USB Type-Cの電源に近い方の端子を使いましょう。電源に近い方が、HDMI0で、遠い方がHDMI1という名前になっています。

HDMIの左には、**USB Type-Cポート**があります。これは電源アダプターに接続するためのものです。データ通信には使えないので気をつけましょう。

左側背面には、**microSDカードスロット**があります。ここにmicroSDカードを挿入します。そもそも、ラズパイ本体には、ストレージ（HDDやSSD）が付いていません。ですので、microSDカードをストレージとして利用します。microSDにOSを書き込んで、ラズパイに差し込めばラズパイを動かすことができます。逆に言えば、SDカードを差し替えるだけで、異なるOSや実行環境に変えることができるのです。電子工作用のラズパイ環境、監視カメラ用のラズパイ環境、ファイル共有サーバー用のラズパイ環境などを作っておいて、必要に応じてSDカードを差し替えるという使い方ができます。

そして、ラズパイの上側には、**40ピンのGPIO**（汎用入出力）がついています。GPIOというのは、General Purpose Input/Outputの略で、電子工作を行うときに、このピンにさまざまな電子部品をつないで操作したり、センサーの値を読み取ったりします。ラズパイ人気の立役者とも言えるものです。

各部の名称と働き —— Raspberry Pi Zero WHについて

次に、Raspberry Pi Zero WH について見ていきましょう。基本的にはGPIOが40本ある点、microSDカードからOSが起動する点など、ラズパイゼロもラズパイ4と同じです。そのため、詳しい説明は省きます。しかし、電源および機器接続のためのUSBポートがmicro USBであること、モニター接続にはmini HDMIを使うことなど、異なる点もあります。そして値段が安価であることからも分かるとおり、搭載CPUやメモリなど4Bと比べると低いものとなっています。

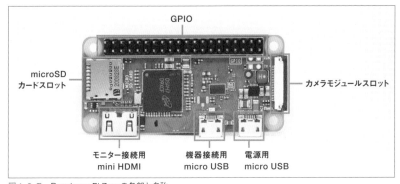

図1-2-B　Raspberry Pi Zeroの各部と名称

ラズパイにOSをインストールしよう

ラズパイゼロ OK

この節のポイント

● ラズパイ OS をインストールしよう

● Raspberry Pi Imager を使ってインストールしてみよう

OSをインストールする方法について

それでは、ここから実際にラズパイをセットアップしましょう。ラズパイは、購入した直後は、空っぽでOSすら入っていません。そこで、最初に、ラズパイにOSをインストールしましょう。通常、OSのインストールは大変ですが、ラズパイにはRaspberry Pi Imagerという便利なインストーラーが用意されています。

本書では、ラズパイのOSのうち、最も一般的に利用されている「Raspberry Pi OS」のインストール方法を紹介します。OSをインストールするというと、大変そうと思うかもしれません。しかし、できるだけ簡単にセットアップできるようにと、工夫されています。本書の手順通りに進めていけば、うまくインストールできるはずです。

また、本書の内容は、Raspberry Pi 3 model B / 4 model B / Zero WHと複数のラズパイモデルに対応していますが、OSインストールの手順は全く同じものとなっています。

はてな？

ラズパイゼロも同じ手順で大丈夫？

なお、ラズパイゼロはスペックが低いので、異なる手順が必要なのではと思われがちですが、全く同様の手順で設定が可能です。ラズパイのデスクトップ上で各種の設定やアプリの実行もできます。

そのため、Webブラウザのような重たいアプリも動かすことができます。ページの表示に時間はかかりますが、なんとか使うことができます。ただしお世辞にも快適とは言えません。

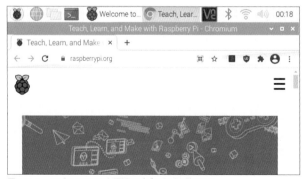

図1-3-A　ラズパイゼロでも頑張ればブラウザを動かせる

インストール方法いろいろ

ラズパイのOSをインストールする方法には、いろいろな方法があります。代表的な方法は、以下の通りです。

❶ Raspberry Pi Imager を使う（標準的な方法）
❷ OS入りのmicroSDカードを買う
❸ microSDにOSイメージを書き込む

このうち、もっともお手軽な方法が、❶のRaspberry Pi Imagerを使った方法です。本書では、主にこの方法を紹介します。もしも、インストールに手間をかけたくないという場合は、❷のOS入りのカードを買うという方法もあります。この場合、Windows/macOSが不要です。

また、❸のOSイメージを書き込む方法は、WindowsとmacOSで大きく手順が異なりますし、macOSではコマンドラインで操作する必要があり、初心者向きではありません。後ほどコラムで簡単に紹介します（P.022）。

標準的なImagerを使ったインストール方法について

ラズパイのOSを手軽にインストールするために「Raspberry Pi Imager」というインストーラーが用意されており、これを利用すると比較的手軽にOSのインストールを行うことができます。
Raspberry Pi Imagerは、Windows用、macOS用、Linux/Ubuntu用のものが用意されており、PCにインストールして利用します。最初に、Imagerを使ったインストールの手順を概観しておきましょう。

❶ ラズパイのサイトからImagerをダウンロードしてインストール
❷ PCにmicroSDを差し込み、ImagerでOSイメージを作成する
❸ ラズパイにmicroSDを差し込んで電源を入れる

このように、Imagerを使えば、ラズパイOSのインストールは驚くほど簡単です（以前は、NOOBSというツールを利用してOSをインストールすることが推奨されていましたが、ImagerはNOOBSを使うよりも簡単になりました）。

1 Imagerのダウンロードとインストール

最初に、Imagerをダウンロードしましょう。Imagerは、ラズパイのWebサイトから入手できます。ラズパイのWebサイトは、全部英語ですが、それほど難しいことが書かれているわけではありません。有益な情報がたくさんあるので、英語だからと敬遠せずに利用してみましょう。
Imagerをダウンロードする方法ですが、次のURLをWebブラウザで開いて「Imager」の下にある「Download for XXX」と書かれているボタンをクリックします。Windowsであれば「Download for Windows」を、macOSであれば「Download for macOS」のリンクをクリックします。

● Raspberry Pi > Raspberry Pi OS
   [URL] https://www.raspberrypi.org/software/

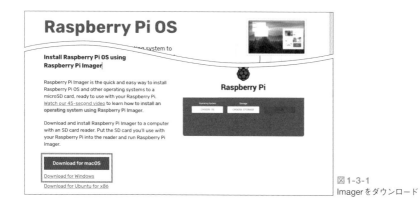

図 1-3-1
Imager をダウンロード

インストーラーをダウンロードしたら、アイコンをダブルクリックしてインストールを行います。Windows ではインストーラーの手順に従って、右下にある [Install] ボタンをクリックしてインストールを行います。インストールを行うと、Windows メニューに「Raspberry Pi > Raspberry Pi Imager」が登録されますので、これをクリックしてアプリを起動します。

図 1-3-2　インストーラーをダウンロードしたところ

図 1-3-3　インストーラーを実行したら右下の [Install] ボタンをクリック

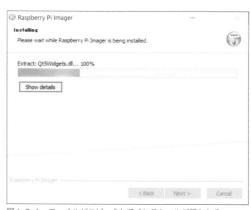

図 1-3-4　ファイルがコピーされてインストールが行われる

macOS では図 1-3-5 のような画面が出ますので、左側にあるアイコンを右側の [Applications] にドラッグ&ドロップすることでインストールが行われます。そして、「アプリケーション」の中にある「Raspberry Pi Imager」をダブルクリックして起動します。

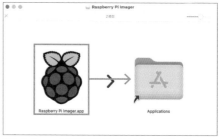

図 1-3-5　macOS では指示通りアイコンをドラッグ

2 ImagerでOSイメージを作成する

ここでPCにmicroSDカードを接続しましょう。そして、
ImagerでラズパイOSのイメージを作成します。**図1-3-6**
は、Imagerを起動したところです。

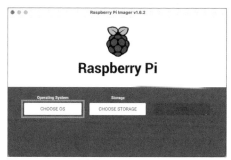

図1-3-6　Imagerを起動したところ

Imagerは非常にシンプルな作りとなっています。まず、画
面の一番左の「**CHOOSE OS**」ボタンをクリックして利用し
たいOSを選択します。いろいろなOSを選ぶことができま
すが、ここでは、推奨（Recommended）と書かれている
「Raspberry Pi OS（32-bit）」を選びましょう。

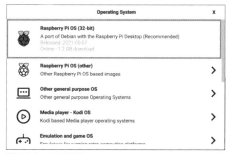

図1-3-7　OSを選択

そして、「**CHOOSE STORAGE**」ボタンをクリックして、書
き込み先のmicroSDカードのドライブを選びましょう。

図1-3-8　書き込み先のSDカードを選択

最後に、「**WRITE**」ボタンをクリックすると、microSDカー
ドにOSが書き込まれます。macOSでは、**図1-3-9**のよう
な確認画面がでるので「OK」ボタンを押して、カードドラ
イブへのアクセスを許可します。

図1-3-9
macOSでは書き込み
を許可しよう

なお、Imagerは、OSをインターネットからダウンロードして、microSDに書き込む仕組みになっています。そのため、
インターネット接続環境によってはOSイメージの書き込みに失敗することがあります。筆者もインターネット接続の
悪い状態で試したところ、書き込みエラーが表示されて正しくOSイメージを書き込むことができませんでした。そ
の場合、時間をおいて再度試してみるか、インターネット接続の良い環境で改めて試してみましょう。OSイメージは
サイズが大きいので、インターネットカフェなど通信速度の早い環境で試すのも手です。

019

Lite版とFull版について

なお、OS選択についての補足ですが、前ページの **図1-3-8** で「Raspberry Pi OS (other)」を選ぶと、同じRaspberry Pi OSのLite版とFull版が用意されています。これらはOSの容量が異なりますが同じRaspberry Pi OSです。ただし、Lite版ではデスクトップ画面が使えないようになっており、Linuxの操作に慣れていない方にはオススメできません。逆にいろいろなアプリを試してみたい場合には最初からFull版を選んでみると良いでしょう。このように、用途に応じて構成を選べるようになっています。

図1-3-B　Lite版やFull版が用意されている

[3] ラズパイを起動しよう

ここまでの手順で、microSDカードの準備が整いました。最初に、❶ラズパイにmicroSDカードを差し込み、❷HDMI入力端子とモニターをつなぎ、❸マウスとキーボードをUSB端子につなぎます。最後に、❹USB Type-C端子に電源アダプターを接続します。すると、ラズパイの電源がオンになり、ラズパイOSが起動します。

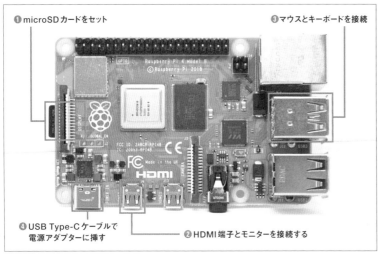

図1-3-10　ラズパイに機器をつなぐ

そうです、**電源を入れるのは最後にしなくてはなりません**。筆者も最初はびっくりしたのですが、ラズパイには電源スイッチがないのです。電源アダプターをラズパイにつなげると、電源がオンになり、アダプターを外すとオフになります。毎回、電源ケーブルを外すのが面倒という方は、100円ショップなどでも売っている、電源のオン・オフスイッチがついた電源タップを利用すると良いでしょう。また、ラズパイ用の電源アダプターの中にはスイッチがついているものも多くあります。

ラズパイOSが正しく起動すると、モニターに図**1-3-11**のような画面が表示されます。

図1-3-11 ラズパイOSが起動したところ

トラブルシューティング —— 正しくラズパイOSが表示されないとき

以上の手順で、ラズパイOSが表示されるはずですが、もし、何も表示されないときには、以下の点を見直してみましょう。

- 正しく、microSDカードが挿入されているか
- 正しく、電源がmicroUSB端子に接続されているか
- 正しく、HDMI端子とディスプレイが接続されているか

図1-3-12 赤色のLEDがPWRで、緑色のLEDがACT

このうち、上記2点目に関しては、電源を入れるとラズパイの基板上にあるLEDが光るので、確認することができます。電源が入っているのに、ディスプレイに何も映らない場合、さらに、以下の点を確認してみましょう。

ラズパイの基板上には、2つのLEDがついています。電源（USB Type-C）ポートに近い赤色のLEDがPWRで、その隣にある緑色のLEDがACTです。電源を入れると、赤色のPWRのLEDが点灯し、SDカードを読むときに緑色のACTのLEDが点灯します。

そして、正常であれば、電源を入れると、ラズパイOSのファイルを読むために、ACTのLEDがしばらく点滅します。もし、このACT LEDが点滅しない場合は、microSDからデータが読み込めていないということになります。SDカードを認識できていない場合、Imagerを用いてmicroSDカードの作成から手順をやり直してみてください。それでもだめなら、別のmicroSDカードで試してみましょう[1]。

ラズパイの基板上にあるACTのLEDが点滅しており、正しくSDカードを読んでいるのに画面が表示されないときは、モニターとの接続や設定に問題があります。HDMIケーブルが正しく刺さっているか、あるいは、モニター側で入力の切り替えが必要であれば、正しく入力を受け付けているか確認してください。

また、起動時にキーボードの［1］キー、あるいは［2］キーを押してみましょう。これによりモニターの画面モードを切り替える仕組みになっており、画面が正しく表示される可能性があります。

※1 SDカードを認識できない理由として、SDカードが破損していたり、ラズパイとSDカードの相性が悪いなどの理由が考えられます。

021

ラズパイをセットアップするには、PCに「Raspberry Pi OS Imager」をインストールします。そして、Imagerを利用してmicroSDカードにOSを書き込みます。そして、ラズパイに周辺機器を接続して電源を入れます。ここで紹介した通り手順は難しくありませんが、実際にやってみると、それなりに時間がかかる作業です。ゆっくり取り組んでみてください。

TIPS

OSイメージを直接microSDに書き込んでインストールする方法

なお、ここまでで紹介した「Raspberry Pi Imager」を利用するのがラズパイにOSをインストールする一番簡単な方法です。しかし、OSのイメージファイルをダウンロードし、直接microSDに書き込むこともできます。この方法で作業をする場合、次の手順で作業します。

1. OSイメージのダウンロード
2. イメージ書込みソフトを利用してmicroSDに書き込む
3. ラズパイにmicroSDを差し込んで起動

1. OSイメージのダウンロード
ラズパイ公式サイトでは、直接OSイメージがダウンロードできるようになっています。

● **ラズパイ公式サイト > Operating system images**
　[URL] https://www.raspberrypi.org/software/operating-systems/

図1-3-C　OSイメージをダウンロード

「Raspberry Pi OS with desktop and recommended softwar」をクリックしてOSのイメージをダウンロードしたら、圧縮解凍ソフトを利用して、ZIPファイルを解凍します。すると、「(年)-(月)-(日)-raspios-xxx.img」のように、リリース日がファイル名になっているファイルが表れます。これが、OSのイメージファイルです。

2. イメージ書込みソフトを利用してmicroSDに書き込む
OSごとに手順が異なりますが、PCにmicroSDを差し込んで、イメージ書き込みソフトを利用してOSイメージをSDカードに書き込みます。

[Windowsの場合]
そして、Windowsであれば、Win32DiskImagerというソフトを利用して、OSイメージをSDカードに書き込みます(**図1-3-D**)。

● Win32DiskImager

[URL] https://ja.osdn.net/projects/sfnet_
win32diskimager/

図1-3-D Win32DiskImagerでイメージをSDカードに書き込む

[macOSの場合]

macOSであれば、ターミナルからddコマンドを利用して、OSイメージをmicroSDカードに書き込みます。コマンドラインから操作することになるため、コマンドの打ち間違いに注意する必要があります。そして、microSDカードをフォーマットする時に、「RASPBERRYPI」など、分かりやすい名前でフォーマットしておくと良いでしょう。まず、「ターミナル.app」を起動します。そして、以下のコマンドを実行して、microSDカードのドライブを確認します。

```
01 $ diskutil list
```

すると図1-3-Eのように表示されます。これは、MacBook Airに、32GBのSDカードを挿入して実行したところです。

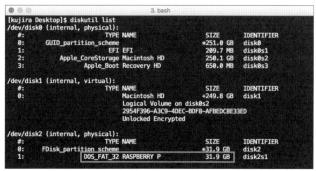

図1-3-E diskutilの実行結果

表示されたリストの中から、先ほどフォーマットしたSDカードのデバイスを探します。ここを見ると、/dev/disk2の下に32GBに近いサイズで名前がRAPBERRYPIの項目が見つかります。

これを踏まえた上で、ddコマンドを実行します。もちろん、/dev/disk2の部分は、読者の皆さんで調べた値に書き換えてください。指定を間違えると大変ですので、慎重に確認してください。また、オプションの「if=（ファイル名）」の部分には、手順1.でダウンロードしたファイル名を指定します。

```
01 $ sudo dd bs=1m if=20xx-xx-xx-raspios-xxx.img of=/dev/disk2
02 Password:（パスワードを入力）
03 4169+0 records in
04 4169+0 records out
05 4371513344 bytes transferred in 914.071827 secs (4782462 bytes/sec)
```

もしも、"end of device"と表示された場合は失敗しているので、再度デバイスのパスを確認して、やり直してください。

3. ラズパイにmicroSDを差し込んで起動

イメージを書き込んだら、ラズパイ実機にmicroSDを差し込んで起動します。すると、OSが起動します。

ラズパイにOS（Raspberry Pi OS）を設定しよう

| ラズパイゼロOK |

この節のポイント

● ラズパイの各種設定を行おう

● ラズパイ周辺機器の認識と設定をしておこう

ラズパイのOS（Raspberry Pi OS）の設定について

無事に、ラズパイにOSをインストールできたでしょうか。無事にインストールできたら、快適にRaspberry Pi OS を使えるように設定してみましょう。

最初にログイン画面が表示された場合、パスワードを入力してラズパイを始めましょう。デフォルトのユーザー名は「pi」、パスワードは「raspberry」です。

図1-4-1　ログイン画面が表示されたならパスワードを入力しよう

正しくログインできると、**図1-4-2**のように「Welcome to Raspberry Pi（ラズパイにようこそ）」というダイアログが表示されます。そして［Next］ボタンを押すと設定が始まります。

図1-4-2　ようこそ画面が出るので［Next］ボタンを押そう

国や言語の設定

最初に国や言語、タイムゾーンを設定します。ここでは、以下のように設定しましょう。設定したら［Next］ボタンを押します。

Country	Japan
Language	Japanese
Timezone	Tokyo

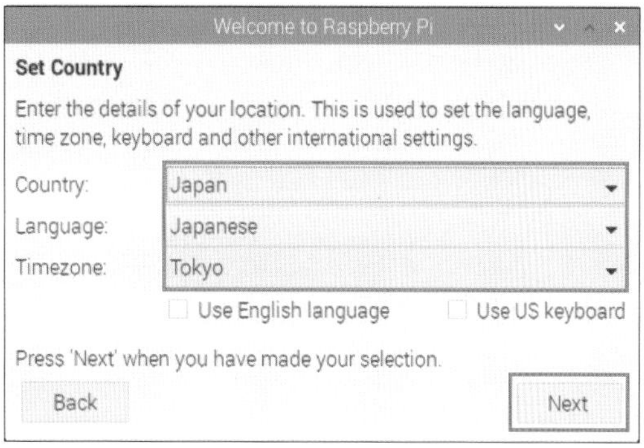

図1-4-3　国や言語を設定しよう

パスワードを変更しよう

デフォルトのパスワードを使い続けるのは危険です。そこで、新しいパスワードに変更しましょう。新しいパスワードを2度入力します。

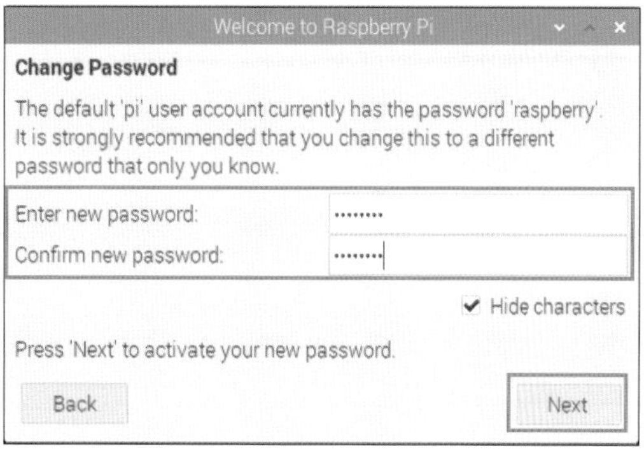

図1-4-4　新しいパスワードを入力しよう

スクリーンの設定

もしモニターの左右に黒い縁が表示される場合、「This screen shows a black border around the desktop」にチェックを入れます。これによりモニターのセットアップが行われます。もし、調整が行われた場合、再起動が必要な場合があります。

図1-4-5　モニターに黒い縁が表示されている場合の設定

Wi-Fiの設定

続いて、Wi-Fiの設定画面がでます。自身のWi-Fiを探して選択してパスワードを入力しましょう。

図1-4-7　パスワードを入力

図1-4-6　Wi-Fiを選択しよう

ソフトウェアアップデート

ここでOSを最新の状態にアップデートします。［Next］ボタンを押すとアップデートが始まります。［Skip］ボタンを押すとこの手順を飛ばします。

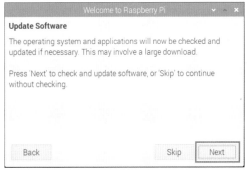

図1-4-8　ソフトウェアのアップデート

図1-4-9　アップデートが行われているところ

アップデートが終了すると、**図1-4-10**の図が表示されるので、［Restart］ボタンを押して再起動します。これで初期設定は終了です。

図1-4-10　［Restart］を押して再起動しよう

ラズパイを後から設定する方法

なお、インストール直後に正しい設定を指定しなかった場合、設定画面から改めて設定を変更できます。ラズパイの各種設定は、画面左上のラズベリーパイのマーク（🍓）をクリックして表示されるアプリケーションメニューの「設定 > Raspberry Piの設定」から行います。

図1-4-11　ラズパイの設定画面を開く

もし、初期設定で日本語を指定し忘れた場合であれば、英語で[Preferences > Raspberry Pi Configuration]を探してクリックしましょう。

図1-4-12　英語で設定画面を開く場合

パスワードやログインオプションの変更方法

ラズパイ設定ダイアログの「システム」のタブを開き、「パスワードを変更」のボタンをクリックすると、パスワードを変更できます。最初に、現在のパスワードの入力を求められます。他にも、この「システム」タブでは、デスクトップを起動するかどうか、また、自動ログインするかどうかを指定します。

図1-4-13　後からパスワードを変更する場合

地域の設定

ラズパイの設定画面にある「ローカライゼーション」のタブを開いて、OSの地域設定を行うことができます。ここで[ロケールの設定]をクリックして言語を変更し、再起動するとOS全体の表示言語が切り替わります。

図1-4-14　ロケールの設定

また、「タイムゾーンの設定」ボタンを押すと、タイムゾーンが変更できます。

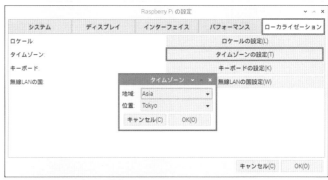

図1-4-15　タイムゾーンの設定

また、日本語キーボードを設定しましょう。「キーボードの設定」ボタンを押して、モデル、配列、種類を選択します。日本語キーボードには、いくつか候補がありますので、利用中のキーボードを選びましょう。

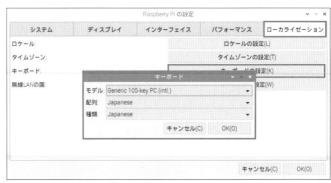

図1-4-16　キーボードの設定

Wi-Fiの設定の変更

なお、Wi-Fiの設定は、画面右上にあるWi-Fiのアイコン（）から変更もできます。接続したいネットワークを選んでクリックすると、パスワードの入力画面が出るので、これにパスワードを入力すれば、ネットワークに接続されます。

図1-4-17　Wi-Fiを設定

なお、Raspberry Pi 3 model B以降のモデルでは、最初から無線LANが内蔵されていますが、それ以前のモデルでも、無線LANのドングルをUSBポートに差し込むことで無線LANを利用することができます。その場合、ラズパイと無線LANの相性がありますので、安さを優先するのではなく動作報告のあるものを選ぶと良いでしょう。筆者自身、適当に購入した無線LANドングルがラズパイ2と相性が悪く使えなかったという失敗があります。

ソフトウェアアップデートをしよう

また、定期的にソフトウェアを最新の状態に更新しておきましょう。ラズパイのアプリケーションメニューから「設定 > Add / Remove Software」をクリックしましょう。ソフトウェアの追加と削除のダイアログが表示されます。

図1-4-18　ソフトウェアの追加と削除のダイアログ

そして、ダイアログ上部にある「Options」メニューから、「パッケージ一覧の表示を更新（Refresh Package Lists）」を実行し、その後、さらに「更新の確認（Check for Updates）」をクリックします。そしてアップデートが必要な場合には、内容を確認してパスワードを入力します。すると、アップデートが行われます。

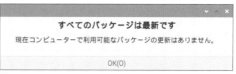

図1-4-19
今回はインストール直後なのでアップデートの必要はなかった

デスクトップの設定 ── 壁紙など

デスクトップを使う上で壁紙を変更できるという点は重要な要素です。もちろん、Raspberry Pi OSでも壁紙の変更に対応しています。デスクトップ上で、右クリックして、コンテキストメニューを表示したら「デスクトップの設定」をクリックします。

壁紙のモードを、「画面いっぱいに延ばす」にすると、画像ファイルの選択ダイアログが出るので、画像を指定すれば、任意の画像に変更できます。

図1-4-20　壁紙の変更

この節のまとめ

ここまで見たように、Raspberry Pi OSにもWindowsやmacOSと同じように、デスクトップがあり、マウス操作で設定を変更できます。アプリケーションメニューや、デスクトップのコンテキストメニューから、さまざまな設定を行うことができました。

Chapter 1-5

アプリを使ってみよう

ラズパイゼロOK（一部除外）

この節のポイント

● アプリを使ってみよう

● アプリの追加と削除をしてみよう

標準アプリを使ってみよう

Raspberry Pi OS には、標準でいろいろなアプリが用意されています。ここでは標準でインストールされているアプリや、追加でインストールできるアプリを紹介します。いずれも便利なので活用しましょう。

標準Webブラウザ「Chromium」

画面左上のアプリケーションメニューから「インターネット > Chromium ウェブ・ブラウザ」をクリックすると、Raspberry Pi OS標準ブラウザの「Chromium（クロミウム）」を起動することができます。

Chromiumは、WindowsやmacOSにも提供されている、Google Chromeのオープンソース版です。最初から、HTML5対応のフルブラウザがインストールされているのは心強いと言えます（ラズパイゼロや2B以前のモデルでは動作はゆったりですが、3B/4Bではサクサク動作します）。

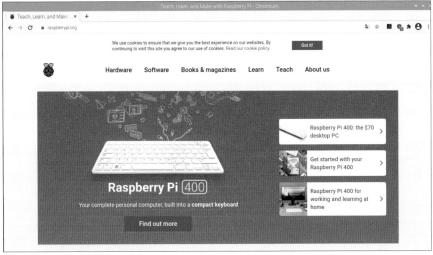

図 1-5-1　最初から Web ブラウザを利用できる

推奨のオフィス・スイート「LibreOffice」

標準パッケージでは省略されていますが、推奨アプリ（Recommended）として登録されているのが「LibreOffice」です。これは、マイクロソフトのWord/Excel互換のアプリで、オフィスで利用する文書作成や表計算などのアプリ郡です。Word/Excelファイルも開くことができます。そのため、LibreOfficeを使えば文書作成や表計算も、ラズパイで十分片付けることができます。高価なPCに代えてラズパイをデスクトップマシンとして使う上では欠かせないツールです。ラズパイメニューの「設定＞Recommended Software」の中から「Office > LibreOffice」を選び、[install] にチェックを入れて [Apply] ボタンを押すとインストールできます。

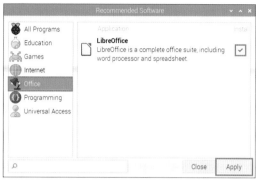

図1-5-2　標準ではないが手軽に追加できる

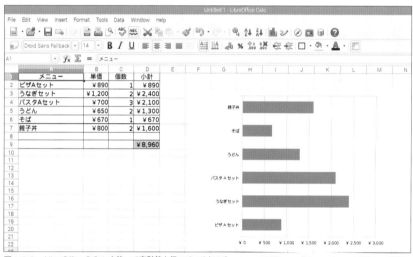

図1-5-3　LibreOfficeのCalcを使って表計算を行っているところ

図1-5-4
Calcが表計算、Writerが文書作成ツール。ラズパイ4Bでは快適、ラズパイゼロの動作は△

ラズパイでいろいろなゲームが遊べる

推奨アプリ（Recommended）の中には、ゲームもあ
ります。

その中には世界中で大人気のゲーム「Minecraft」も
あります。Minecraftは3Dブロックが溢れる世界を
舞台にしたゲームです。そして「Python Games」に
はいろいろなゲームが登録されています。リバーシ
だったり、スライドパズルだったり、いろいろなゲー
ムがあります。

図1-5-5　ゲームも手軽に追加できる

図1-5-6　人気のMinecraftも遊べる

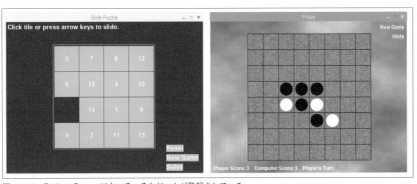

図1-5-7　Python Gamesにもいろいろなゲームが登録されている

その他の標準アプリ

他には、プログラミングのためのツールだったり、メモ帳や電卓などのアクセサリが標準で入っています。プログラミングについては、Chapter 2で詳しく説明します。アクセサリの中には、電卓やメモ帳、画像ビューワーなど、便利なツールが標準で入っています。

図1-5-8　電卓やメモ帳、画像ビューワーなどアクセサリも標準添付

もっとアプリを追加しよう

前述のとおり、Raspberry Pi OSは、Linuxの有名ディストリビューションのDebianをカスタマイズしたものです。つまり、Debian由来のたくさんのアプリを利用することができるようになっています。アプリを追加するには、アプリケーションメニューから「設定 > Add / Remove Software」をクリックします。

そして、左上の検索ボックスにソフトウェアの名前を入れて検索するか、テキストボックスの下の各カテゴリから選んでソフトウェアを検索できます。

図1-5-9　Add / Remove Software

ここでは「Micropolis」というゲームを
インストールしてみましょう。検索ボッ
クスに「Micropolis」と入力して検索
してみましょう。右側の画面に表示さ
れたら、右下にある「Apply」のボタン
をクリックします。すると、インストー
ルが始まります（リストに2つ出てきま
すが、両方にチェックを入れて［Apply］
をクリックしましょう）。

図1-5-10　Micropolisをインストールする

実は、この「Micropolis」というゲーム
は、1989年にリリースされた「シムシ
ティ（SimCity）」のオープンソース版で
す。ラズパイがあれば、往年の都市開
発ゲームが無料で遊べるというのは素
晴らしいことです。

残念ながら「Micropolis」はラズパイ
ゼロ未対応なのですが類似ゲームの
「OpenCity」を遊べます。

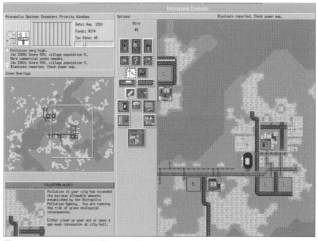

図1-5-11　Micropolisを遊ぶことができます

なお、Linux由来のゲームには、かなりいろいろなものがあります。アクションゲームからテーブルゲーム、パズルゲー
ムまで、さまざまなものが無償で提供されています。「Linux ゲーム」でネット検索してみてください。そして、もち
ろんゲームだけでなく、さまざまなツールやライブラリがあります。

この節のまとめ

ここでは、ラズパイに最初からインストールされているアプリについて紹介しました。Raspberry Pi OSはLinux
（Debian）の一種なので、オープンソースで公開されているさまざまなアプリを利用することができます。こうしたオー
プンソース由来の楽しいゲームやツールをインストールするだけでも、十分ラズパイを購入した価値があったという
ものです。

日本語入力を設定しよう

ラズパイゼロOK

この節のポイント

● 日本語入力の設定について知っておこう

● 日本語入力のツールをインストールしよう

日本語入力について

Raspberry Pi OSの初期状態では、日本語入力が利用できません。日本語を入力するには、入力ツール(IME)をインストールする必要があります。ここでは、ラズパイ上で日本語が入力できるように設定しましょう。もともとRaspberry Pi OSには、最低限のソフトウェアしかインストールされていません。そのため、日本語入力の機能すらインストールされていません。WindowsやmacOSでは、最初から当然のように日本語入力ができるので、驚く方も多いことでしょう。

日本語を入力できるようにするには、Linuxのデスクトップでよく使われている「iBus」というフレームワークを利用します。これを利用すると、さまざまな入力メソッドを切り替えることができます。そして、このフレームワーク上で動く文字入力のソフトウェア(iBusプラグイン)には、以下のようなものがあります。

● ibus-anthy ・・・・・・ よく使われている日本語入力エンジン
● ibus-mozc ・・・・・・ Googleによって開発されている日本語入力エンジン
● ibus-pinyin ・・・・・ 中国語入力エンジン(ピンイン入力)
● ibus-hangul ・・・・・ 韓国語入力エンジン

このように、iBusは、日本語入力だけでなく、各国の文字を入力するための入力エンジンを利用するためのフレームワークとなっています。

1 iBusとMozcのインストール

iBusとMozcをインストールするには、アプリケーションメニューから、「アクセサリ > LXTerminal」を起動します。そして、黒い画面が表示されたら、以下のように入力します(コマンド冒頭の「$」は入力可能な状態を表すもので、実際に入力する必要はありません)。

```
01 $ sudo apt-get -y install ibus-mozc
```

すると、インストールが始まります。インストールが終わったら再起動しましょう。

② 日本語に切り替えよう

iBusがインストールされると、画面の右上のメ
ニューバーに、iBusのアイコンが表示されます。
JA をクリックして「日本語 - Mozc」を選択しましょ
う。

図1-6-1　画面右上で日本語を選択

それから、あ アイコンをクリックすると、入力モー
ドを変更できるようになっているので、「ひらがな」
を選んでクリックします。

図1-6-2　画面右上でひらがなを選択

③ 日本語を入力してみよう

それから、アプリケーションメニューから「アクセ
サリ > Text Editor」などを起動して、日本語を入
力してみましょう。
ひらがなを入力し、スペースを押すと漢字に変換す
ることができます。

図1-6-3　日本語を入力しているところ

この節のまとめ

Raspberry Pi OSでは、最低限のツールしかインストールされていないので、デフォルトでは日本語入力もできません。
そこで、日本語入力ツール(IME)をインストールする必要があります。ここでは、iBusとMozcのインストール方法
を紹介しました。

ラズパイ本体ケースについて

本書の買物リストの中ではラズパイの本体ケースについて紹介しませんでした。Amazonでラズパイケースを検索すると、1,000円前後の値段でラズパイ用のケースを購入できます。しかし、検索エンジンでラズパイケースを検索してみると、さまざまなケースを自作している例を見ることができます。100円ショップで購入したボックスなどを加工したり、レゴブロックで作ったりと、工夫を凝らした様々なケースが見つかります。ケースの自作はラズパイへの愛着の表れでもあります。ラズパイを買って最初の工作をケースから始めるというのも良さそうです。

筆者もレゴブロックでケースを作りました。やはり自分で作ったケースは愛着が沸きます。ただし、ふと我に返ってみると、1,000円以上のブロックを利用して作っています。費用を抑えたい場合は、素直にケースを買うのも1つの選択です。レゴでケースを作ることの良い点は、ラズパイに工作をしたり電子部品を挿したいときに、簡単に形状を変更できるという点です。

ケースを自作するときの注意点ですが、ラズパイは**意外と発熱があり、高熱になると電源が落ちる**こともあります。放熱対策のために密封しすぎないようにする、安価なヒートシンクや冷却ファンを付けるなど、いろいろと対策できますので試してみましょう。

図1-6-A　筆者がレゴブロックで作ったケース

Chapter 2

ラズパイに
開発環境を整えよう

ラズパイのOSであるRaspberry Pi OSは、Linuxのディストリビュ
ーションDebianをカスタマイズしたものです。ですから、ラズパイは、
手のひらサイズのその体に本格的なLinuxを積んでいるのです。とは
いえ、読者の皆さんの中には、Linuxに初めて触れるという方も多い
ことでしょう。ここでは、Linuxに慣れ親しみながら、プログラミン
グ言語であるPythonの使い方などを見てみましょう。

ターミナルと仲良くなろう

| ラズパイゼロOK |

この節のポイント

● ターミナルについて知っておこう

● コマンドを使ってみよう

ターミナルについて

ラズパイのOS「Raspberry Pi OS（ラズベリーパイ オーエス）」は、Linuxのディストリビューション「Debian」をラズパイ用にカスタマイズしたものです。Linuxではコマンドを入力することで設定を変更したり、さまざまな処理を行うことができます。

ここまでの部分では、なるべく、デスクトップを使って、ラズパイの設定を行ってきました。しかし、ラズパイでプログラミングを行うなら、**コマンド入力**や**ターミナルの存在**を無視することはできません。最初はちょっと取っつきにくく感じるターミナルですが、手に馴染んでくると、とても便利なことに気付くことでしょう。

それでは、Linuxの魅力が一杯詰まったターミナルを起動してみましょう。

Raspberry Pi OSのデスクトップでは、アプリケーションメニューのアクセサリの中に、LXTerminalと呼ばれるターミナルエミュレータ（以後、ターミナルと略します）があります。それでは、ターミナルを起動してみましょう。

図2-1-1　LXTerminalを起動しよう

真っ黒な画面が表示されると思います。この画面の中にさまざまなコマンドを入力することで、ラズパイを制御します。よく、映画やドラマなどで、凄腕プログラマーが触っているのも、このターミナルです。逆に言えば、この画面を使いこなせるようになれば、凄腕プログラマーへ一歩近づいたことになります。

図2-1-2　LXTerminalを起動したところ

GUIを使わないでラズパイを起動する方法

Raspberry Pi OSでターミナルを起動する方法がもう1つあります。それは、ラズパイ起動時に、デスクトップ(GUI)を使わない方法です。アプリケーションメニューの「設定」から「Raspberry Piの設定」を起動し、「ブート」の「CLI」にチェックを入れます。そして再起動します。すると、コマンド入力だけが可能なターミナルの画面が起動します。このとき、ユーザ名とパスワード(P.024)を入力すると、ターミナルが利用できるようになります。

図 2-1-3
CLIでターミナルを起動するには
ブート方法をCLIに設定する

ただし、CLIブートをした場合には、デスクトップが起動しません。そのため、すべての設定や操作をコマンドラインで行わなくてはなりません。しかしこの場合、グラフィックスに割いていたメモリが不要になるので、メモリ効率が良く、ラズパイの性能を発揮することができます。

CLIブートに切り替えた後、再度、デスクトップを利用したい場合は、ターミナルに「startx」とコマンドを入力します。すると、再びデスクトップを起動できます。

ターミナルの使い方

ターミナルの使い方は、難しくありません。ラズパイを操作するコマンドを入力して[Enter]キーを押すと、そのコマンドの結果が返ってきます。つまり、何か入力して[Enter]キーを押せば、何かが表示されるという、非常にシンプルな構造となっています。簡単なコマンドを入力してみましょう。ここでは「echo hello」と入力してみます。「echo」と「hello」の間には半角スペースを入力します。以降でも半角スペースは必ず紙面と同じように入力してください。

ターミナルで入力

```
01  pi@raspberrypi:~ $ echo hello
02  hello
```

すると、「hello」と応答が返ってきます。「echo」というのは、その後に書いた文字をそのまま出力するコマンドです。これが何の役に立つのかというと、echoを使ってファイルにデータを出力することができるのです。

次のように入力してみましょう。ちなみに、今後は、ターミナルの入力を表す「$」以降だけを紙面に掲載します。「$」が行頭にあれば、コマンドを打ち込むことを求められていると思ってください。

以下のコマンドを実行すると、「hello」というテキストを「test.txt」というファイルに保存します。

ターミナルで入力

```
01  $ echo hello > test.txt
```

図2-1-4　ファイルにhelloを出力したところ

そして、テキストファイルの中身を確認したい場合は「cat」コマンドを利用します。

ターミナルで入力

```
01  $ cat test.txt
02  hello
```

ターミナル起動時に表示される文字は何?

ちなみに、ターミナルを起動すると「pi@raspberrypi: ~ $」と表示されます。「$」が入力可能であることを示す記号です。「pi」は現在ログインしているユーザーの名前です。「raspberrypi」はホスト名を表しています。複数のラズパイがある場合、このホスト名を利用して、ラズパイを区別することができます[※1]。そして、「~」という記号は、現在のカレントディレクトリのパスを表しています。

カレントディレクトリを意識しよう

カレントディレクトリというのは、現在作業を行っているディレクトリのことです。そもそも、一般的なパソコンは階層型ファイルシステムでファイルを管理しています。WindowsでもmacOSでも、Raspberry Pi OSの元になっているLinuxでも、階層型のファイルシステムが採用されています。これは、Windowsのエクスプローラーでフォルダを開いていくことを想像してみると理解できます。たとえば、hogeというフォルダの中に、fooやbarというフォルダがある場合、フォルダ構造を図2-1-5のように表すことができます。こうしたフォルダの構造が階層型のファイルシステムです。

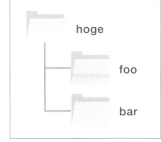

図2-1-5　階層型のファイルシステム

※1　ちなみに、ホスト名を変更するには、「/etc/hostname」と「/etc/hosts」というファイルの「raspberrypi」という部分を任意の名前に書き換えて再起動します。

Windowsで言うところの**フォルダ**と、Linuxで言う**ディレクトリ**は同じ意味です。ラズパイでも、デスクトップを使う場合、ディレクトリをフォルダと記述する場面があります。Windowsでフォルダを開いてファイルを操作するのと同じように、ターミナルでも任意のディレクトリを開いて、そのディレクトリを基本として作業を行います。これが、**カレントディレクトリ**というわけです。

ちなみに、Windowsでも1つのパソコンを複数人で使う場合、アカウントを作って設定を切り替えることができるように、Linuxでも複数のアカウントを作ることができます。先ほどターミナルの画面に出たユーザー名「pi」というのが、ラズパイで最初に用意されているユーザーです。

ラズパイのOS「Raspberry Pi OS」では、ユーザーごとのファイルは、「/home/<ユーザー名>」に保存することになっています。たとえば「pi」ユーザーの場合は次のパスに保存します。このパスを各ユーザーの「**ホームパス**」と言い、このディレクトリを「**ホームディレクトリ**」と言います。

```
01  /home/pi
```

デスクトップで、アプリケーションメニューの「アクセサリ > ファイルマネージャー」を起動すると、最初にこのホームパスが表示されるようになっています。

図2-1-6　ファイルマネージャーを起動したところ

そして、先ほどから謎だった「~」についてですが、これは、各ユーザーの**ホームパス**を意味しています。つまり、「~/Public」と書いた場合「/home/pi/Public」と書くのと同じ意味になります。

ファイルマネージャーで操作したいフォルダを表示したとき、ファイルマネージャーの上部にあるメニューから「ツール > 現在のフォルダを端末で開く」をクリックすると、カレントディレクトリがファイルマネージャーのフォルダと同じパスになります。

カレントディレクトリでの操作について

カレントディレクトリを変更するには「**cd**」コマンドを利用します。ターミナルに以下のように書くと、カレントディレクトリが「/home/pi/Public」になります。なお、cdコマンドとディレクトリの間には、半角スペースを入れます。また、1行目は説明ですので入力は不要です。赤文字部分のみを入力してください。

ターミナルで入力

```
01  # 指定のカレントディレクトリに移動
02  $ cd /home/pi/Public
```

前述のとおり「~」はホームパスを表すので、次のように書いても同じ意味になります。

```
01  $ cd ~/Public
```

そして、カレントディレクトリにどんなファイルやディレクトリがあるのか調べるには「ls」コマンドを使います。

```
01  # ホームディレクトリに移動
02  $ cd ~/
03
04  # どんなファイルやディレクトリがあるのか調べる
05  $ ls
06  Documents  Music    Public    Videos       Desktop
07  Downloads  Pictures Templates python_games
```

それで、現在どのディレクトリが操作対象なのか、カレントディレクトリを知るには、「pwd」コマンドを使います。

```
01  # カレントディレクトリを調べる
02  $ pwd
03  /home/pi
```

ちなみに、「cd」コマンドは相対指定が可能です。もし、カレントディレクトリが「~」のとき、単に「cd Public」
と書くと、カレントディレクトリは「~/Public」に変更されます。

```
01  # 現在のカレントディレクトリは？
02  $ pwd
03  /home/pi
04
05  # カレントディレクトリを相対指定する
06  $ cd Public
07
08  # 現在のカレントディレクトリは？
09  $ pwd
10  /home/pi/Public
```

そして、1つ上の階層に移動したい場合は「cd ..」と半角スペースの後にドットを2つ付けます。

```
01  # カレントディレクトリを ~/Public に変更
02  $ cd ~/Public
03
04  # 1つ上の階層に移動
05  $ cd ..
06
07  # 現在のカレントディレクトリは？
08  $ pwd
09  /home/pi
```

ちなみに、任意のディレクトリでファイルマネージャーを起動するには、次のように、カレントディレクトリを移動した後に、ファイルマネージャーのコマンド「pcmanfm」を実行します。

ターミナルで入力

```
01  # カレントディレクトリを移動
02  $ cd ~/Documents
03
04  # ファイルマネージャーを起動
05  $ pcmanfm
```

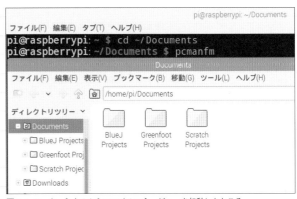

図2-1-7　ターミナルからファイルマネージャーを起動したところ

ファイルのコピーと削除

ファイルをコピーするには「cp」コマンド、ファイルを削除するには「rm」コマンドを使います。それでは、簡単にファイルコピーと削除をテストしてみましょう。

まずは、先ほどと同じ手順で、テキストファイルを作成してみます。「A time to weep and a time to laugh」という文字列を「echo」コマンドで「aaa.txt」に保存します。

ターミナルで入力

```
01  $ echo "A time to weep and a time to laugh" > aaa.txt
```

そして、「cp」コマンドで、「aaa.txt」を「bbb.txt」というファイルに複製してみましょう。

ターミナルで入力

```
01  # aaa.txtをbbb.txtにコピー
02  $ cp aaa.txt bbb.txt
```

正しくコピーされているか、「cat」コマンドで確認してみましょう。

ターミナルで入力

```
01  $ cat aaa.txt
02  A time to weep and a time to laugh
03
04  $ cat bbb.txt
05  A time to weep and a time to laugh
```

動作確認できたら、今作成したファイルを削除しましょう（ファイルの削除は慎重に行ってください）。

```
01  # aaa.txt を削除
02  $ rm aaa.txt
03
04  # bbb.txt を削除
05  $ rm bbb.txt
```

ちなみに、ワイルドカード「*」を利用して、複数のテキストファイルを一気に削除することもできます。

```
01  # 「.txt」の拡張子のファイルを全部一気に削除
02  $ rm *.txt
```

よく使うコマンドのまとめ

右は比較的よく使うコマンドを表にまとめたものです。コマンドには複雑なオプションを指定できるものもありますが、ここでは、基本的な使い方だけを掲載します。

コマンド	説明
echo 文字列	文字列を表示
cat（パス）	テキストファイルの内容を表示
cd（パス）	カレントディレクトリの移動
ls	ファイル・ディレクトリ一覧を表示
pwd	現在のカレントディレクトリを表示
pcmanfm	カレントディレクトリでファイルマネージャーを起動
mkdir（ディレクトリ名）	新規ディレクトリを作成
cp（パス1）（パス2）	（パス1）から（パス2）へファイルをコピーする
rm（ファイル名）	ファイルを削除
rmdir（ディレクトリ名）	ディレクトリを削除（※1）

※1　rmdirコマンドは空のディレクトリしか削除できません。いったん「rm」コマンドを使ってファイルを削除し、空になったディレクトリを「rmdir」コマンドで削除します。

ターミナルには履歴機能や自動補完機能がある

ちなみに、ターミナル上ではさまざまなコマンドが利用できますが、一度実行したコマンドをもう一度実行したい場合には、カーソルキーの上下キーを押すことで、履歴を呼び出すことができます。

また、ファイルのパスや、コマンドの最初の数文字を入力してタブキーを押すと、続きを予測して補完したり候補を表示する機能もあります。そのため、ファイルマネージャーで、マウス操作でフォルダを1つずつ開いていくよりも、ターミナルでパスを選んでいく方が早い場合もよくあります。

この節のまとめ

以上、ここでは、ターミナルの使い方を簡単に紹介しました。Pythonのプログラムを実行したり、さまざまなライブラリをインストールする上で、ターミナルは欠かすことのできないツールです。最初はコマンド入力に抵抗があるかもしれませんが、少しずつ慣れていきましょう。

パソコンから
ラズパイを遠隔操作するには

| ラズパイゼロOK |

この節のポイント

● パソコンからラズパイをリモート操作してみよう

● VNCとSSHについて知っておこう

遠隔操作のススメ

実際にラズパイ実機を操作しなくても、別のパソコンから、ラズパイを遠隔操作できたら便利です。というのも、ラズパイを遠隔操作できるようになると、電子工作をするときに、ディスプレイやキーボード、マウスをラズパイにつなげなくて済むのです。つまり、それだけラズパイにつなぐ線が減るので、作業がしやすくなります。また、机の上もスッキリすることでしょう。また、将来、ラズパイを手の届きにくい所に設置したときなど、ラズパイ実機を取り出さなくても、ネットワーク経由でメンテナンスを行うことができます。実際のところ、一度体験してしまうと、リモート操作の方が便利なので、ラズパイのモニターやキーボードはほとんど使わないという人もいるくらいです。筆者自身も、普段はラズパイにモニターなどを接続していません。

それでは、便利な遠隔操作（リモート操作）の環境を構築しましょう。

遠隔操作を実現するための手順

さて、パソコンからラズパイにアクセスするために必要なのは、次の手順です。

❶ ラズパイとPCを同一のLANに接続しておく
❷ ラズパイ側のVNC/SSHサーバーを有効にする
❸ パソコン側にVNC/SSHクライアントをインストールする
❹ パソコンのVNC/SSHクライアントでラズパイに接続する

LANの構成

パソコンから、ラズパイにアクセスするためには、**図2-2-1**のように、一般的なブロードバンドルーターでLANを構成し、操作するパソコンとラズパイの双方が同一LAN（無線環境も含みます）につながっている必要があります。

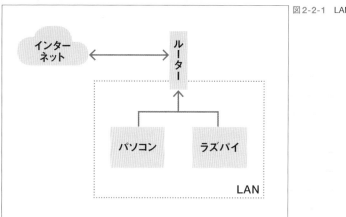

図2-2-1　LAN構成

ちなみに、オフィスや店舗など、セキュリティの厳しい環境では、同一LAN内にあったとしても、遠隔操作が利用できないこともあります。また、3G/4G（LTE）に接続するポータブルWi-Fiを利用している場合もLANを構成できないものもあります。もし、パソコンとラズパイが通信できない場合は、別途、無線LANルーターを購入すると良いでしょう。最近では、安価なものは、2,500円程度でも入手できます。

VNCとSSHについて

ちなみに、リモート操作できるという点で、VNCとSSHを並べて書きましたが、技術としては異なるものです。VNC（Virtual Network Computing）とは、リモートデスクトップの一種で、ネットワーク上の離れたコンピューターを画面を見ながら遠隔操作するものです。オリジナルのVNCがオープンソースとして公開されているため、現在ではさまざまなVNCの派生ソフトがあります。

そして、SSH（Secure Shell）とは、暗号や認証の技術を利用して、安全にリモートコンピューターと通信するためのものです。ネットワーク上にあるコンピューターのシェルへログインし、操作することができます。基本的にコマンドを介して操作を行います。

コマンド入力に慣れてない方は、VNCを利用してデスクトップ画面でラズパイを操作するのが便利でしょう。しかし、少しずつ、ターミナルの画面でコマンド入力に慣れていって、最終的には、SSHでコマンドを経由して設定を変更したり、プログラムを実行できることを目標にしましょう。

VNCとSSHの使い分け

ちなみに、グラフィカルな画面をマウスなどで操作するインターフェイスを「GUI（Graphical User Interface）」と呼び、ターミナルでコマンド入力するインターフェイスのことを「CUI（Character User Interface）」（またはコマンドライン）と呼びます。ラズパイをはじめ、Linuxを扱う際には、よくGUIやCUIといった用語が出てくるので覚えておきましょう。

VNCを利用すればGUIを利用したラズパイのデスクトップを利用できます。SSHを利用するとCUIを利用してラズパイを操作できます。このように、用途に応じて、どのように遠隔操作できるのかを選ぶことができるというわけです。

ラズパイ側の設定

それでは、実際にパソコンからラズパイに接続してみましょう。まずは、ラズパイ側を設定しましょう。ラズパイ側で、VNCとSSHサーバーを有効にします。そのためには、アプリケーションメニューの「設定 > Raspberry Piの設定」を起動します。そして「インターフェイス」のタブを開きます。

ここで、SSHとVNCを探して「有効」をチェックします。

図2-2-2　ラズパイ設定のインターフェイスタブでSSH/VNCを有効に設定する

設定したら、再起動しましょう。もし初期設定のまま使っている場合、ここでパスワードの変更を求められることがあります。その場合はP.027を参照してパスワードを変更してください。これでラズパイ側の準備は完了です。

TIPS

ターミナルから設定を変更する方法

ターミナルでVNCとSSHの設定を変更するには、以下のコマンドを実行します。

ターミナルで入力

```
01 $ sudo raspi-config
```

そして、「Interface Options」を選択します。すると、以下のような画面が出ますので、VNCやSSHを選んだ後、「Yes（はい）」を選択します。

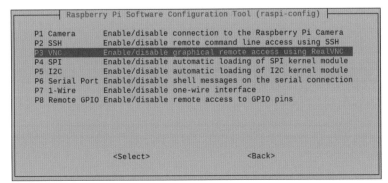

図2-2-A　raspi-configコマンドを実行し、「Interface Options」を選択したところ

設定したら、「sudo reboot」とコマンドを実行して、再起動します。

パソコン側の設定 ——
VNC/SSHクライアントをインストール

次に、パソコン側にVNCとSSHのクライアント
をインストールしましょう。まずは、VNCクライ
アントを用意しましょう。VNCクライアントはい
ろいろありますが、各OSで使える、RealVNC
Viewerがオススメです。
以下のURLにWebブラウザでアクセスして、お
使いのパソコンのOSを選んでダウンロードし
て、インストールしてください。

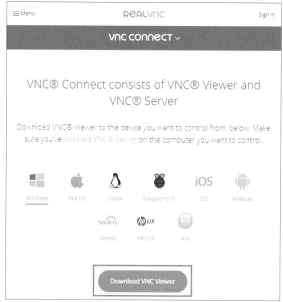

図2-2-3　RealVNC Viewerのダウンロードページ

● RealVNC Viewer

[URL] https://www.realvnc.com/download/
viewer/

次に、SSHクライアントですが、macOSやLinuxには最初からターミナルがインストールされているので、それを
使います。最近のWindows 10では最初からインストールされていますが、PuTTYを使う方法が有名です。
以下よりダウンロードしておきましょう。ページの一番上にある「Download it here.」をクリックし、「MSI」形式の
ファイルをダウンロードします。詳しい使い方は後述します(P.054参照)。

● PuTTY（英語）

[URL] http://www.chiark.greenend.org.uk/~sgtatham/putty/

ラズパイのIPアドレスを調べよう

接続にあたり、まずは、ラズパイのIPアドレス(ネットワーク上のアドレス)を調べる必要があります。
ターミナルを起動して以下のコマンドを入力してください。ターミナルはアプリケーションメニューの「アクセサリ >
LXTerminal」にあります。

ターミナルで入力

```
01 $ ifconfig | grep 192
```

すると、LANでネットワークにつながっているならば、以下の画面のように、2つのIPアドレスが表示されます。inetアドレスと表示されているものが、ラズパイのIPアドレスです。この、192から始まる番号を覚えておきましょう。

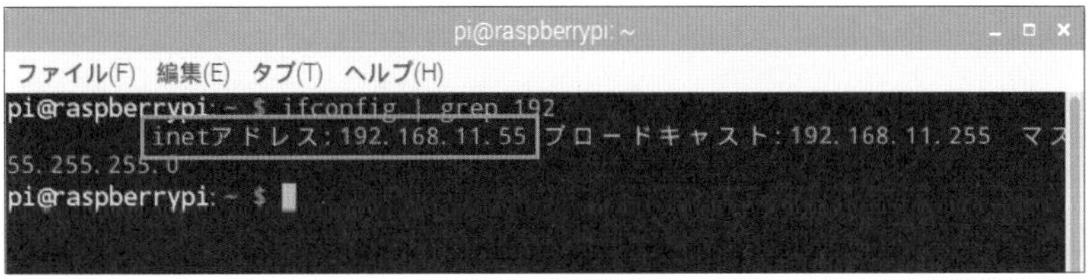

図2-2-4
IPアドレスを調べているところ

ちなみに、ルーターの設定にもよりますが、IPアドレスは、再起動するたびに、割り振られる番号が変化します。IPアドレスが、毎回変わってしまうと不便なので、固定にしておきましょう。方法は後ほど紹介します（P.055参照）。

また、大抵のルーターには、管理画面で、どの端末にどのIPアドレスを割り当てたのか、一覧で確認する機能が用意されています。
ルーターごとに操作方法が異なるので、ここでは紹介しませんが、管理画面で確認すれば、簡単にラズパイのIPアドレスを調べることができます。

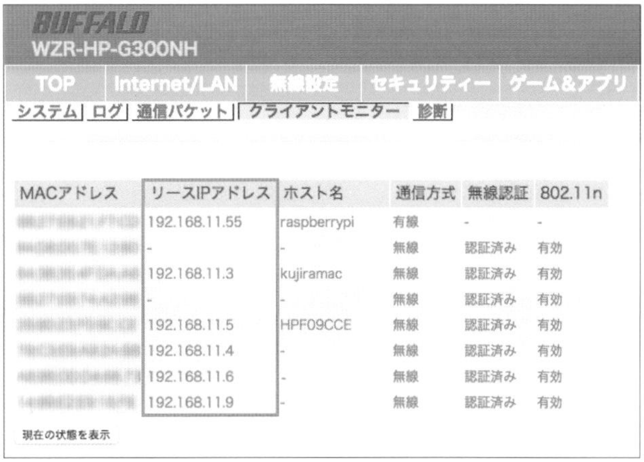

BUFFALO
WZR-HP-G300NH

| TOP | Internet/LAN | 無線設定 | セキュリティー | ゲーム＆アプリ |

システム｜ログ｜通信パケット｜クライアントモニター｜診断

MACアドレス	リースIPアドレス	ホスト名	通信方式	無線認証	802.11n
	192.168.11.55	raspberrypi	有線	-	-
	-		無線	認証済み	有効
	192.168.11.3	kujiramac	無線	認証済み	有効
	-		無線	認証済み	有効
	192.168.11.5	HPF09CCE	無線	認証済み	有効
	192.168.11.4		無線	認証済み	有効
	192.168.11.6		無線	認証済み	有効
	192.168.11.9		無線	認証済み	有効

現在の状態を表示

図2-2-5 ルーターの管理画面でIPアドレスの一覧を確認しているところ

パソコン側のVNCクライアントでラズパイに接続しよう

それでは、RealVNCのクライアントアプリ（「VNC Viewer」）を起動します。画面上部に、先ほど調べたIPアドレスを入力して［Enter］キーを押します。あるいは、「raspberrypi.local」と入力して［Enter］キーを押しましょう。IPアドレスが分からない場合など、この「raspberrypi.local」と入力することでつながる場合があります。

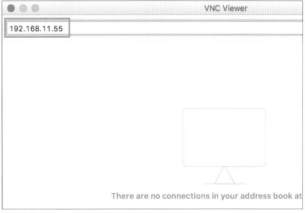

There are no connections in your address book at

図2-2-6 画面上部にラズパイのIPアドレスを入力

051

すると、VNCの認証画面が表示されます。初期状態では、
Usernameに「pi」、Passwordに「raspberry」と入力し[OK]
ボタンを押します。パスワードを変更していれば変更後の
パスワードを入力します。

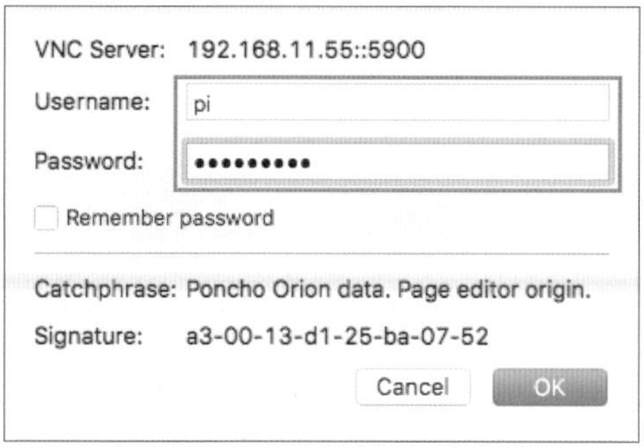

VNC Server: 192.168.11.55::5900

Username: pi

Password: ●●●●●●●●●

☐ Remember password

Catchphrase: Poncho Orion data. Page editor origin.

Signature: a3-00-13-d1-25-ba-07-52

Cancel   OK

図2-2-7　UsernameとPasswordを入力

認証が終わると、ラズパイのデスクトップ画面が表示されます。表示された画面の中を、クリックしたり、文字を入
力することができます。実機を触っているのとそれほど変わらず使うことができます。

図2-2-8
ラズパイをVNCで遠隔操
作しているところ

VNCの画面解像度が低すぎる場合

VNCでラズパイに接続してみて、画面の解像度が低く、小さな画面しか表示されない場合には、ラズパイ
の設定ファイル「/boot/config.txt」の値を変更する必要があります。ラズパイのターミナルから以下のコ
マンドを入力して、設定ファイルを編集します。以下は、この設定ファイルを、nanoというエディタで編
集するコマンドです。

ターミナルで入力

```
01  $ sudo nano /boot/config.txt
```

エディタで以下の設定項目を追加します。あるいは、すでに、config.txt内に設定が書かれているので値を変更します。各行が「#」から始まっていれば、それはコメントアウトされていること（無効な状態であること）を示していますので、「#」を削除して以下のように書き換えます。

config.txt

```
hdmi_force_hotplug=1
hdmi_group=2
hdmi_mode=8
```

編集が終わったら、最後に、[Ctrl] + [X] のキーを押します。すると、保存するかどうか尋ねられるので、[Y]キーを押して保存します。その後、ラズパイを再起動します。再起動するには、以下のコマンドを実行します。

ターミナルで入力

```
01  # 再起動する
02  $ sudo reboot
```

SSHでラズパイに接続しよう

次に、SSHを利用してラズパイに接続してみましょう。以下では、ラズパイのIPアドレスが、192.168.11.55だったという前提で作業します。実際には、このIPアドレスの部分を変更して操作してください。
macOSやLinuxでは、ターミナルが最初から用意されているので、そのターミナルを開いて、コマンドを入力することで接続を行います。以下のようにコマンドを入力してラズパイに接続しましょう。

ターミナルで入力

```
01  $ ssh pi@192.168.11.55
```

初回接続時は、本当に接続して良いか尋ねられますので [Y] と [Enter] キーを押して続けましょう。
次に、パスワードを尋ねられるので、「raspberry」(あるいは自分で変更したラズパイのパスワード)を入力します。

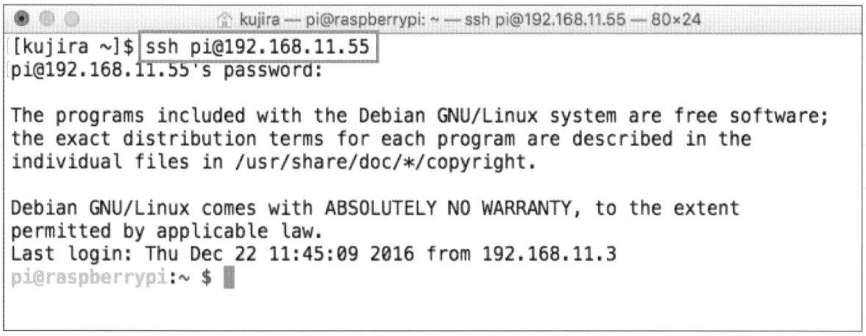

```
●●●                 kujira — pi@raspberrypi: ~ — ssh pi@192.168.11.55 — 80×24
[kujira ~]$ ssh pi@192.168.11.55
pi@192.168.11.55's password:

The programs included with the Debian GNU/Linux system are free software;
the exact distribution terms for each program are described in the
individual files in /usr/share/doc/*/copyright.

Debian GNU/Linux comes with ABSOLUTELY NO WARRANTY, to the extent
permitted by applicable law.
Last login: Thu Dec 22 11:45:09 2016 from 192.168.11.3
pi@raspberrypi:~ $
```

図2-2-9　macOSでラズパイにSSHで接続したところ

Windowsでは、PuTTYを使います。P.050
でダウンロードしたMSI形式のファイル
をダブルクリックしてインストールしま
す。するとWindowsのスタートメニュー
に「Putty」が登録されるので、クリック
して起動します。

すると、**図2-2-10**のような画面が表示
されるので、Host NameにラズパイのIP
アドレスを入力し、Portが「22」、Connection
Typeが「SSH」となっていることを確認
します。そして、ウィンドウの右下にある
「Open」ボタンをクリックします。

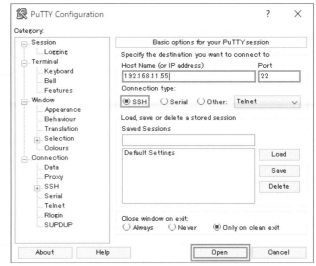

図2-2-10　PuTTYを起動してIPアドレスを入力

初回起動時は、**図2-2-11**のような確認
ダイアログが表示されます。これは、はじ
めてサーバーに起動する際に表示される
ダイアログですで、本当に接続して良い
かを尋ねるものなので「Accept」のボタ
ンをクリックして続けます。

図2-2-11　初回接続時のみ表示されるダイアログ

すると、「login as:」と表示されます。これは、ユーザー名を尋ねるものです。そこで、「pi」(ユーザー名を変更して
いればそれ)と入力して[Enter]キーを押します。続けてパスワードを尋ねられます。「raspberry」(パスワードを変
更していればそれ)を入力して[Enter]キーを押します。すると、ラズパイ実機に接続されます。

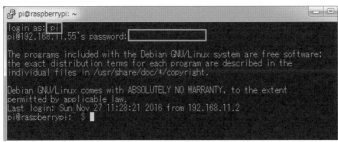

図2-2-12　ラズパイにログインしたところ(パスワードは非表示)

SSHで接続した後は、ラズパイ実機でターミナル(LXTerminal)を起動したのと同じ状態になっています。ここから、
さまざまなコマンドを入力して、ラズパイを操作することができます。

この節のまとめ

ラズパイにモニターやキーボードをつなげなくても、ネットワークに接続さえしていれば、別のパソコンからラズパイを操作することができます。VNCやSSHを利用することでリモート操作することができます。VNCやSSHを利用するには、必要に応じてアプリをインストールする必要がありますが、リモートで操作できると、非常に便利なので、環境を整えておくと良いでしょう。

TIPS

IPアドレスを固定しよう

一般的に、IPアドレスはルーターによって自動的に適当な数字が割り振られます。これは、DHCPという機能によって実現されています。それで、定期的に異なるIPアドレスが割り振られます。しかし、ラズパイをパソコンから遠隔操作する場合、毎回IPアドレスが異なると、接続先を指定する際に不便です。そこで、IPアドレスを固定にしましょう。

IPアドレスについて

IPアドレスを固定するのにあたって、少々ネットワークの知識が必要となるので、少し知識を補足しましょう。というのも、設定にあたって現在のルーターのIPアドレスを指定する必要がありますし、全くでたらめなアドレスで固定できるわけではないからです。
本文でも調べましたが改めて、現在ラズパイに割り振られているIPアドレスを調べてみましょう。

ターミナルで入力

```
01  $ ipconfig | grep 192
02      inet 192.168.1.11/24 brd 192.168.1.255 scope global wlan0
```

上記のように表示されたなら、現在「192.168.1.11」にIPアドレスが割り振られていることになります。ちなみに「ip addr」というコマンドは、現在割り振られているIPアドレスを調べるコマンドです。それに続く「| grep 192」というのは、表示された結果の中から、192を含む行を表示するという意味になります。
ここで、IPアドレスが「192.168.x.x」のようなアドレスになっていることに注目しましょう。これは、プライベートアドレスと呼ばれるものです。なお、表記では「192.168.1.11/24」となっており、末尾の「/24」は、左から24ビット(=8ビット×3つ分)が同じであれば、同一のネットワークであることを示すことを表しています。

そもそも、IPアドレスというのは、インターネット上のアドレスを表すためのもので、ほかの機器と被ることがないように割り振られます。しかし、会社や家庭内で利用する小規模なネットワークのために、個別のIPアドレスの使用を申請するのは大変です。そこで、小規模でプライベートなネットワークを構成するために、プライベートアドレスが用意されているというわけです。このアドレスは、申請することなく誰でも自由に利用することができるものです。
そして、IPアドレス(IPv4)は、ドットで区切られた8ビット(0から255の範囲)の数値4つで表します。プライベートアドレスでは、最初の2つの数値が「192.168」であるため、家庭内で使うネットワークで利用できるアドレスは、後半の2つの数値を変えたものです。ルーターの設定によって変わってきますが、ドットで区切られた3つ目の数値が「192.168.10.3」や「192.168.10.10」のように、10であることもあります。
そして、大抵のルーターでは、IPアドレスの4つ目の数値を自動的に割り振ります。一般的に1番はルーター

自身のアドレスです。つまり、上記コマンドの実行結果が「192.168.1.11」であれば、ルーターのアドレスは「192.168.1.1」となります。また、ラズパイで使う固定IPアドレスは、他の機器と被らないように設定する必要があるため、現在のIPアドレスで固定してしまうか、ルーターの管理用ページで、現在利用中のIPアドレスの一覧を確認して、被っていないアドレスを選ぶ必要があります。その場合も、IPアドレスの4つ目の数値を変えるだけにしましょう。たとえば、ルーターのアドレスが「192.168.10.1」であれば、「192.168.10.22」や「192.168.10.38」にします。

IPアドレス固定のため設定ファイルを編集しよう

それでは、IPアドレスを固定するよう設定ファイルを編集しましょう。設定ファイルの変更には、管理者権限が必要なので、ここでは、nanoというエディタを使って編集します。ターミナルから、以下のように入力しましょう。

ターミナルで入力

```
01 $ sudo nano /etc/dhcpcd.conf
```

すると、編集画面になるので、以下の設定を追加します。以下は「192.168.1.11」にIPアドレスを設定する例です。なお、「#」から始まる部分の入力は不要です。

/etc/dhcpcd.conf へ以下を追記

```
# Wi-Fiのインターフェイスの指定 --- ❶
interface wlan0
# 指定したいIPアドレスを指定 --- ❷
static ip_address=192.168.1.11/24
# ルーターのIPアドレスを指定 --- ❸
static routers=192.168.1.1
# ルーターのIPアドレスを指定 --- ❹
static domain_name_servers=192.168.1.1
```

このファイルに記述する内容を解説します。❶の部分では、Wi-Fiのインターフェイスを指定します。「wlan0」がラズパイのWi-Fiを意味します。有線LANのIPアドレスを固定する場合はここを「eth0」と指定します。❷の部分では、固定にしたいIPアドレスを指定します。❸と❹にはルーターのIPアドレスを指定します。
編集を終えるには、[Ctrl] + [X] のキーを押します。すると保存するかどうか尋ねられますので [Y] キー、続けて [Enter] キーを押します。
そして、ラズパイを再起動しましょう。

ターミナルで入力

```
01 $ sudo reboot
```

再起動したら、以下のコマンドを実行して、指定したIPアドレスが設定されていることを確認してください。

ターミナルで入力

```
01 $ ipconfig | grep 192
02     inet 192.168.1.11/24 brd 192.168.1.255 scope global wlan0
```

指定したアドレスになっていれば、設定成功です。

モニターなしでラズパイを設定したい場合

PCからラズパイにSSH接続すれば、モニターやキーボード、マウスなどの周辺機器がなくてもラズパイの設定を行うことができます。Chapter 1の手順でOSイメージをmicroSDに書き込んだ後で、PCからmicroSDを確認します。

microSDの中にファイル「config.txt」が見えるでしょうか。このフォルダと同じ階層に「ssh」という名前のダミーファイル(あるいはフォルダ)を作成します。これにより、ラズパイ側で自動的にSSHの設定をオンにしてくれます。

図2-2-B　sshというファイルを作成する

なお、Windowsでは拡張子を表示した状態にして、作成したファイルに余分な拡張子が付かないように注意してください(うまくいかない場合、sshフォルダを作る方が間違いないかもしれません)。

そして、LANケーブルなどをラズパイに接続してラズパイを起動します。そして、LANルーターなどでラズパイのアドレスを調べて、SSHで接続すると良いでしょう。

Wi-Fiを設定しよう(Raspberry Pi Zero WHの場合)

モニターがなくてもWi-Fiの設定を行うこともできます。特に、ラズパイゼロにはLANポートが用意されていないので、モニターなしで使うにはWi-Fiの設定が必須です。その場合、上記と同じように、「config.txt」があるbootフォルダに「wpa_supplicant.conf」というファイルを作成します。そこに以下のようなWi-Fiの設定を記述します。

wpa_supplicant.conf

```
country=JP
ctrl_interface=DIR=/var/run/wpa_supplicant GROUP=netdev
update_config=1

network={
    key_mgmt=WPA-PSK
    ssid="アクセスポイント"
    psk="パスワード"
}
```

ラズパイゼロの注意点ですが、2.4GHz帯の無線LANにしか対応していません。Wi-Fi-ルーターの設定で2.4GHz帯を有効にすると良いでしょう。なかなかWi-Fiにつながらないようなら、一時的にSSIDやパスワードを間違えにくいものに変更して試してみると良いでしょう。

macOS標準のVNCを使ってラズパイに接続したい場合

Windows/macOSでVNCを使ってラズパイに接続する場合、本文で紹介したようにRealVNCを使うのが確実ですが、実は、macOSには標準でVNCクライアント（Finderの画面共有）がインストールされています。しかし、ラズパイのデフォルト設定ではこれを使って接続はできません。

macOSデフォルトのVNCクライアントを使いたい場合、まず、ラズパイの設定（「設定＞Raspberry Piの設定＞インターフェイス」）でVNCを有効にします（P.049参照）。

そして、ラズパイ側のLXTerminalを起動します。そして、以下のコマンドを実行します。

```
01 $ sudo nano /etc/vnc/config.d/common
```

ファイルの編集画面が出るので、ここに「Authentication=VncAuth」と記述します。［Ctrl］＋［X］キーで終了して［Y］キーで上書き保存します。続いて、以下のコマンドを実行します。

```
01 $ sudo vncpasswd -service
```

パスワードを入力したらラズパイを再起動します。その後、macOSのFinderを起動します。そして、「移動＞サーバーへ接続」をクリックします。そして「vnc://raspberrypi.local」と入力して接続するか、あるいは「vnc://（ラズパイのIPアドレス）」のようにIPアドレスを指定して接続します。

図2-2-C　macOSのFinderよりラズパイに接続

上の手順で指定したVNCのパスワードを入力すればラズパイに接続できます。

図2-2-D　macOSからラズパイに接続したところ

APTを利用して
アプリをインストール

この節のポイント

● APTについて知っておこう

● APTでアプリをインストールしよう

APTについて

APT（Advanced Packaging Tool）は、コマンドラインからアプリをインストールすることのできるパッケージ管理ツールです。ラズパイでは、APTを利用して、さまざまな便利なアプリを追加・削除することができます。

しかも、APTには、パッケージの依存関係を自動で判定する機能がついています。これは、あるアプリが何かしらのライブラリがなければ動かないということが分かっていれば、その依存関係も考慮して、自動的に必要なライブラリをインストールしてくれるというものです。

なお、Chapter 1では、GUIでソフトウェアをインストールする方法を紹介しましたが（P.034）、APTは、それをコマンドラインから行うものと考えて良いでしょう。しかし、全く同じものではありません。筆者の経験上、GUIからのインストールでは、うまくインストールが完了しないものもあったので、重要なソフトウェアは、コマンドラインからインストールした方が無難のようです。そこで、本書では、コマンドラインからのインストール方法を紹介します。

APTの使い方

それでは、簡単にAPT（apt-get）コマンドの使い方を紹介します。コマンドを打ち込むと言っても、それほど難しいものではありません。基本的な3つのコマンドを見てみましょう。

```
01  # --- パッケージ情報を更新する ---
02  $ sudo apt-get update
03
04  # --- 新規パッケージをインストールする ---
05  $ sudo apt-get install (パッケージ名)
06
07  # --- インストール済みパッケージをアンインストールする ---
08  $ sudo apt-get remove (パッケージ名)
```

この3つのコマンドが基本的なものです。インストールしたばかりのRaspberry Pi OSはパッケージの情報が古かったり、また存在しなくなっているという可能性があります。そこで、最初に、apt-get updateを実行して、パッケージ情報を更新しておく必要があります。その上で、パッケージをインストールします。

SLコマンドをインストールしてみよう

日本が世界に誇る偉大なジョークプログラムに「sl」があります。カレントディレクトリでファイル一覧を表示するコマンドを覚えていますか。それは「ls」です。lsは頻繁に入力するため、焦ってタイプすると誤って「sl」とタイプしてしまうことがあります。そのように打ち間違えたときに場を和ませてくれるのが、このslコマンドというわけです。

それでは、APTを使って、slコマンドをインストールしてみましょう。ターミナルを起動して、以下のコマンドを入力してみましょう。最初にパッケージを更新し、その後、インストールを実行します。ちなみに、「sudo」というのは、実行するコマンドに管理者権限を与えるという意味です。APTでパッケージを導入するには、管理者権限が必要となるので、「apt-get」コマンドの前に、「sudo」を付ける必要があります。

ターミナルで入力

```
01  # パッケージを更新する
02  $ sudo apt-get update
03
04  # slコマンドをインストールする
05  $ sudo apt-get install sl
```

すると、インストールが行われます。slコマンドは小さいのであっと言う間にインストールが完了することでしょう。

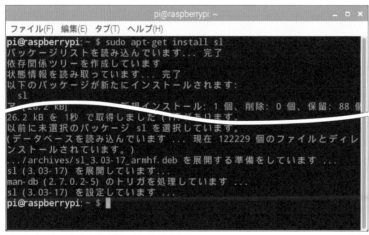

図2-3-1　slコマンドをインストールしているところ

slコマンドを実行すると、どうなるでしょうか!?　タイプしてみましょう。

ターミナルで入力

```
01  $ sl
```

図2-3-2のようなSL（汽車）が画面を走ります。そういえば、銀河鉄道999では、乗客と会話可能な人工知能を搭載した機関車が登場しましたが、ラズパイで人工知能搭載の機関車を作るのも楽しそうですね。そうした期待も込めつつ、slコマンドを動かしてみましょう。

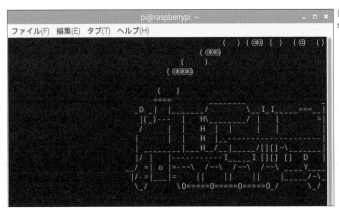

図2-3-2
slコマンドを実行したところ

ちなみに、Raspberry Pi OSに、slコマンドは含まれていませんが、多くのLinuxディストリビューションには、標準でこのslコマンドが含まれています。もし、slコマンドをアンインストールする場合は、以下のように入力します。

ターミナルで入力

```
01 $ sudo apt-get remove sl
```

ラズパイのシステムを最新に更新しておこう

セキュリティの観点から考えると、ソフトウェアを最新の状態に更新しておくのは重要です。パソコンやタブレットのOSと同じように、ラズパイのOSを最新の状態にしておきましょう。ラズパイでシステムを最新に更新するには、以下のコマンドを実行します。ラズパイが自動的にアップデートすることはないので、定期的に以下のコマンドを実行して、アップデートしておきましょう。

ターミナルで入力

```
01 # パッケージリストの更新
02 $ sudo apt-get update
03
04 # インストールされているパッケージの更新
05 $ sudo apt-get upgrade
06
07 # ラズパイのファームウェアの更新
08 $ sudo rpi-update
```

この節のまとめ

APTのパッケージ管理を利用すると、アプリの導入から、プログラミング環境の構築まで、簡単なコマンドを入力だけで済みます。APTは広く利用されているので、本書でも積極的に利用していきます。覚えておきましょう。

プログラミング開発環境を整えよう

ラズパイゼロ OK（一部注意）

この節のポイント

● Python 環境を整えよう

● ラズパイで Python 対話環境を使ってみよう

Python の実行環境

ラズパイ OS の「Raspberry Pi OS」には、最初から Python がインストールされています。そのため、Python を実行するために、別途何かをインストールする必要はありません。なお、Python には、最新の Python 3 と過去のバージョン Python 2 の 2 系統があり、Raspberry Pi OS にも両方がインストールされています。現在は Python 3 が主流であり、本書でも基本的に Python 3 を利用します。

ただし、Python の開発環境については、好みのものをインストールして使うと良いでしょう。本節では、最初からインストールされている「Thonny」、別途インストールするエディタとして「gedit」と「Visual Studio Code」について紹介します。

Thonny Python IDE を使ってみよう

また、Python に加えて、Thonny という簡単な Python の開発環境が最初からインストールされています。簡単に利用してみましょう。

デスクトップのアプリケーションメニューから［プログラミング > Thonny Python IDE］をクリックします。

図 2-4-1　Python 3 の開発環境 Thonny を起動

すると、Thonny が起動します。これは、初心者向けの Python の開発環境となっており、手軽に Python の実行ができるよう工夫されているツールです。そのため、エディタ上でプログラムを書いて手軽に実行することができます。

また、Python Shell を起動して対話環境で Python を実行することもできます。プログラムの入力補完や、文法に沿って色を付けるカラーリング機能など、開発環境として基本的な機能を備えています。

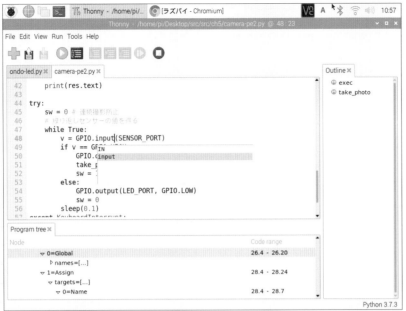

```
42      print(res.text)
43
44  try:
45      sw = 0 # 連続撮影防止
46      # 繰り返しセンサーの値を得る
47      while True:
48          v = GPIO.input(SENSOR_PORT)
49          if v == GPIO.HIGH
50              GPIO.(input
51              take_p
52              sw =
53          else:
54              GPIO.output(LED_PORT, GPIO.LOW)
55              sw = 0
56          sleep(0.1)
57  except KeyboardInterrupt:
```

Outline
○ exec
○ take_photo

Program tree

Node	Code range
▽ 0=Global	26.4 - 26.20
▷ names=[...]	
▽ 1=Assign	28.4 - 28.24
▽ targets=[...]	
▽ 0=Name	28.4 - 28.7

Python 3.7.3

図2-4-2　Thonnyにはプログラムの入力補完や、文法に沿って色を付けるカラーリング機能がある

ここでは、簡単に対話環境を用いて、Pythonを実行してみましょう。Thonnyを起動したら、メニューの［View >
Shell］をクリックします。すると、画面の下側に［Shell］というタブが表示されます（もともと表示されていて消え
てしまった場合は、もう一度クリックして表示しましょう）。これは、Pythonのコードを実行する対話環境です。対
話環境を利用すると、Pythonのプログラムを一行ずつ実行できます。

この対話環境は電卓の代わりとしても利用することができます。使い方ですが、「>>>」と表示されているところへ、

Pythonのプログラムを入力し、［Enter］
キーを押します。すると、プログラムの
実行結果が次の行に表示されます。
ここでは、「2 + 30」と入力して［Enter］
キーを押してみましょう（**図2-4-3**）。

```
Shell ×
Python 3.7.3 (/usr/bin/python3)
>>> 2+30
32
>>> |
```

図2-4-3　ThonnyのPython Shellで計算してみたところ

うまく動いたでしょうか。次に、いろ
いろな計算式を入力して、実行してみま
しょう（**図2-4-4**）。
ここで「2 ** 300」とは2の300乗を計
算したものです。このように、Python
ではかなり大きな数でも正確に計算結
果を出力してくれるので心強いです。
Python ShellやThonnyを終了させる
には、ウィンドウの右上の［x］ボタン
をクリックします。

```
Shell ×
Python 3.7.3 (/usr/bin/python3)
>>> 2 + 30
32
>>> 1 + 2 * 3
7
>>> (123 * 456) * 789 / 10
4425343.2
>>> 2 ** 300
2037035976334486086268445688409378161051468393665936250636140449354
3812997633367706183397376
>>> |
```

図2-4-4　Python Shellでいろいろな計算をしてみたところ

Thonnyは日本語が入力できない

残念なことに原稿執筆時点で、Thonnyでは日本語が入力できません。それでも日本語の入力が不要な簡単な
プログラムを作成したり、すでに日本語が書かれているプログラムを実行するのに問題はありません。

Pythonを書くのに適したエディタは?

Thonnyは最初からRaspberry Pi OSにインストールされており、気軽に使えて良いのですが、日本語が入力できな
いので不便です。それでも、Linux由来の便利なツールをインストールして使うことができるのが大きなメリットです
（Raspberry Pi OSはLinux（Debian）をベースに開発されているOSです）。

ここでは、インストールして使えるエディタとして「gedit」と「Visual Studio Code」をインストールして使う方法
を紹介します。

「gedit」を使ってみよう

最初に多くのデスクトップLinuxで標準のテキストエディタとして使われている「gedit」を紹介します。このエディタ
は動作が軽快であり、ラズパイ上でPythonのプログラムを作るのにも便利です。

コマンドラインで以下のコマンドを実行すると、geditがインストールされます。

ターミナルで入力

```
01  $ sudo apt-get update
02  $ sudo apt-get -y install gedit
03  $ sudo apt-get -y install gedit-plugins
```

geditがインストールされると、アプリケーションメ
ニューの「アクセサリ > テキストエディター」（あるいは
設定によっては「アクセサリ > gedit」）で起動できるよう
になります。

図2-4-5 メニューの「アクセサリ>テキストエディター」でgedit
を起動しよう

なお、geditが素晴らしいのは、プラグインが自由に追加できるところです。ターミナルやPython対話環境などをエディタに追加することができます。

プラグインを追加するには、画面右上の ≡ をクリックして［設定 > プラグイン］を開きます。そして「Python コンソール」と「組み込み端末」にチェックを入れます。チェックを入れたら、画面右上の［×］をクリックした画面を閉じます。

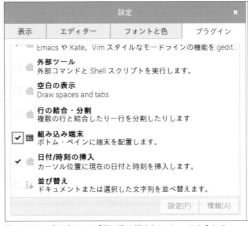

図2-4-6　プラグインの「Pythonコンソール」にチェックを入れる　　図2-4-7　プラグインの「組み込み端末」にチェックを入れる

それでは、geditで簡単なPythonのプログラムを開発してみましょう。まずは、ラズパイのデスクトップで、アプリケーションメニューの「アクセサリ > テキストエディター」でgeditを起動します。そして、起動したら、geditにPythonのプログラムを作ることを教えるために、最初にファイル名を付けて保存しましょう。

そのために、画面右上にある「保存」ボタンをクリックします。

図2-4-8　右上の「保存」ボタンをクリック

すると、ファイルの保存ダイアログが開きます。画面上部に「hello.py」と書き入れます。なお、ここでは、分かりやすく「ホーム」ディレクトリに保存するために、画面左側の「ホーム」をクリックします。

最後に、画面右下の「保存」をクリックします。

名前(N):	hello.py

⌂ ホーム	◀ ⌂ pi ▶			📁
🖥 デスクトップ	名前		サイズ ▲	更新日時
🗋 Documents	🎬 Videos			昨日
↓ Downloads	🖼 Pictures			昨日
🎵 Music	🎵 Music			昨日
📷 Pictures	📄 Documents			11:10
📹 Videos	📁 Public			昨日
	📁 Templates			昨日
➕ 他の場所	📁 Downloads			10:51
	📁 Desktop			11:30
	📁 Bookshelf			5月7日
	📄 hello.py		0バイト	11:33

文字エンコーディング 現在のロケール (UTF-8) ▼　改行文字 Unix/Linux ▼　　すべてのファイル ▼

キャンセル(C)　保存(S)

図2-4-9　ファイル名を「hello.py」として保存

このように、ファイル名の拡張子を「.py」という名前で保存すると、Python編集モードになります。エディタ部分に、プログラムを記述しましょう。ここでは、以下のようなプログラムを書きました。プログラムを書いたら、画面右上の「保存」ボタンを押して、プログラムを保存します。

geditに入力

```
01  for i in range(10):
02      print( i)
```

そして、画面上部の ≡ から「表示>ボトムパネル」をクリックします。すると、端末やPythonコンソールが表示されます。

図2-4-10　パネルを表示する

それでは、ターミナルから実行してみましょう。プラグインで「組み込み端末」を有効にしていれば、画面下部に「Terminal」(あるいは「端末」)というタブが表示されます。そのタブをクリックして、そこに「python3 hello.py」と入力して [Enter] キーを押すと、Pythonのプログラムが実行され、結果が表示されます。

図2-4-11　画面下部のTerminalを操作してプログラムを実行したところ

また、「Pythonコンソール(Python Console)」のタブを使えば、Pythonの構文をテストしたり、電卓の代わりに使ったり、といろいろな用途に利用できます。

Visual Studio Codeを使う

また、マイクロソフトが無償で提供している高度な開発環境の「Visual Studio Code」を使うのもオススメです。これは、Windows/macOSだけでなく多くのOSで動く人気の開発環境です。

ラズパイからも手軽にインストールできるようになっています。ただし、Visual Studio Codeはメモリ使用量も多いのでラズパイゼロでは動きません。

Visual Studio Codeをインストールするには、LXTerminalを開いて以下のコマンドを実行します(あるいは、ラズパイメニューの [Recommended Software > Programming > Visual Studio Code] よりインストールできます)。

ターミナルで入力

```
01  $ sudo apt-get update
02  $ sudo apt-get install code
```

インストールしたら、ラズパイのメニューより「プログ
ラミング＞Visual Studio Code」をクリックして起動し
ましょう。

図2-4-12　Visual Studio Codeを起動する

Visual Studio Codeを日本語化しよう

Visual Studio Codeでもさまざまな拡張機能をインストールして、さまざまなプログラミング言語の拡張機能を追加
できます。

メニューから［View > Extensions］をクリックします。そして、「Japanese Language Pack」を検索しましょう。
［Install］のボタンを押すと拡張機能を追加できます。そして、Visual Studio Codeを再起動するとメニューが日本語
になります。なお、Thonnyと違って、Visual Studio Codeでは日本語入力も問題ありません。

図2-4-13
Visual Studio Codeを日本語化しよう

Visual Studio CodeでPythonのプログラムを実行しよう

Visual Studio Codeのメニューで「ファイル > 新規ファイル」をクリックして、新規ファイルを作成します。そして、
「hello.py」という名前で保存します。すると、「Python」という拡張機能をインストールするか質問されるので「はい」
を選択します。

図2-4-14
Pythonの拡張機能をインストールすれ
ば快適に開発ができる

そして、先ほどと同じように適当なプログラムを記述しましょう。

ターミナルで入力

```
01  for i in range(10):
02      print(i, "Hello")
```

プログラムを上書き保存したら、メニューより「実行>デバッグの開始」をクリックします。そして、「Python File」を選ぶとプログラムが実行されます。

図 2-4-15
Pythonのプログラムを
実行したところ

ターミナル上なら「nano」「vim」「emacs」

ラズパイには、最初からターミナル上で使える「nano」という軽量のテキストエディタがインストールされています。使い方は簡単で、LXTerminalを起動した後、「nano (ファイル名)」のようにコマンドを入力するだけです。

ターミナルで入力

```
01  $ nano hello.py
```

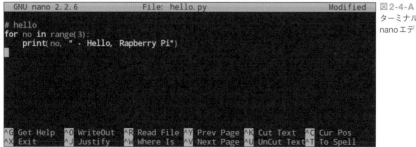

図 2-4-A
ターミナルから使える
nano エディタ

ターミナル上で使えるエディタは、その他にも、いろいろあります。歴史があり、コアなユーザーがたくさんいるのが「vim」と「emacs」です。これらのエディタは、使い方が複雑なので、ここでは、紹介だけに留めます。解説本もたくさん出版されています。もし、余力があれば、挑戦してみると良いでしょう。

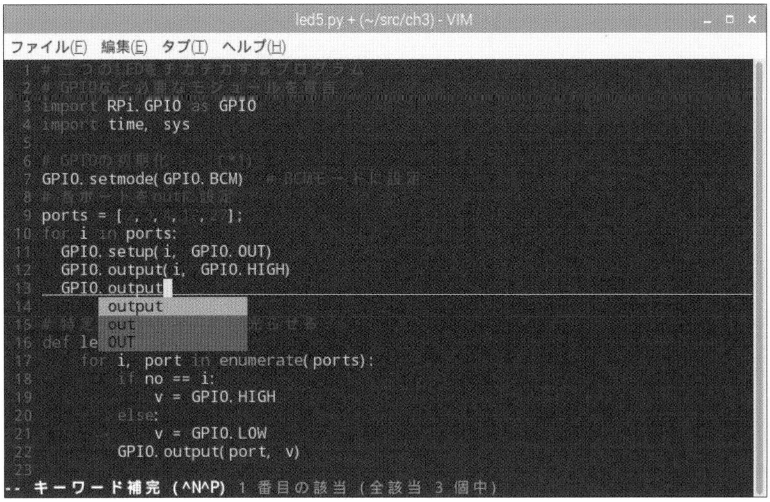

図2-4-B
コアユーザーに人気の
vimエディタ

Windows/macOS上で作ってラズパイに転送する方法も

また、ラズパイ以外に自由になるPCがあるならば、プログラムは、WindowsやmacOSなどパソコン上で書いて、ラズパイに転送してから実行する方法が使えます。（ラズパイのストレージに手軽にアクセスする方法は、後ほど紹介します）。

とはいえ、プログラムを開発する場合、別途PCを使う必要はないかもしれません。ここまで紹介したように、ラズパイ上に便利な開発環境をインストールして、快適に開発することができます。

Pythonプログラムをターミナルから実行しよう

ここまでの部分では、開発環境の機能を使ってPythonを実行していました。しかし、ターミナルからPythonのプログラムを実行する方法を覚えると、エディタに関わりなくプログラムを実行できて便利です。

先ほどインストールしたgeditを使ってみましょう。メニューから「アクセサリ>テキストエディター」でgeditを起動したら以下のようなプログラムを記述します。そして、プログラムを記述したら、プログラムを保存します。ここでは分かりやすくデスクトップに「hello.py」という名前でファイルを保存しましょう。

geditに入力

```
01  for i in range(5):
02      print(i, "回目：こんにちは★")
```

069

続いて、LXTerminalを起動しましょう。ラズパイメニューの「アクセサリ＞LXTerminal」をクリックすると起動します。Pythonのプログラムを実行するには、「python3（ファイル名）」のようにコマンドを入力して実行します。
先ほど、geditで作成した「hello.py」というプログラムを実行するには、ターミナルで以下のように記述します。

ターミナルで入力

```
01  pi@raspberrypi:~ $ cd ~/Desktop
02  pi@raspberrypi:~/Desktop $ python3 hello.py
03  0 回目: こんにちは★
04  1 回目: こんにちは★
05  2 回目: こんにちは★
06  3 回目: こんにちは★
07  4 回目: こんにちは★
```

図2-4-16
ターミナルでPythonのプログラムを
実行したところ

最初に「cd フォルダ名」のように記述して保存したフォルダをカレントディレクトリ（作業対象フォルダ、P.042参照）に変更します。そのため、「cd ~/Desktop」と書くとデスクトップをカレントディレクトリに変更します。そして、「python3 hello.py」と入力することでプログラムを実行します。

ターミナルから対話環境を起動してみよう

なお、ターミナルからPythonの対話環境を実行することが可能です。ターミナル（LXTerminal）を起動した後、「python3」と入力します。以下は、Python3の対話環境を実行し、8の100乗を計算してみたところです。

ターミナルで入力

```
01  pi@raspberrypi:~ $ python3
02  Python 3.7.3 (default, Jan 22 2021, 20:04:44)
03  [GCC 8.3.0] on linux
04  Type "help", "copyright", "credits" or "license" for more information.
05  >>> 8 ** 100
06  2037035976334486086268445688409378161051468393665936250636140449354381299763336706183
    397376
07  >>>
```

そして、対話環境を終了するには、「quit( )」とコマンドを入力します。

この節のまとめ

以上、ここでは、Pythonの開発環境を利用する方法を紹介しました。Pythonのプログラムを記述して実行する方法、また、Pythonを記述するのに便利なエディタを紹介しました。エディタに関しては、大きく好みの分かれるところだと思いますので、いろいろ試してみると良いでしょう。

TIPS

ラズパイゼロでも快適に開発できる!?

安価なラズパイゼロですが、さすがにスペックが低く、デスクトップアプリを使っての開発はストレスを感じるものです。ここで紹介したgeditやThonnyですが、ラズパイ4Bではサクサク動くのですが、ラズパイゼロだと動作が重く感じます（一応動きます）。そのため、別のPCで開発したプログラムを、ラズパイゼロにコピーして実行するのが現実的でしょう。

とはいえ、ラズパイゼロでも快適に開発できるエディタがあります。それは、ターミナル上で動くnanoやvimといったエディタです。ターミナルで操作するので慣れるまではちょっと抵抗がありますが、コピー＆ペーストもできますし、キー操作だけでいろいろできます。何より軽快に動作します。しかも、ターミナルでの開発に慣れると、サーバー管理など別の機会にも役立つので覚えておいて損はないでしょう。

ラズパイを ファイル共有サーバーにするには

ラズパイゼロOK

この節のポイント

● ファイル共有サーバーの作り方を知っておこう

● SFTPやSambaについて知っておこう

ラズパイをファイル共有サーバーにしてみよう

ラズパイにHDDを接続することで、ネットワークストレージ（NAS）として利用することができます。また、ファイル共有サーバーにしておけば、プログラム作成時にも便利です。ここでは、以下の順番で、ラズパイをファイル共有サーバーにする方法を紹介します。

❶ ラズパイに大容量ストレージを接続する
❷ ラズパイにパソコンからアクセスする（SFTPまたはSamba）

ラズパイに大容量ストレージを接続してみよう

便利なことに、特に難しい設定をすることなく、外部HDDなどをラズパイのUSBポートに接続すれば、自動的にドライブがマウントされるようになっています。ファイルマネージャーを利用して、HDDの内容を確認することができます。

図2-5-1　ファイルマネージャーでストレージの内容を確認しているところ

外部HDDをラズパイに接続すると、以下のようなパスに自動的にマウントされます。特に名前をつけていないHDDであれば「/media/pi/UNTITLED」にマウントされます。ハードディスクを複数利用する場合は、名前を付けておくと良いでしょう。HDDに名前を付けるにはパソコンから行います。macOSなら、FinderでHDDを選択してメニューから［ファイル > 情報を見る > 名前と拡張子］で変更します。Windowsなら、エクスプローラーから右クリックして［プロパティ］で変更できます。

```
01  外部ストレージがマウントされるパス:
02  /media/pi/(ハードディスクの名前)
```

ラズパイの電力不足に注意

外部ストレージをラズパイに接続する上で、避けて通れないのが電力不足の問題です。外部機器を接続したのに正しく動かないとか、利用している最中で、ラズパイが不安定になるようであれば、電力不足を疑うことができます。
特に、USBバスパワーで動作するポータブルHDD/SSDなどのストレージでは、USBから給電される電力を利用して動きます。しかし、HDDというのは、ディスク内のデータをモーターを回転させて読み書きします。そのため、消費電力が比較的大きく、ラズパイのUSBポートでは、電力不足になりがちです。

スペックでは、右の通り、ラズパイ3以上では、最大電力が1.2Aとなっています。
もしも、HDD/SSDなどが動作しない場合には、USBポートの電源供給に頼らなくて済むように、アダプターが付属したセルフパワー対応のものを購入すると良いでしょう。
あるいは、セルフパワータイプのUSBハブを買って、HDD/SSDとラズパイの間につなげることで、電力不足を補うことができます。

モデル	USBポート供給最大電力
Raspberry Pi Model B	500mA
Raspberry Pi Model B+	600mA/1.2A (※1)
Raspberry Pi2 Model B	600mA/1.2A (※1)
Raspberry Pi3 Model B	1.2A
Raspberry Pi3 Model B+	1.2A
Raspberry Pi4 Model B	1.2A

※1 /boot/config.txt に設定値を書き込むことで切り替え可能といいう仕様です。

SFTPでラズパイにアクセスしよう

SFTP（SSH File Transfer Protocol）というのは、SSHで暗号化して、安全にファイルを送受信するための通信規約です。ラズパイでSSHを有効にしていると、SFTPでのファイル送受信が可能になり、外部のPCからラズパイのストレージにアクセスできます。
ただし、SFTPを使う場合、ラズパイ側でSSHサーバーを有効にしている（P.049参照）ことに加えて、パソコン側でSFTPクライアントにインストールする必要があります。
SFTPクライアントとして有名なのは、FileZilla（FileZillaは、Windows/macOS/Linux対応）です。ここでは、これをパソコン側にインストールして使ってみましょう。

● FileZilla
　［URL］https://filezilla-project.org/

FileZillaをインストールしたら、起動して、メニューから「ファイル > サイトマネージャ」をクリックし、左下で「新しいサイト」をクリックします。そして、「ホスト」と書かれているところに、ラズパイのIPアドレス（P.050参照）を入力し、プロトコルは「SFTP - SSH File Transfer Protocol」を選択します。ログオンの種類は、「通常」を選んで、その下にラズパイのユーザー名とパスワードを指定します。すべて入力したら「接続」をクリックします。

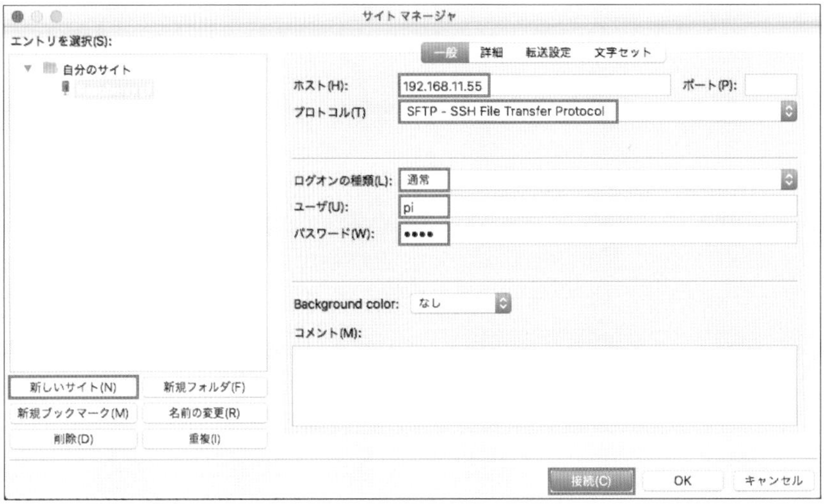

図2-5-2　接続先を指定しているところ

パソコン側からラズパイに接続すると、ラズパイ内のストレージを自由に見ることができます。そして、ラズパイ側のファイルをダブルクリックすると、パソコン側にファイルをコピーすることができます。その逆で、ローカルパソコン側のファイルをダブルクリックして、ラズパイ側に転送することも可能です。これによって、ラズパイに接続した大容量ストレージにパソコンからアクセスできるようになります。

図2-5-3　FileZillaでラズパイに接続したところ

Sambaでラズパイにアクセスしよう

ここまでの手順で、ラズパイとパソコンでファイルの送受信を行うのに、SFTPが使えることを紹介しました。とはいえ、Windowsのエクスプローラーや、macOSのFinderでラズパイ内のファイルを確認することができたらより便利です。そこで役立つのが、Sambaです。Sambaとは、Windowsのファイル共有やプリンタ共有をUnix系OSから利用できるようにしたフリーソフトです。そのため、Windows/macOS側に特別なツールのインストールは不要です。ただし、ラズパイ側には、Sambaのインストールが必要です。

ラズパイのターミナルから以下のコマンドを実行することで、Sambaをインストールできます。

ターミナルで入力

```
01 $ sudo apt-get update
02 $ sudo apt-get -y install samba
```

それから、どのフォルダをSambaで共有するのか設定ファイルを編集します。nanoなどのエディタで行うと良いでしょう。設定ファイルの変更には管理者権限が必要なので、ターミナルから「sudo」をつけてコマンドを入力します。

ターミナルで入力

```
01 $ sudo nano /etc/samba/smb.conf
```

そして、設定ファイルの一番下に、以下のような設定を付け加えます。ここでは、「pi」という共有フォルダを作成し、マウントしたHDDにアクセスできるようにします。もちろん、以下の「path」に設定している「SOTO-HDD」というのは筆者が持っているHDDの名前なので、実際には、ファイルマネージャーで「/media/pi」を開いてマウントしたHDDの名前を確認し、以下の2行目のHDDの名前も書き換えましょう。

ターミナルで入力

```
[pi]
path = /media/pi/SOTO-HDD    ← HDDの名前はご自分のものに変更
read only = No
guest ok = Yes
force user = pi
```

設定を書き加えたら、[Ctrl]＋[X]でエディタを終了させましょう。その際、ファイルの変更を保存するのか尋ねられますので、[Y]キーと[Enter]キーを押して、上書き保存しましょう。その後で、以下のようにSambaを再起動します。

ターミナルで入力

```
01 $ sudo service samba restart
```

もし、「Unit samba.service is masked.」というエラーが出て、再起動ができない場合、次のコマンドを入力することで再起動できます。

```
01  $ sudo service smbd restart
02  $ sudo service nmbd restart
```

以上で、ラズパイ側のSambaの設定は完了です。続いて、パソコン側からラズパイにアクセスしてみましょう。

Windowsからラズパイのsambaに接続する方法

Windowsのエクスプローラーを
起動して、「¥¥192.168.11.55」
のように「¥¥(IPアドレス)」の
形で入力して［Enter］キーを押
すと、ラズパイに共有フォルダ
にアクセスすることができます。

図2-5-4　Windowsからラズパイに接続したところ

macOSからラズパイのSambaに接続する方法

macOSでは、Finderを表示し
て、メニューから「移動 > サー
バーへ接続」をクリックします。
続いて、「smb://(IPアドレス)」
と入力して「接続」ボタンをク
リックします。
このように、Sambaを使うと、
エクスプローラーやFinderを用
いて、ローカルファイルのよう
にネットワーク上のファイルを
編集することができます。

図2-5-5　macOSからラズパイに接続したところ

> **TIPS**
>
> もちろん、一般的な方法として、USBメモリなどを使って、パソコンとラズパイ間のファイルを受け渡しすることも可能です。

VPNを構築して遠隔地からラズパイに接続しよう

ここまで紹介したように、ラズパイに大容量ストレージを接続すれば、オフィスのデータ共有サーバーとして利用できます。クラウドストレージのサービスと比べて、大容量のストレージをより安く使えることや、自分の好きなアプリをインストールして使えることなど、小回りが利いて使い勝手が良いのです。

しかし、テレワークが普及して、自宅や遠隔地でもオフィスのラズパイに接続したいという場面も増えています。どのようにすれば安全にオフィスのラズパイに接続できるでしょうか。いくつか方法がありますが、VPN（仮想のプライベートネットワーク）」を使うと手軽で安全です。VPNを使うと、同一LAN上にあるマシン同士のようにやり取りできるようになります。

VPNを利用する場合、ラズパイ自体をVPNサーバーにする方法と、レンタルサーバーが提供しているVPS（仮想専用サーバー）のサービスを活用する方法があります。ラズパイ自体をVPNサーバーにする場合には、OpenVPNなどのVPNサーバーをラズパイにインストールします。そして、ルーターのポートフォワーディング（ポート開放）の設定を変更して、外部からの通信がラズパイ側へ届くように指定します。ただし、ルーターの設定はモデルごとに方法が異なります。また、正しく設定しないとセキュリティの危険もあります。そこで、ここでは、VPSサービスを活用してVPNを構築する方法を紹介します。

chapter 2-5

仮想専用サーバーを利用してVPNを構築しよう

安価なVPS（仮想専用サーバー）サービスを活用すると、手軽にVPNを構築できます。少人数のグループで利用する場合には十分活用できます。VPSとは仮想的に専用サーバーを利用できるサービスです。多くのレンタルサーバーの会社が提供しています。

ここでは、ConoHaのVPSプラン（682円/月）で設定する方法を簡単に紹介します。もちろん、さくらインターネットやほかのVPSを提供しているサービスでも、同様の方法で設定できます。

● ConoHa VPS

　[URL] https://www.conoha.jp/vps/

ConoHaでユーザー登録した後、VPSのメニューから「サーバーを追加」します。OSにはUbuntu20.04を指定します。そして、rootパスワードを指定したら「追加」ボタンをクリックします（このrootパスワードは忘れないようにしてください）。

図2-5-6
ConoHaでVPSサーバーを
追加するところ

すると、新規サーバーが割り当てられ、
サーバーが起動します。一覧から作成さ
れたサーバーを選択すると、サーバーの
情報が表示されます。ここでは、サーバー
のIPアドレスをメモしておきます。

図2-5-7　新規サーバーが割り当てられたところ

コンソール上でOpenVPNをインストール

画面上部に「コンソール」というアイコ
ンがあるのでこれをクリックします。する
とloginと出るので「root」と入力して
[Enter] キーを押し、続けて先ほど設定
したパスワードを入力します（あるいは、
ラズパイのターミナルに「ssh root@(割
り当てられたIP)」と入力してログインし
ます）。

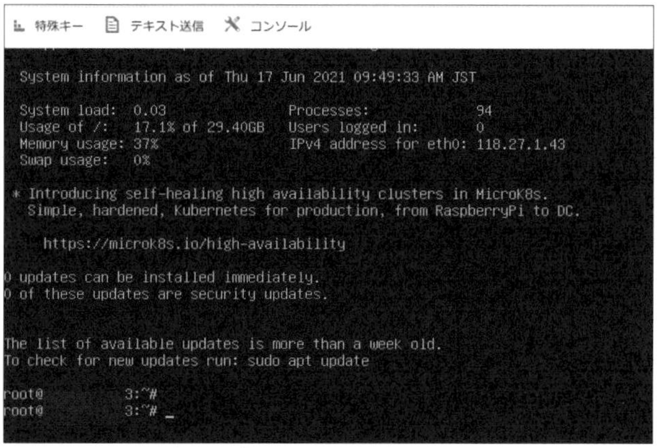

図2-5-8　VPSサーバーにログインしたところ

無事にログインできたら、OSを最新の状態にアップデートしましょう。以下のコマンドを実行します（新規サーバー
作成直後に実行するとエラーが出ることがあるそうです。その場合、5分ほど待ってから実行します）。

コンソールで入力

```
$ sudo apt update && sudo apt upgrade
```

続けて、OpenVPNをインストールします。ここでは、Nyrさんが用意してくれているインストールスクリプトを利用
してインストールしましょう。以下のコマンドを実行します。

コンソールで入力

```
$ wget https://git.io/vpn -O openvpn-install.sh && bash openvpn-install.sh
```

すると、いくつか質問があります。ここでは、以下のように答えましょう。

● Which protocol should OpenVPN use?（どのプロトコルを使いますか）
　➡ デフォルトのUDPを使うので、そのまま［Enter］キー

● What port should OpenVPN listen to?（何番ポートを使いますか）
　➡ デフォルトの1194を使うので、そのまま［Enter］キー

● Which DNS do you want to use with the VPN?
　➡ デフォルトのシステム設定を使うので、そのまま［Enter］キー

● Enter a name for the first client（クライアントの名前を入力）
　➡ ここでは「test」にしました。

さらに［Enter］キーを押して待っていると設定が行われます。すると、クライアントに入力した名前のついた
OpenVPNの設定ファイル「test.ovpn」が生成されます。

接続したいクライアント用の設定ファイルを生成

続けて、ラズパイに接続する端末用の設定ファイルを生成しましょう。以下のコマンドを実行します。

コンソールで入力
```
$ bash openvpn-install.sh
```

そして、「1) Add a new client」を選択してクライアント名を入力すると設定ファイルが生成されます。ラズパイに接
続したい端末の数だけ同じ操作を実行しましょう。

ラズパイ側でOpenVPNクライアントの設定

ここからはラズパイでの作業です。OpenVPNをラズパイ側にもインストールしましょう。そのために、LXTerminal
を起動して、以下のコマンドを実行してください（なお、ラズパイからConoHaのVPSにログインして作業していた
方は一度「exit」コマンドでVPSのサーバーからログアウトするか、新規ターミナルを起動してしてから作業しましょ
う）。

ターミナルで入力
```
01 $ sudo apt update && sudo apt install -y openvpn
```

続けて、ConoHaのVPSで作成したOpenVPNの設定ファイルをラズパイへダウンロードします。

ターミナルで入力
```
01 $ scp root@(VPNのIPアドレス):/root/test.ovpn ./test.ovpn
```

また、ラズパイに接続したいクライアント分の設定ファイルも同様の方法でラズパイへダウンロードしておきます。そしてラズパイに設定ファイルを適用しましょう。

ターミナルで入力

```
# 設定ファイルをコピー
$ sudo cp test.ovpn /etc/openvpn/client.conf
# OpenVPNを自動起動するように設定
$ sudo service openvpn start
$ sudo reboot
```

ラズパイが起動すると、VPS上に構築したVPNサーバーに接続します。以後、VPNサーバーを通して通信を行うようになります。また、VPNサーバーに接続している端末同士が安全に通信できる状態になっています。端末のIPアドレスを調べるには、以下のコマンドを実行します。

ターミナルで入力

```
01  $ ifconfig | grep inet
```

「10.8.0.2」や「10.8.0.3」のようなローカルアドレスが割り当てられています。

PCやタブレットなどにOpenVPNをインストール

OpenVPNのクライアントアプリがOSごとに用意されています。VPNを通じてラズパイに接続したいマシンにOpenVPNクライアントをインストールします。アプリをインストールしたら、先の手順でラズパイにダウンロードしておいた設定ファイルを指定します。

● OpenVPN > ダウンロード

[URL] https://openvpn.net/vpn-client/

VPN接続したマシン同士は、あたかもLANにあるマシンのように振る舞います。IPアドレスを指定して相互のマシンにアクセスが可能です。Chapter 2-2で説明したような方法で、SSHやVNC、Webアプリ、Sambaなどさまざまなサービスを利用できます。

VPN接続を解除したいとき

ラズパイのVPN接続を止めたい場合には、以下のコマンドを実行します。

ターミナルで入力

```
01  $ sudo service openvpn stop
02  $ sudo reboot
```

TIPS

必要に応じてVPSのセキュリティの設定を

VPSでは最初セキュリティが甘めに設定されています。そこで必要なポートのみ許可するようファイアウォールを設定しましょう。Conoha VPSの管理画面でサーバーを選択し、コンソールを開いてSSHでVPSに接続して以下のコマンドを実行しましょう。

コンソールで入力

```
01  # 標準ポリシーの設定（全てを拒否）
02  $ sudo ufw default deny
03  # SSHとVPNポートを許可
04  $ sudo ufw allow 22
05  $ sudo ufw allow 1194
06  # 設定を反映
07  $ sudo ufw reload
08  $ sudo ufw enable
```

加えて、この状態ではSSH接続でrootアクセス（管理者権限のあるアクセス）ができる状態になっています。新規ユーザーを作成してrootアクセスできないように設定するなどの対策をすると良いでしょう。

この節のまとめ

ここまでの部分で、ラズパイをファイル共有サーバーにする方法を紹介しました。SFTPやSambaを利用することで、パソコンとラズパイでスムーズなファイルの送受信が可能です。また、VPNを利用して遠隔地からラズパイに接続する方法についても紹介しました。なお、VPN構築のために安価なVPSを利用する方法を紹介しましたが、VPSはVPNだけでなく、Webサーバーやデータのバックアップなど、いろいろな用途に使えます。ラズパイと組み合わせることで、テレワーク用途に活用できますので、必要に応じて利用してみてください。

Webサーバーを
インストールするには

ラズパイゼロOK

この節のポイント

● Webサーバーについて知っておこう

● Apacheのインストール方法を知っておこう

Webサーバー「Apache HTTP Server」とは

ラズパイに、Webサーバーをインストールすることで、パソコンやスマートフォン(以下スマホ)などの端末から、ラズパイの情報にアクセスしたり、Pythonのプログラムを実行することができます。

なお本書では、Chapter 5でWebサーバーの機能を使っていますが、それ以外のプログラムについては、Webサーバーを設定しなくても実行可能です。

Webサーバー「Apache HTTP Server」は、世界でもっとも利用されているWebサーバーソフトウェアです。性能や安定性に優れており、商用サイトや、さまざまな場所でApacheが利用されています。

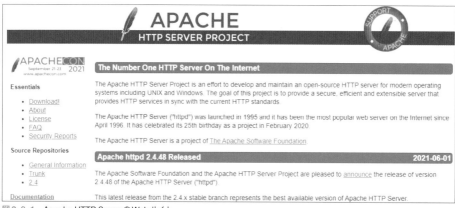

図2-6-1　Apache HTTP ServerのWebサイト

Apacheのインストール

WebサーバーのApacheをインストールするには、以下のコマンドを実行します。

ターミナルで入力

```
01 $ sudo apt-get -y install apache2
```

CGIが実行できるように設定

Apache HTTP Serverで、CGI（Webサーバーがプログラムを実行する仕組み）が実行できるように設定します。以下のようにして、テキストエディタのnanoを利用して、管理者権限でApacheの設定ファイルを編集します。

ターミナルで入力

```
01 $ sudo nano /etc/apache2/apache2.conf
```

すると「apache2.conf」が開くので、以下のように書かれているところを探して、オプションを書き換えます。

apache2.conf

```
<Directory /var/www/>
    ... 省略 ...
</Directory>
```

この部分を、以下のように書き換えます。編集が終わったら［Ctrl］＋［X］のキーを押し、続けて［Y］キー、［Enter］キーを押して保存します。

apache2.conf

```
<Directory /var/www/>
        Require all granted
        AllowOverride All
        Options ExecCGI
        AddHandler cgi-script .cgi .py
</Directory>
```

そして、CGIが実行できるように、モジュールを有効にします。以下のように「a2enmod」コマンドを使うと、Apacheの任意のモジュールを有効にできます。

ターミナルで入力

```
01 $ sudo a2enmod cgi
```

GPIOの操作もできるように、www-dataをグループ「gpio」に追加します。

ターミナルで入力

```
01 $ sudo gpasswd -a www-data gpio
```

その上で、Apacheのサービスを再起動するには、以下のコマンドを実行します。

ターミナルで入力

```
01 $ sudo service apache2 restart
```

CGIでPythonを実行する

Apacheの設定が完了したら、さっそくCGIでPythonのプログラムを実行してみましょう。P.065を参考に、geditで
ファイルを作成し、「hello-cgi.py」という名前で以下のプログラムを保存します。

```
01  #!/usr/bin/env python3
02
03  # CGIのヘッダ
04  print("Content-Type: text/html; charset=utf-8")
05  print("")
06  # 表示するメッセージ
07  print("<h1>Hello!</h1>")
```

続いて、プログラムをApacheのドキュメントルートである「/var/www/html」にコピーして、プログラムに実行権
限を与えます。

ターミナルで入力

```
01  $ sudo cp hello-cgi.py /var/www/html/
02  $ sudo chmod 777 /var/www/html/hello-cgi.py
```

その後、ラズパイと同一LANにつながっているパソコ
ンやスマホでWebブラウザでApacheにアクセスして
みましょう。ラズパイのIPアドレスが192.168.11.55の
場合、「http://192.168.11.55/hello-cgi.py」にアクセス
すると、CGIが実行されます。
すると、Pythonのプログラムが実行されて、画面に
Helloと表示されます。

図2-6-2　WebブラウザでApacheにアクセスしたところ

手軽に資料を共有しよう

ラズパイにApacheをインストールすれば、LAN内で使えるWebサーバーになります。上記で紹介したように、ラズ
パイの「/var/www/html」ディレクトリにファイルをコピーすれば別のマシンのブラウザからそのファイルを見たり、
ダウンロードすることができます。また、Chapter 2-5で紹介したようにVPNを構築すれば、遠隔地と手軽に資料を
共有できます。なお、掲示板やWiki、ブログシステム(WordPressなど)をインストールすれば、ラズパイを仕事でも
活躍することでしょう。

この節のまとめ

ここでは、Apacheをインストールし、PythonのプログラムをCGIとして実行する方法を紹介しました。CGIをWeb
サーバーで実行できるようにしておけば、今後、Pythonで作ったプログラムをWebブラウザから実行できるので便
利です。

Chapter 3
3

電子工作と
センサー入門

ラズパイの人気の一端を担っているのが電子工作です。ラズパイでは、
電子部品とGPIO（汎用入出力端子）をつないで電子工作を行います。
ここでは、基本的な使い方をマスターしましょう。

電子工作でできること

この節のポイント

● 電子工作でできることを知っておこう

● 電子部品についておおまかに理解しておこう

今こそ電子工作を始める好機なり

電子工作をすると何ができるのでしょうか。いろいろな電子ガジェットを自作することができます。いろいろなセンサーやカメラを利用して部屋を監視したり、植物の水やりを自動化したりと、アイデア次第です。

今では電子工作を手軽に始めることができます。電子部品は安価であり、それらをラズパイに接続すれば、思い通りに制御することができます。さまざまな電子部品が一個数百円で売られており、電子部品のお店に足を運ばなくても、ネット経由で取り寄せることができます。

また、「電子工作」と言うと、小さな電子部品を基板にハンダ付けしていくというものを想像する方も多いようです。しかし、電子工作の試作を行う際にはハンダ付け作業が必須というわけではありません。ブレッドボードと呼ばれる穴の空いたボードに、ジャンパワイヤを挿すことで、ハンダ付けをすることなく電子部品をつなげることができるからです。

これを使えば、手軽に電子工作を楽しむことができます。もちろん、いろいろなものを作っていく上でハンダ付けは外すことのできない作業ですが、慣れるとそんなに難しいものではありません。

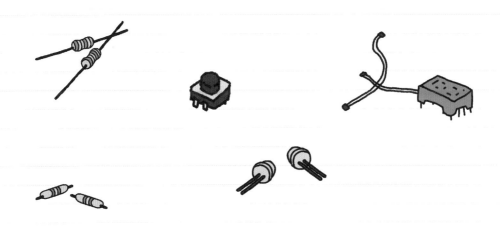

電子工作で実現可能なこと

ちなみに、本書では、電子工作を行って、オリジナルロボットを作ることを目標にしていますが、冒頭でも述べたとおり、電子工作でできることは、電子部品をどのように利用するのかというアイデア次第です。

そもそも、電子部品には、どんなものがあるのでしょうか。プログラミングも同じですが、電子部品も大きく分けて、「入力」と「出力」を行うものがあります。

入力する部品

入力する部品には、スイッチやボリューム、ジョイスティックなどがあります。

また、それに加えて、環境に応じて値を変化させるセンサーも入力する部品と言うことができるでしょう。明るさセンサー、人感センサー、距離センサーや温度・湿度センサー、傾きセンサーと、さまざまな値が得られるセンサーがあります。

出力する部品

出力する部品には、明かりを灯すLEDや、数字や文字を表示するディスプレイ、音を鳴らすブザーやスピーカーがあります。さらに、実際に稼働するモーターやポンプなども出力する部品と言えるでしょう。

できることは部品の組み合わせ次第

こうした入力と出力の電子部品を、インターネット上のサービスと、いろいろ組み合わせることで、新しい電子ガジェットを作り出すことができます。アイデア次第で、生活を豊かにすることができるでしょう。

実際に、検索エンジンで「ラズパイ 作品」で検索してみると、面白い作品がたくさん公開されており、とても参考になります。たとえば、スターウォーズに出てくるR2-D2のようなロボットを作ったり、ポータブルPCを作ったり、携帯電話やデジカメ、ゲーム機を自作したり、植物の水やりや、栽培した野菜の等級を自動で振り分けたり……、さまざまなものが作られています。

電子工作を始めよう

それら、ラズパイで作られた作品を眺めているだけでも十分楽しいものです。とはいえ、私たちも負けてはいられません。これだけ、いろいろな人が電子工作に挑戦し、成果を出していることを考えてみてください。電子工作はその基本さえ分かってしまえば、それほど難しいものではないということが分かります。それでは、次のChapter 3-2から、実際に、電子工作を始めましょう。

Chapter 3から
Chapter 5の買物リスト

この節のポイント

●用意すべき電子部品について知っておこう

必要な電子部品を入手しよう

現在、電子部品は、通販で気軽に購入できます。多くの電子部品は安価です。しかし、購入に際して送料が必要となる場合も多いので、賢く買い物するには一度に必要な部品をすべて買いそろえるのが理想です。また、電子部品は小さく無くしたり、挿し間違えて壊れたりすることもあるので、安い部品は、少し多めに購入するのがポイントです。以下、買物リストです。

番号	部品の名前	個数	説明（※1）	利用箇所（Chapter）	写真
1	ブレッドボード	2個	電子部品を差し込む一般的なボード（P-05294）	全般	
2	ジャンパワイヤ	20本×2	オス-メス（C-08932/10本入り）と、オス-オス（C-05371/20本入り）を20本くらいずつ。多めに用意しておくと良いでしょう	全般	
3	ニッパー	1つ	部品の不要な線を切る（100円ショップなどで入手可能）	Chapter 4、5	
4	ハンダゴテ・ハンダ	1セット	ハンダ付けをするのに必要（Amazon-ASIN：B0072QN66U）	Chapter 4、5	
5	カーボン抵抗器	10本×3	330Ω（R-07812）1KΩ（R-07820）10KΩ（R-07838）それぞれ10個ぐらいずつ	全般	

※1　「説明」のカッコ内に記しているのは、特に記載がなければ秋月電子通商の通販コードです。

番号	部品の名前	個 数	説 明	利用箇所 (Chapter)	写 真
6	赤色 LED	8個	通電すると光る LED (I-06245)（※2）	全般	
7	RGB フルカラー LED	2個	5mm フルカラー LED (I-02476)	Chapter 3	
8	圧電スピーカー	1個	圧電スピーカー (P-04118)	Chapter 3、4、5	
9	タクトスイッチ	2個	押しボタン (P-03647)	Chapter 3、4、5	
10	DIP スイッチ (4P)	1個	4つの切替スイッチ (P-00586)	Chapter 3	
11	LED 光拡散キャップ	1個	5mm の LED にかぶせる キャップ白 (I-00641 または I-01120)	Chapter 3	
12	温湿度センサー DHT11	1個	温湿度センサー (M-07003)	Chapter 3、5	
13	サーボモーター SG92R	1個	サーボモーター (M-08914)	Chapter 3	
14	AD コンバーター 「MCP3002」	1個	2ch/10Bit の AD コンバーター (I-02584)	Chapter 4	
15	AD コンバーター 「MCP3208」	1個	8ch/12Bit の AD コンバーター (I-00238)	Chapter 4	
16	光センサー (CdS セル)	1個	光の強さを調べるセンサー (I-00110)	Chapter 4	

※2 抵抗内蔵のものの方が、壊れにくくなっています。初心者の方は、ピンの挿し間違いをしやすいので、抵抗内蔵のものを買っておくと安心でしょう。

番号	部品の名前	個数	説明	利用箇所（Chapter）	写真
17	半固定ボリューム	1個	ツマミを回すことのできるボリューム（P-08014）	Chapter 4	
18	AQM1248A	1個	超小型グラフィックLCDピッチ変換キット（K-07007）	Chapter 4	
19	ACM1602NI	1個	I2C通信するLCDキャラクターモジュール（P-05693）	Chapter 4	
20	LCDキャラクターモジュール「AQM0802A」	1個	LCDキャラクタ液晶ディスプレイモジュール完成品（M-11753）	Chapter 4	
21	Raspberry Pi Pico	1個	PCとつなげて動かすマイクロコントローラーボード（M-16132）（※3）	Chapter 4	
22	7セグメントLED（LA-401VN）	1個	カソードコモン／左右に足のあるタイプ（I-09470）	Chapter 4	
23	7セグメントLED（A-551SRD）	2個	アノードコモン／上下に足のあるタイプ（I-00639）	Chapter 4	
24	超音波距離センサー「HC-SR04」	1個	超音波で距離を測るセンサー（M-11009）	Chapter 4	
25	人感センサーSE-10	1個	焦電型赤外線センサモジュール（M-02471）	Chapter 4、5	
26	Webカメラ	1個	一般的なUSB接続のWebカメラ（P.219参照）	Chapter 5	

※3　P.183のコラムを実行する場合に使います。ピンヘッダやUSBケーブルがセットになった「K-16149」や、ピンヘッダがはんだ付け済みの実装版（RASPP1HSC0915#、Raspberry Pi Shop by KSY）も販売されています。

番号	部品の名前	個数	説明	利用箇所 (Chapter)	写真
27	モバイルバッテリ	1個	出力が2A以上に対応したiPad対応のもので、一般的なUSBタイプAのポートを持ったもの	Chapter 5	
28	スピーカー	1個	アナログジャック対応のスピーカー（※4）。紙コップの中に入るぐらい小さいもの	Chapter 5（紙コップロボットほか）	
29	USBマイク	1個	一般的なUSB接続のマイク（P.266参照）（※5）	Chapter 5	※本書ではWebカメラのマイク機能を使用
30	SwitchBotハブミニ	1個	複数の赤外線リモコンを学習・送信できるスマートリモコン（P.282参照）	Chapter 5	
31	ミニブレッドボード	1個	小さなサイズのブレッドボード（P-05155）	Chapter 5（紙コップロボット）	
32	モータードライバ「TB67H450」	2個	モーターの制御用（AE-TB67H450）	Chapter 5（ラジコンカー）	
33	電池ボックス	1個	モーターに給電する用（P-00311）	Chapter 5（ラジコンカー）	
34	セラミックコンデンサ 0.1μF	2個	モーターのノイズ対策（P-00090）	Chapter 5（ラジコンカー）	
35	タミヤ ユニバーサルプレートセット	2個	モーターを固定するプレート（P-09100）	Chapter 5（ラジコンカー）	

※4 P.250で言及していますが、音は小さいものの、数百円のものでも利用できます。
※5 P.266で言及していますが、本書ではマイク内蔵のWebカメラを利用しました。

番号	部品の名前	個 数	説 明	利用箇所 (Chapter)	写 真
36	タミヤ ツインモーター ギヤボックス	1個	モーター付きのツインギヤボックス (K-09099)	Chapter 5 (ラジコンカー)	
37	タミヤ トラック&ホイールセット	1個	キャタピラのホイールセット (Amazon - ASIN: B001VZJDY2)	Chapter 5 (ラジコンカー)	
38	プラスチックナット+連結 (6角ジョイント) スペーサー (10mm) セット	4個	プレートを重ねるのに使用 (P-01864)	Chapter 5 (ラジコンカー)	

必須ではないが、あると便利なもの

番号	部品の名前	個 数	説 明	利用箇所 (Chapter)	写 真
1	細いハンダ線、ハンダ吸取線	1個ずつ	細かい箇所のハンダ付けをするときに便利 (T-02594/ T-02539、P.162 参照)		
2	レゴ	数個	本書では工作の際に使用。厚紙やダンボールなどでも代替可能		
3	コネクタ付コード	数個	クリップの付いたジャンパワイヤ (C-08916、P.300 参照)		

最初の一歩はLED

| ラズパイゼロOK |

この節のポイント

● LED を点灯させてみよう

● 電子工作入門に必要なものを確認しておこう

ここで使う電子部品

電子部品	個 数	説 明	P.088～092の表の番号
カーボン抵抗器（330Ω）	1個	「橙橙茶金」の色で印が付いたもの（R-07812）	5
赤色LED	1個	通電すると光るLED（I-06245）	6
ブレッドボード	1個	電子部品を挿すもの（P-05294）	1
ジャンパワイヤ（オス-メス）	2本	ラズパイと電子部品を接続するワイヤ（C-08932）	2

※「説明」のカッコ内に記しているのは、特に記載がなければ秋月電子通商の通販コードです。

電子工作の基本部品を確認しよう

それでは、最初に、電子工作の基本中の基本、ラズパイとLEDをつなげて光らせてみましょう。

とはいえ、いきなり、見たこともない接続図が出てきても、よく分からないと思います。そこで、まずは、電子工作に必要となる、基本的な電子部品を確認してみましょう。

電子部品を配置する「ブレッドボード」

電子工作で一番お世話になるのが『ブレッドボード（breadboard/protoboard）』です。

これは、**図3-3-1**のような電子回路の試作用の基板です。ブレッドボードに電子部品を差し込み、ジャンパワイヤでつなげることで、電子工作を行うことができます。

ブレッドボードにはたくさんの穴（ソケット）が空いており、部品を差し込むことができます。そして、この穴は、ただ部品を固定しておくことができるのではなく、穴と穴が縦に（あるいは横に）つながってされており、このつながりを利用して、部品と部品を接続させることができるようになっています。

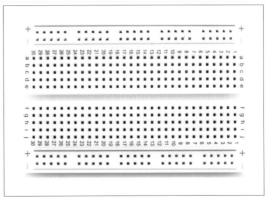

図3-3-1 ブレッドボード

どのように穴と穴がつながっているのでしょうか。**図3-3-2**をご覧ください。基本的には、縦方向につながっていますが、上下の2列ずつだけ、横方向につながっています。

ただし、ブレッドボードの種類によっては、横方向につながっている列が上下の一列だけ、または、横方向が全くない場合もあります。そのため、基本的に、ブレッドボードの各ソケットは、縦方向につながっている、と覚えておくと良いでしょう。

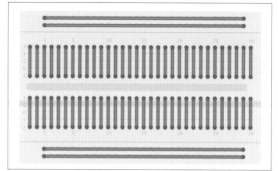

図3-3-2　ブレッドボードの各ソケットはつながっている

部品をつなぐ線「ジャンパワイヤ」

そして、ブレッドボードと共に使うのが『ジャンパワイヤ(あるいは、ジャンプワイヤ・ジャンパー線)』です。これは、ブレッドボードに差し込んで、電子部品同士やラズパイを配線することができます。

大きく分けてジャンパワイヤの種類は、次の3種類があります。オスはピンヘッダが付いているもので、メスはピンヘッダが差し込めるようになっています。

● **オス - オス** ・・・ ブレッドボード上で部品同士をつなぐ
● **オス - メス** ・・・ ラズパイのGPIO端子とブレッドボードをつなげる
● **メス - メス** ・・・ ピンヘッダ同士をつなげる

本書では、オス - メスとオス - オスを利用します。
それぞれ20本ぐらいずつ用意しておきましょう。

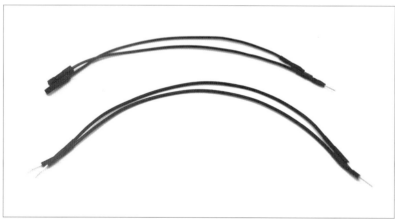

図3-3-3　ジャンパワイヤ、写真は上部がオス - メス、下部がオス-オスのもの

ピカッと光る「LED」について

電子工作でLED（light emitting diode）というのは、発光ダイオードのことです。順方向に電圧を加えると、発光する半導体素子です。照明・電球・ライト・テレビなど幅広い分野で利用されており、省エネで長寿命です。

電子工作で利用するLEDは、**図3-3-4**のような形状をしています。

図3-3-4　LED

ここで覚えておくべきなのは、LEDには、プラスとマイナスがあるという点です。LEDでは足の長い方がプラスで、足が短い方がマイナスです。ちなみに、プラス／マイナスは、アノード（anode）／カソード（cathode）と呼ぶこともあります。

また、足が切られてしまって、プラスとマイナスが分からないLEDがありますが、上からLEDを見てみると、マイナス方向が欠けて作られているので判別できます。

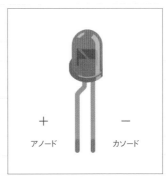

＋　　　　　　　－

アノード　　　　　カソード

図3-3-5　LEDのプラスとマイナス

抵抗について

また、LEDなどの電子部品には、それを正しく動かすための適切な電圧（定格電圧）と電流（定格電流）が決まっています。そのため、もし、LEDに大きな電気を流してしまうと、LEDが壊れてしまう可能性があります。

そこで利用するのがカーボン抵抗器です。

『抵抗器（resistor）』とは、電気の流れを抑え、一定の電気抵抗を得る目的で使用される電子部品です。一般的に「抵抗」と呼ばれることが多いので、本書でも抵抗と呼びます。電流の制限や、電圧の分圧などの用途に用います。

抵抗とその計算については、P.121とP.146で詳しく紹介します。

ちなみに、筆者も、LEDとラズパイをつなぐとき、うっかり抵抗をつなぎわすれて、LEDを壊してしまいました。焦げ臭いにおいがして煙が出たのでまずいと思って、すぐにLEDを抜いたのですが、焼き切れてしまったのです。

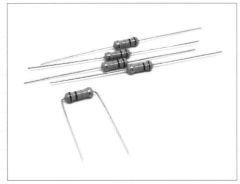

図3-3-6　抵抗器

ラズパイとLEDをつなげて光らせよう

それではさっそくラズパイとLEDをつなげて、光らせてみましょう。どのようにつなげたらLEDが光るのでしょうか。

ラズパイのGPIOについて

ラズパイの人気の秘密とも言えるのが『GPIO（汎用入出力）』です。GPIOは、General Purpose Input/Outputの略となっています。ラズパイのマークの上部にあり、ピンが剣山のように並んでいる部分のことです（**図3-3-7**）。
このGPIOを使うと、電子部品をつなげてプログラミングすることができます。初代ラズパイ1Bでは、GPIOが26ピンしかありませんでした。しかし、電子工作の人気を受けて、1B+以降は40ピンに増量されました。
そして、GPIOの各ピンには番号がついています。そもそも、このピンはすべて同じ働きをするのではなく、ピンごとに異なる機能が割り振られています。そのため、適当に挿して適当に動いてくれるわけではないので注意が必要です。
ラズパイのピン番号は**図3-3-8**の通りです。この番号を指定してプログラミングを行いますので、ピンの番号を意識する必要があります。ちなみに、GPIOピンは機能ごとにまとまっているわけではなく、配線の都合により各機能はバラバラに配置されています。

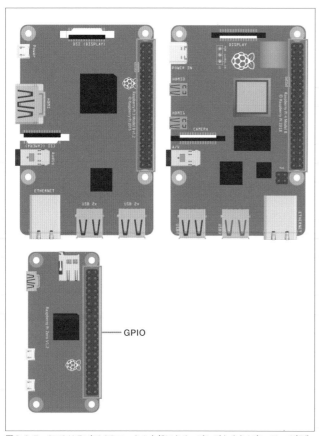

図3-3-7　GPIOはラズパイのマークの上部にある、ピンがたくさん立っている部分。上段は左からラズパイ3B、4B、下はラズパイゼロ。モデルは変わってもGPIOの配置は同じ

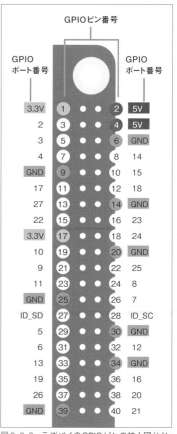

図3-3-8　ラズパイのGPIOピンの拡大図（ピン番号と意味）。Chapter 1の前のページには切り取って使える原寸図を掲載

GPIOの1番はどこ？

GPIOの各ピンにはそれぞれ異なる機能が割り振られています。そのため、差し間違えて回路がショートなどすると ラズパイ故障の原因にもなりかねません。番号を間違えないようにしましょう。慣れないうちは、何番が1番なのか分からなくなってしまうかもしれません。

まず、ラズパイの向きを考慮しましょう。GPIOのピンが右上に来る向きにします(図3-3-7参照)。するとmicroSDの差し口が上になります。そして、ピンの左上が1番ピンです。そしてその右が2番、3番はその左下、4番はその右側……と並んでいます。

これは、ラズパイゼロでも同じです。GPIOのピンが右側に来るように、microSDの差し口が上に来るように向きを変えます。そしてGPIOピンの左上が1番です。

ブレッドボードに部品を配置しよう

さて、それでは、LEDを光らせるために、ブレッドボードに部品を配置していきましょう。**図3-3-9**のように行います。

それでは、電気の流れを意識しながら図を見てみましょう。まず、ラズパイのGPIOの1番ピンは3.3Vの電流を発しています。電源のみを取りたい場合、この1番ピンを利用します。この1番ピンを電池のプラス端子と考えてください。そして、ブレッドボードへつなげます。そして、抵抗器で電圧を落として、LEDのプラスにつながります。

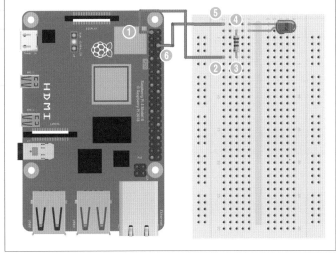

図3-3-9　ラズパイとLEDをつなぐ。LEDは、足が曲がっている方がプラス。また抵抗の線の色は実物とは異なる

続いて、LEDのマイナスから、ラズパイの6番ピン(GND/Ground)に入ります。これは、ラズパイを電池でたとえればマイナス端子です。GNDというのは、いわゆるアースで電気を逃すために用意されているものです。電気の流れを意識して確認してみましょう。

❶ ラズパイの1番ピン(3.3v)にジャンパワイヤのメスを挿す

❷ ジャンパワイヤのオスをブレッドボードに挿す

❸ ❷で挿したソケットと同列の縦列に抵抗器の足を挿す

❹ 抵抗器のもう一方の足をブレッドボードに挿し、その縦列にLEDのプラス側(アノード)を挿す

❺ LEDのマイナス側(カソード)をブレッドボードに挿し、その縦列にジャンパワイヤのオスを挿す

❻ ジャンパワイヤのメスをラズパイの6番ピンに挿す

しっかりと配置したら、ラズパイの電源を入れてみましょう。すると、LEDがピカッと光ります。

図3-3-10　LEDを光らせたところ

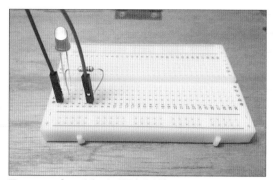
図3-3-11　ブレッドボードに電子部品を挿したところ

さて、このLEDを光らせる配線ですが、小学生の理科の実験で、豆電球を電池につないで光らせるのと近いものです。このとき、LEDが電球ならば、ラズパイが電池ということになります。

電球を光らせるときは、電球を電池のプラスとマイナスにつなげましたが、ラズパイでLEDを光らせるときも同じです。当然、電池のプラス側に電球の2つの足をつなげても電球は光りません。それで、電池のプラスとマイナスに1本ずつ足をつなげることで、電球を光らせることができました。

LEDとラズパイの関係も同じようにします。電池のプラスに相当するのがラズパイの1番ピン(3.3V)で、電池のマイナスに相当するのがラズパイの6番ピン(GND)です。このように、電子回路は、必ず電源からGNDまで届くようにつなげます。電気の流れが途中で途切れるようだと、正しく動作しません。

注意点 —— 電子回路の配線をするとき

さて、注意点ですが、先ほども言及したように、LEDにはプラスとマイナスがあります。本書の接続図(図3-3-9など)では、足が曲がっている方がプラスを示します。ブレッドボードに挿すときに向きを間違えないようにしましょう。ちなみに、ここで使うカーボン抵抗器には、プラスとマイナスがないので、どちら向きに挿しても大丈夫です[1]。

また、ラズパイの電源をオンにしたままでも、GPIOの抜き差しをすることができますが、その際は、電源(ここでは3.3Vの1番ピン)とGND(ここでは6番ピン)を接触させないようにしましょう。ラズパイに大きな電流が流れ、ラズパイがクラッシュしてしまいます。というのも、電源とGNDを直接つなげると『過電流』と言って、大きな電流がながれるのです。発熱や発火の恐れがあるので注意しましょう。

この節のまとめ

ここまでの部分で、電子工作の基本的な部品と、LEDを光らせるところまで紹介しました。実際に手を動かして、電子部品を配置してみましょう。理解を深めることができます。次に、プログラミングを利用して、LEDを制御する方法を学びます。

※1　カーボン抵抗器にはプラスとマイナスがないのですが、半導体の抵抗にはプラスとマイナスを正しく挿さないといけないものがあります。

GPIOプログラミング入門 ── LEDをチカチカ

|ラズパイゼロOK|

この節のポイント

● 初めてのGPIOプログラミングをやってみよう

● LEDをチカチカ点滅させてみよう

ここで使う電子部品

電子部品	個数	説明	P.088～092の表の番号
カーボン抵抗器（330Ω）	1個	「橙橙茶金」の色で印が付いたもの（R-07812）	5
赤色LED	1個	通電すると光るLED（I-06245）	6

※ ラズパイ本体に加え、ブレッドボードやジャンパワイヤなど基本的な部品が必要ですが、基本的な部品なので以降もリストから省きます。

LEDをチカチカ点滅させてみよう

電子工作の初歩の一歩が分かったところで、ラズパイからLEDを制御して、ピカピカ点滅させてみましょう。これは、通称「Lチカ」と呼ばれる電子工作です。これは、ラズパイで電子回路を制御する一番簡単なものです。ちなみに、ラズパイには、40ピンのGPIOがありますが、それぞれのピンには異なる機能が割り当てられています。Chapter 3-3で利用した1番ピンは、3.3Vの電流を常に流すものです。そのため、ラズパイからオン・オフを操作することはできません。そこで、今回、プログラミングによって、オン・オフを制御できる7番ピン（ポート4）を利用します。

接続図 ── LEDと抵抗を配線してみよう

それで、まず、先ほどの配線はそのままにして、ラズパイのGPIOポートのプラス側を、1番ピンから7番ピンに差し替えましょう。**図3-4-1**のように配線します。

電気の流れを追ってみましょう。ラズパイの**7番ピン**（ポート4）から、抵抗器、LEDと行って、**6番ピン**（GND）に戻っています。

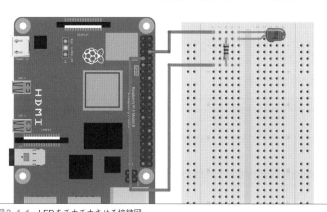

図3-4-1　LEDをチカチカさせる接続図

WiringPiをインストールしよう

ここでターミナルから気軽にGPIOにアクセスできるようにするために、「WiringPi」というライブラリをインストールします。ラズパイの電源を入れたら、メニューから「アクセサリ>LXTerminal」をクリックして、LXTerminalを起動しましょう。そして、ターミナル以下のコマンドを入力してインストールを行います。

ターミナルで入力

```
01 $ sudo pip3 install wiringpi
```

次に、WiringPiで利用するライブラリを最新版に更新しましょう。続けてターミナルに以下のコマンドを入力して実行します。

ターミナルで入力

```
01 $ wget https://project-downloads.drogon.net/wiringpi-latest.deb
02 $ sudo dpkg -i wiringpi-latest.deb
```

ターミナルからGPIOを操作しよう

ここまでの手順で、**図3-4-1**の通りにLEDを配線し、WiringPiをインストールしたら、ターミナルを開いて、7番ピンであるポート4を操作してみましょう。

ターミナルに以下のコマンドを入力しましょう。すると、LEDが点灯し消灯します。

ターミナルで入力

```
01 # GPIOのポート4を出力専用に設定 --- ❶
02 $ gpio -g mode 4 out
03
04 # GPIOのポート4の値を1(HIGH)に設定 --- ❷
05 $ gpio -g write 4 1
06
07 # GPIOのポート4の値を0(LOW)に設定 --- ❸
08 $ gpio -g write 4 0
```

無事、LEDを制御できたでしょうか。
❶のコマンドで、GPIOのポート4を出力(out)に設定します。そして、❷のコマンドでは、ポート4に1(HIGH)を設定します。すると、LEDが光ります。そして、❸のコマンドでは、ポート4に0(LOW)を設定します。すると、LEDが消灯します。❷と❸を繰り返すことで、点灯消灯を行うことができます。

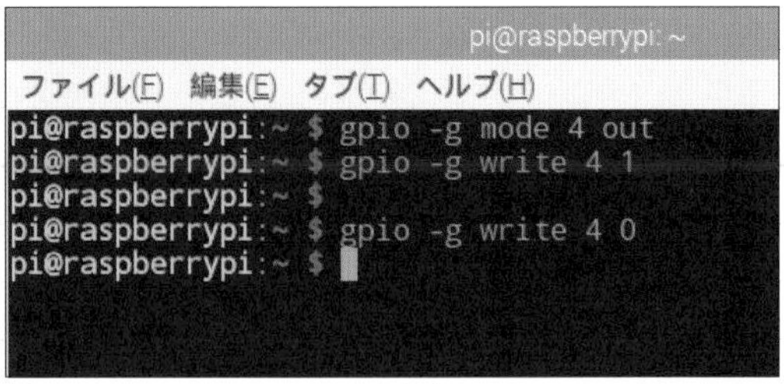

図3-4-2　ターミナルでコマンドを入力したところ

もし、うまく点灯・消灯できないという人は、LEDの向きが逆に刺さっていないかを確かめましょう。
あるいは、gpioコマンドが利用できないというエラーが出る場合、WiringPiが正しくインストールされているかを確認しましょう。

また、以下のようなエラーが表示される場合、WiringPiのライブラリが古いままとなっています。改めて、WiringPi
とライブラリのインストールを行ってください。

```
Oops - unable to determine board type... model: 17
```

WiringPiについて

ここで利用した「gpio」コマンドについて紹介しておきましょう。これは、ラズパイのGPIOを制御するためのライ
ブラリです。もともとC言語で作られていましたが、Pythonでも使えるようになっており、さらに、コマンドライン
から使える「gpio」というコマンドが付属しています。

gpioコマンドの使い方

先ほど確認したように、WiringPiを使うと、ターミナルから手軽にGPIOポートを操作できます。gpioコマンドにつ
いて改めて簡単な使い方をまとめてみましょう。

書式 GPIOポートのモードを設定

```
gpio -g mode (GPIOポート番号) (モード)
```

モードには、「out」か「in」を設定します。

書式 GPIOポートに値を設定

```
gpio -g write (GPIOポート番号) (値)
```

値には、「0」か「1」を指定します。

書式 GPIOポートの一覧を確認

```
gpio readall
```

コマンドを実行すると、以下のように現在のポートの状態一覧を確認できます。

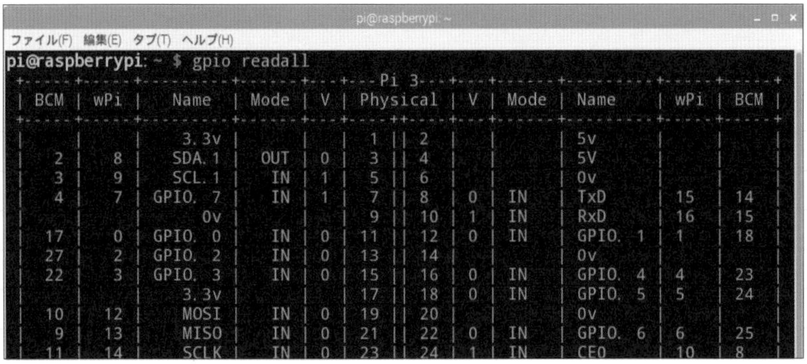

図3-4-3
ポートの状態を表示したところ

101

プログラミングでチカチカ点灯させよう

それでは、いよいよPythonのプログラムを作ってみましょう。ここでは、LEDをチカチカと光らせてみます。gedit を使ってPythonのプログラムを作って実行してみましょう。

まず、アプリケーションメニューから「アクセサリ>テキストエディター」をクリックして、geditを起動しましょう。そして、以下のようなプログラムを入力して「led.py」という名前で保存しましょう。

特にこだわりがなければ、「/home/pi」フォルダの下に「ch3」というフォルダを作成し、そこに保存すると良いでしょう。

図 3-4-4　geditを起動

samplefile: src/ch3/led.py

```
01  # LEDをチカチカするプログラム
02
03  # GPIOなど必要なモジュールを宣言  --- ❶
04  import RPi.GPIO as GPIO # GPIOを利用する
05  import time              # sleepを利用する
06
07  PNO = 4 # 対象のGPIOポート番号
08
09  # GPIOの初期化  --- ❷
10  GPIO.setmode(GPIO.BCM) # BCMモードに設定
11  GPIO.setup(PNO, GPIO.OUT) # 指定ポートをoutに設定
12
13  # 10回繰り返す  --- ❸
14  for i in range(10):
15      print("i=", i)
16      GPIO.output(PNO, GPIO.HIGH) # 点灯  --- ❹
17      time.sleep(0.3) # 0.3秒待つ
18      GPIO.output(PNO, GPIO.LOW) # 消灯
19      time.sleep(0.3) # 0.3秒待つ
20
21  # クリーンアップ  --- ❺
22  GPIO.cleanup()
```

```
# LEDをチカチカするプログラム

# GPIOなど必要なモジュールを宣言 --- (*1)
import RPi.GPIO as GPIO # GPIOを利用する
import time             # sleepを利用する

PNO = 4 # 対象のGPIOポート番号

# GPIOの初期化 --- (*2)
GPIO.setmode(GPIO.BCM) # BCMモードに設定
GPIO.setup(PNO, GPIO.OUT) # 指定ポートをoutに設定

# 10回繰り返す --- (*3)
for i in range(10):
    print("i=", i)
    GPIO.output(PNO, GPIO.HIGH) # 点灯 --- (*4)
    time.sleep(0.3) # 0.3秒待つ
    GPIO.output(PNO, GPIO.LOW) # 消灯
    time.sleep(0.3) # 0.3秒待つ

# クリーンアップ --- (*5)
GPIO.cleanup()
```

図3-4-5　プログラムをgeditに入力して「led.py」という名前で保存

次にプログラムを実行しましょう。アプリケーションメニューから「アクセサリ＞LXTerminal」をクリックして、ターミナルを起動して、以下のようにコマンドを入力してプログラムを実行しましょう。cdコマンドで、プログラムのあるディレクトリをカレントディレクトリに変更してから(P.044)、プログラムを実行します。

ターミナルで入力

```
01  $ cd (プログラムを保存したフォルダ)
02  $ python3 led.py
```

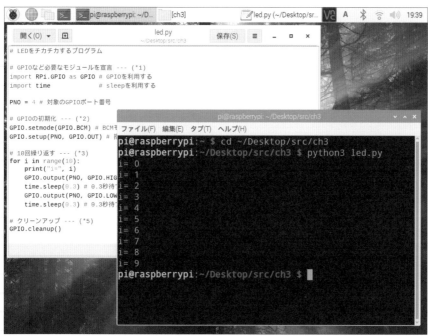

図3-4-6　geditでプログラムを記述してターミナルからプログラムを実行した

すると、LEDが0.3秒ごとにチカチカと
点滅します。

図3-4-7　LEDがチカチカと点滅する

それでは、プログラムを確認してみましょう。まず、Pythonのプログラムの冒頭❶の部分では、GPIOなど必要なモ
ジュールを宣言します。ここで利用するのは「RPi.GPIO」と「time」というモジュールです。ここで「RPi.GPIO」
は少し長いので「GPIO」という名前で使えるように、asを利用して宣言しています。

プログラムの❷の部分では、GPIOの初期化をします。GPIO.setmode()関数を使って、GPIOのピン番号をどのよう
に扱うかの指定をします。このモードの指定ですが、以下のどちらかを指定します。

モード名	説明
GPIO.BOARD	ボード上の連番のGPIOピン番号で指定する方法
GPIO.BCM	GPIOのポート番号で指定する方法

また、GPIO.setup()関数は、ポートの状態を設定します。設定できる値は、出力がGPIO.OUTで、入力がGPIO.IN
となります。ここでは、GPIOのポート4を、出力に設定します。

プログラムの❸の部分では、for構文を利用して10回点滅するようにします。

そして、❹では、GPIO.output()関数を利用して値を出力します。出力できる値は、GPIO.HIGHとGPIO.LOWです。
GPIO.HIGHのときLEDが点灯し、GPIO.LOWのとき消灯します。

プログラムの❺では、GPIOの設定を初期化（クリーンアップ）します。このコードを入れないと、2回目にプログラム
を実行したときにコマンドラインに以下の警告が表示されます。

```
01  RuntimeWarning: This channel is already in use, continuing anyway.
    (訳) 実行時の警告： このチャンネルは使用中ですが、とにかく継続します。
```

この警告は無視しても問題ありません。とはいえ、警告されるのは気持ちの良いものではありません。できるだけ、プログラムの最後に、GPIOのクリーンアップのコードを挿入するようにしましょう。

この節のまとめ

以上、電子工作の基本であるLチカについて一通り解説しました。ブレッドボード、LED、抵抗、ジャンパワイヤなど、なんとなく、電子工作の基本が分かってきたのではないでしょうか。初めはどうしたらよく分からないものかもしれませんが、少しずつ慣れていきましょう。

TIPS

仮想ファイルシステムを利用してGPIOを操作してみよう

ちなみに、Raspberry Pi OSはLinuxの一種なので、Sysfsという仮想ファイルシステムを利用してGPIOの状態を操作することもできます。これは、ファイルに値を書き込むことで、GPIOを操作するという仕組みです。手軽に使えるのは、上記のWiringPiですが、ファイル操作でGPIOが操作できるという点で面白いので試してみましょう。

先ほどと同じようにターミナルを起動して、そこでコマンドを実行してみましょう。以下は、GPIOのポート4に値を書き込みます。まずは、LEDを消灯してみます。

ターミナルで入力

```
01  # GPIOのポート4を書き込むことを指定
02  $ echo 4 > /sys/class/gpio/export
03
04  # GPIOのポート4をout(出力)に設定
05  $ echo out > /sys/class/gpio/gpio4/direction
06
07  # 出力を0に設定
08  $ echo 0 > /sys/class/gpio/gpio4/value
```

次に、LEDを再び点灯させてみましょう。以下のコマンドを実行してみましょう。

ターミナルで入力

```
01  # 出力を1に設定
02  $ echo 1 > /sys/class/gpio/gpio4/value
```

ここで、ラズパイのデスクトップから、アプリケーションメニューから「アクセサリ > ファイルマネージャー」を起動して、「/sys/class/gpio/gpio4」のパスを開いてみましょう。先ほどのコマンドでは、ファイルに値を書き込むものでしたので、ファイルが作成されていることが分かります。

ラズパイのText Editorアプリで、valueというファイルを開いてみてください。そして値を「0」に書き換えて保存してみてください。どうでしょうか。先ほどまで点灯してたLEDが消えたのではないでしょうか。

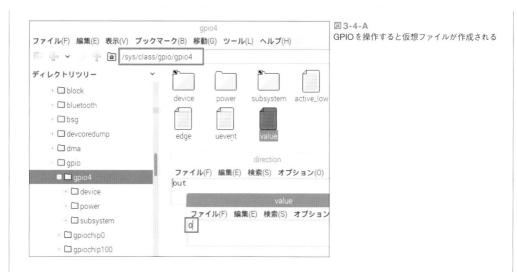

図 3-4-A
GPIOを操作すると仮想ファイルが作成される

このように、valueファイルの値を「0」か「1」に書き換えることで、ラズパイにつないだLEDが点いたり消えたりするのを確認できるでしょう。とても面白い仕組みですね。

最後に、SysfsでGPIO4の制御を終了する際には、unexportに値を書き込みます。

ターミナルで入力

```
01  # GPIOのポート4の利用を終了する
02  $ sudo echo 4 > /sys/class/gpio/unexport
```

LEDを交互に光らせよう

| ラズパイゼロ OK |

この節のポイント

● LEDを交互に光らせよう

● ブレッドボードと配線に慣れよう

ここで使う電子部品

電子部品	個数	説明	P.088～092の表の番号
カーボン抵抗器（330Ω）	5個	「橙橙茶金」の色で印が付いたもの（R-07812）	5
赤色LED	5個	通電すると光るLED（I-06245）	6

※ ちなみに、カーボン抵抗ですが、330Ωぴったりでなくても、適当な大きさの抵抗でも大丈夫です。

2つのLEDを交互に光らせよう

Chapter 3-4では、LEDを1つだけ光らせてみました。今度は、複数のLEDを光らせてみます。まずは、LEDを1セット足して、2つのLEDを交互に光らせてみましょう。

接続図 ── 2つのLEDを交互に光らせる

LEDを交互に光らせるプログラムを作るにあたって、2セットのLEDと抵抗をブレッドボードに挿しましょう。

1つ目（右図の上）は、ラズパイのGPIOの7番ピン（ポート4）から抵抗、LEDへ行って（②）、6番ピン（GND）に戻します（①）。

2つ目は、11番ピン（ポート17）から抵抗、LEDへ行って（④）、6番ピン（GND）に戻します（③）。ただし、ジャンパワイヤを使う場合、GNDの6番ピンは1つしかないのでつなげません。そこで、ブレッドボードの左側にある長い列を利用して、GNDにつなげています（⑤）。

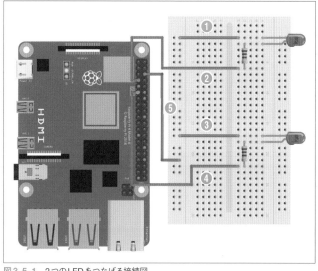

図3-5-1　2つのLEDをつなげる接続図

LEDの接続先

足	接続先
LED 1つ目 (**図3-5-1**の上側) のカソード (マイナス)	長い列を使用して6番ピン (GND) ❶ ❺
LED 1つ目 (上側) のアノード (プラス)	7番ピン (ポート4) ❷
LED 2つ目 (下側) のカソード (マイナス)	長い列を使用して6番ピン (GND) ❸ ❺
LED 2つ目 (下側) のアノード (プラス)	11番ピン (ポート17) ❹

2つのLEDを交互に光らせるプログラム

以下のプログラムが、2つのLEDを交互に光らせるプログラムです。今回は、好きなテキストエディタにプログラムを入力して、コマンドラインから実行してみましょう。以下のプログラムを「led2.py」という名前で保存してください。

samplefile: src/ch3/led2.py

```
01  # 2つのLEDをチカチカするプログラム
02  # GPIOなど必要なモジュールを宣言
03  import RPi.GPIO as GPIO
04  import time, sys
05
06  # GPIOの初期化 --- ❶
07  GPIO.setmode(GPIO.BCM)  # BCMモードに設定
08
09  # GPIOのポートをoutに設定 --- ❷
10  PORT_L = 4
11  PORT_R = 17
12  GPIO.setup(PORT_L, GPIO.OUT)
13  GPIO.setup(PORT_R, GPIO.OUT)
14
15  # ずっと繰り返す --- ❸
16  while True:
17      try: ------------------------------------
18          GPIO.output(PORT_L, GPIO.HIGH) # 上を点灯
19          GPIO.output(PORT_R, GPIO.LOW)  # 下を消灯
20          time.sleep(0.3) # 0.3秒待つ
21          GPIO.output(PORT_L, GPIO.LOW)  # 上を消灯
22          GPIO.output(PORT_R, GPIO.HIGH) # 下を点灯
23          time.sleep(0.3) # 0.3秒待つ          --- ❹
24      except KeyboardInterrupt:
25          # Ctrl+Cが押された時
26          GPIO.cleanup()
27          sys.exit() ---------------------------
```

そして、ターミナルから、以下のようにコマンドを入力して、プログラムを実行してみましょう。プログラムを終了するには、キーボードで [Ctrl] + [C] を押します。

ターミナルで入力

```
01  $ python3 led2.py
```

ところで、このプログラムを入力する前に、プログラムのあるディレクトリを、カレントディレクトリに変更する必要があります。P.044ページで紹介したcdコマンドで「led2.py」のあるディレクトリをカレントディレクトリにしておきます。今後プログラムを実行する際は、カレントディレクトリに移動してから実行させるようにしてください。

プログラムを実行すると、上下のLEDが交互に光ります。

実際に動いているビデオを、以下のURLで公開しています。

●ビデオ

[URL] https://youtu.be/zdN2NiGOah1

図3-5-2　2つのLEDをつなげて交互に光らせたところ

プログラムを確認してみましょう。プログラムの❶で、GPIOの初期化をします。ここでは、ポート番号で指定する、BCMモードに設定します。そして、プログラムの❷では、ポート番号の指定と、上下のLEDをつなげたポートを、出力（out）に設定します。

プログラムの❸の部分、while文でずっと点灯と消灯を繰り返します。前半では、上を点灯し、下を消灯します。後半では、その逆で、上を消灯し、下を点灯します。これを繰り返すことで、上下交互に光らせます。

また、このプログラムは、無条件にwhile構文でずっとLEDの点滅を繰り返すようになっています。そこで、プログラムを終了するには、［Ctrl］＋［C］キーを押します。Pythonでは［Ctrl］＋［C］キーを押すと、「KeybordInterrupt」が発生し、プログラムが強制終了するという仕組みになっています。それで、この仕組みを利用してプログラムが終了する前に、GPIOをクリーンアップするようにしています。それを実現しているのが、while構文のすぐ下のレベルにある、❹「try ... except」構文です。もう少し、抽象的にプログラムを書くと、以下のようになります。

```
01  while True:
02      try:
03          #      - - -
04          # ここに繰り返す処理を書く
05          #      - - - -
06      except KeyboardInterrupt:
07          # Ctrl+C が押された時の処理
08          GPIO.cleanup() # GPIOをクリーンアップ
09          sys.exit() # プログラムを終了する
```

LEDを5つ光らせよう

続いて、もっとLEDを増やしてみましょう。ここでは、LEDを5つ配置して、交互に光らせてみましょう。ライトの動きですが、上から下に、その後、下から上に、ライトを交互に光らせてみましょう。

実は、この複数のLEDを光らせるプログラムですが、「ナイト2000」のボンネットに配置された赤色ライトの動きを模したものです。そもそも、皆さんは、アメリカの特撮テレビドラマの「ナイトライダー」をご存じでしょうか。そのナイトライダーに登場する、人工知能搭載の自動車が「ナイト2000」です。ナイト2000の左右のライトの中央ボンネットに、横一列に赤色ライトが配置されており、そのライトの動きが、とても格好良く、昔憧れたので、ここで再現してみました。それでは、人工知能搭載のミラクルカーを夢見て、LEDを光らせてみましょう。

LEDを5つ接続してみましょう。5つのLEDをつなげるわけですが、先ほど2つのLEDをつなげるときと同じです。1つずつ、ラズパイから、抵抗、LED、GNDとつなげる回路を、5つ接続します。

LEDのアノードにつなげるGPIOピンは、抵抗を経て、29番（ポート5）❷、31番（ポート6）❹、33番（ポート13）❻、35番（ポート19）❽、37番（ポート26）❿の5つで、LEDのカソードは6番ピンのGNDにつなげます。

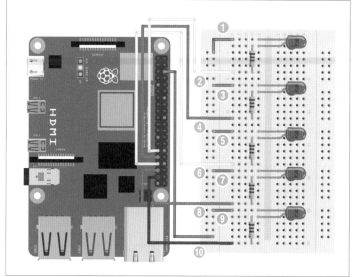

図3-5-3　5つのLEDをつなげる接続図

LEDの接続先

足（LEDは上から下へ）	接続先
LED1つ目のカソード（マイナス）	長い列を使用して6番ピン（GND）❶
同アノード（プラス）	抵抗を経由して29番ピン（ポート5）❷
LED2つ目のカソード（マイナス）	長い列を使用して6番ピン（GND）❸
同アノード（プラス）	抵抗を経由して31番ピン（ポート6）❹
LED3つ目のカソード（マイナス）	長い列を使用して6番ピン（GND）❺
同アノード（プラス）	抵抗を経由して33番ピン（ポート13）❻
LED4つ目のカソード（マイナス）	長い列を使用して6番ピン（GND）❼
同アノード（プラス）	抵抗を経由して35番ピン（ポート19）❽
LED5つ目のカソード（マイナス）	長い列を使用して6番ピン（GND）❾
同アノード（プラス）	抵抗を経由して37番ピン（ポート26）❿

LEDを5つ光らせるプログラムは、以下のようになります。for構文を利用して、一度に複数のLEDを操作するように工夫してみました。そのおかげで、先ほどのプログラムと、ほとんど同じ行数でできました。

samplefile: src/ch3/led5.py

```
01  # 5つのLEDを光らせるプログラム
02  # GPIOなど必要なモジュールを宣言
03  import RPi.GPIO as GPIO
04  import time, sys
05
06  # GPIOの初期化 --- ❶
07  GPIO.setmode(GPIO.BCM)  # BCMモードに設定
08  # 各ポートをoutに設定
```

```
09  ports = [5,6,13,19,26];
10  for i in ports:
11    GPIO.setup(i, GPIO.OUT)
12    GPIO.output(i, GPIO.HIGH)
13
14  # 特定箇所のポートだけ光らせる --- ❷
15  def led_on(no):
16      for i, port in enumerate(ports):
17          if no == i:
18              v = GPIO.HIGH
19          else:
20              v = GPIO.LOW
21          GPIO.output(port, v)
22
23  # ずっと繰り返す --- ❸
24  while True:
25      try:
26          for i in range(0, 5):
27              led_on(i)
28              time.sleep(0.1) # 0.1秒待つ
29          for i in range(4, -1, -1):
30              led_on(i)
31              time.sleep(0.1)
32      except KeyboardInterrupt:
33          # Ctrl+Cが押された時
34          GPIO.cleanup()
35          sys.exit()
```

プログラムを実行してみましょう。

ターミナルで入力

```
01  $ python3 led5.py
```

うまく動くと、5つのLEDが交互に光ります。

ちなみに、筆者はTVを見ながら配線していたので、うっかりGND（6番ピン）に挿すべきところを違うピンに挿してしまいました。プログラムを動かしても、なかなかLEDが光らないので、悩んでしまいました。LEDがまったく光らないという方は、配線が間違っている可能性が高いので、見直してみましょう。

実際に動いているビデオを、以下のURLで公開しています。

●**5つのLEDが交互に光る様子**

[URL] https://youtu.be/bZVWZ0xhFB0

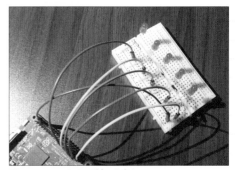

図3-5-4　5つのLEDが次々と光る

それでは、詳しくプログラムを見てみましょう。5つのLEDを制御しなくてはならないのですが、for構文を使っているので、それほど複雑な感じにはなりませんでした。

まず、プログラムの❶では、GPIOを初期化します。リストに [5,6,13,19,26] を設定しています。今回、ここに利用

したGPIOのポート番号を指定しました。もし、異なるポートにLEDを挿した場合には、この値を変更します。

プログラムの❷では、特定箇所のポートだけを光らせる関数led_on()を定義しています。ここでも、for構文を利用して、すべてのポートを書き換えます。ここでは、引数に指定したno番目のLEDであれば、そのポートのLEDを点灯させ、そうでなければ消灯させるようにしています。

プログラムの❸では、while構文で、点灯と消灯を繰り返すように指定します。

この節のまとめ

Chapter 3-4では、LEDをチカチカ光らせました。本節では、複数のLEDを交互に光らせました。Chapter 3-3の内容が分かっていれば、プログラムは、それほど複雑にはならないという点も確認しました。

TIPS

GPIOの挿し間違いを防ごう

筆者が電子工作を始めたばかりの頃、「ラズパイのGPIOポートは小さすぎる」と思いました。そして今でも、GPIOポートの挿し間違いがあります。そもそも、小さい上に40ピンもあるラズパイのGPIOポートを指し間違えずに扱うことは至難の業です。

そこで、オススメなのが『Raspberry Piのブレッドボード接続キット（K-08892）』です。この接続キットがすごいのは、ラズパイのGPIOピンとブレッドボードを直接つなげることができることに加えて、ピンの機能が印刷されているため、挿し間違いを防ぐことができることです。もちろん、このボードがなくても問題ないのですが、挿し間違いをして部品を壊したとか、よくピンが見えないという方には、心強い味方です。

ちなみに、この接続キットを使うには、組み立て済みT型接続基板とケーブルのハンダ付けが必要です。ハンダ付けについては、P.204のコラムを参照してください。また、本書のChapter 1の前のページには切り取って使える原寸図がありますので、そちらもご利用ください。

図3-5-A
ブレッドボード接続キットをつなげたところ

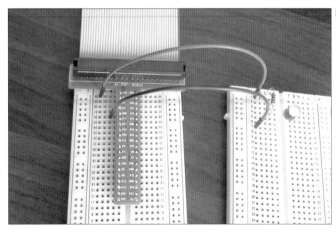

スイッチやボタンを使ってみよう

| ラズパイゼロOK |

この節のポイント

● タクトスイッチの使い方

● プルアップ抵抗・プルダウン抵抗

ここで使う電子部品

電子部品	個 数	説 明	P.088〜092の表の番号
カーボン抵抗器（330Ω）	2個	「橙橙茶金」の色で印が付いたもの（R-07812）	5
赤色LED	1個	通電すると光るLED（I-06245）	6
タクトスイッチ（2本足）	1個	押しボタン（P-03647）	9

スイッチやボタンの魅力

世の中には、さまざまなスイッチやボタンがあり、それを押すことで「何か」が起きます。そんな、何かが起きるスイッチやボタンには不思議な魅力があるものです。電子部品のパーツを眺めていると、実に、いろいろなスイッチが販売されており、見ているだけで楽しくなります。それらのボタンやスイッチの仕組みはだいたい同じなので、気に入った部品を自作の電子回路に組み込むことができます。

タクトスイッチを押すとLEDが点灯する回路

まずは、一般的なタクトスイッチを利用して、タクトスイッチを押すと、LEDが点灯するものを作ってみましょう。ちなみに、「タクトスイッチ」とは、ボタンを押すと内部で線がつながり電気が流れるようになっているボタンです。

タクトスイッチには、4本足のものと2本足のものがありますが、4本足のものでも、縦列が内側でつながっているので、基本的には2本足のものと同じように使うことができます。いずれも、ボタンを押すと、離れていた足がつながって、電気が流れるという仕組みになっています。

タクトスイッチ　　　上から見た図

図3-6-1　4本足のタクトスイッチについて

最初に、タクトスイッチの仕組みを理解するために、プログラミングなしで、タクトスイッチを利用してみましょう。ここで作るのは、タクトスイッチを押すと、LEDが点灯するというガジェットです。**図3-6-2**がその配線図です。

LEDとタクトスイッチの接続先

足	接続先
LEDのカソード（マイナス）	6番ピン（GND）❶
LEDのアノード（プラス）	抵抗を経由してタクトスイッチ❷
タクトスイッチ上の足	抵抗を経由してLEDのアノード❷
タクトスイッチ下の足	1番ピン（3.3v）❸

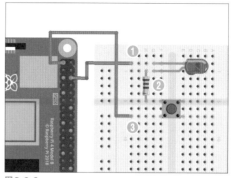

図3-6-2
タクトスイッチを押すとLEDが点灯するガジェットの配線図

1番ピン（3.3v）から、タクトスイッチ、抵抗、LEDとつながって、6番ピン（GND）に戻るように配線します。すでに紹介しましたが、1番ピンからは、常に3.3vの電気が流れます。Chapter 3-3で、LEDの点灯を行う配線を行いましたが、これは、その回路の中に、タクトスイッチを組み込んだものです。タクトスイッチを押さなければ電気は流れず、スイッチを押すと電気が流れて、LEDが光るというものになっています。

図3-6-3　タクトスイッチを押すとLEDが光る

プログラミングでスイッチを制御する

タクトスイッチの仕組みが分かったところで、プログラミングを使って、タクトスイッチを制御する方法を学びましょう。**図3-6-4**の配線図は、プログラミングにより、ボタンを押したのを検出し、LEDを点灯させることができるようにしたものです。

図の上側がタクトスイッチを検出するための仕掛けで、下側がLEDを点灯するための仕掛けです。

下側のLEDについては、もう何度も紹介していますが、今回は、40番ピン（ポート21）を利用して❺、抵抗、LEDを通って、34番ピン（GND）に戻します❹。上側が今回のポイントです。

上側のタクトスイッチを検出する部分に注目してみましょう。ラズパイの1番ピン（3.3v）から、電気はタクトスイッチに流れますが❶、その後、1つは抵抗を経て、14番ピン（GND）に戻ります❷。もう1つは、12番ピン（ポート18）に流れます❸。これを、入力用に設定しておくことで、ボタンが押されたかどうかを判別するようになります。

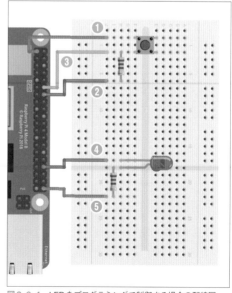

図3-6-4　LEDをプログラミングで制御する場合の配線図

LEDとタクトスイッチの接続先

足	接続先
タクトスイッチ上の足	1番ピン (3.3v) ❶
タクトスイッチ下の足	1つは抵抗を経由して14番ピン (GND) ❷、もう1つは12番ピン (ポート18) ❸
LEDのカソード (マイナス)	34番ピン (GND) ❹
LEDのアノード (プラス)	抵抗を経由して40番ピン (ポート21) ❺

タクトスイッチを制御するプログラム

それでは、タクトスイッチを制御するプログラムを確認してみましょう。以下のプログラムが、タクトスイッチの状態を読み、LEDを点灯・消灯させるものです。

samplefile: src/ch3/switch.py

```
01  # GPIOなど必要なモジュールを宣言 --- ❶
02  import RPi.GPIO as GPIO  # GPIOを利用する
03  import time              # sleepを利用する
04
05  # ポート番号の定義
06  SWITCH = 18
07  LED = 21
08
09  # GPIOの初期化 --- ❷
10  GPIO.setmode(GPIO.BCM)  # BCMモードに設定
11  GPIO.setup(SWITCH, GPIO.IN )
12  GPIO.setup(LED,    GPIO.OUT)
13
14  # LEDを消灯する
15  GPIO.output(LED, GPIO.LOW)
16
17  try:
18      # 繰り返しスイッチの状態を確認する --- ❸
19      while True:
20          if (GPIO.input(SWITCH) == GPIO.HIGH):
21              print("high")
22              GPIO.output(LED, GPIO.HIGH)
23          else:
24              print("low")
25              GPIO.output(LED, GPIO.LOW)
26          time.sleep(0.1)
27
28  except KeyboardInterrupt:
29      GPIO.cleanup()
```

プログラムを動かすには、ターミナルから以下のコマンドを実行します。

ターミナルで入力

```
01  $ python3 switch.py
```

そして、タクトスイッチを押すと、LEDが点灯し、スイッチを離すと、LEDが消灯します。ちなみに、ターミナルには、現在のタクトスイッチの状態が、ずっと表示されます。

プログラムを確認してみましょう。プログラムの冒頭❶では、必要なモジュールの宣言と、ポート番号の定義を行っています。スイッチの制御に利用するのはGPIOポート18で、LEDの制御を行うのは、ポート21です。

プログラムの❷では、GPIOのモードを設定します。今回、スイッチの状態を読むために、ポート18を、GPIO.IN（つまり、入力状態）に設定しています。

そして、プログラムの❸では、GPIOポートの状態を繰り返し確認し、その状態に応じて、LEDの消灯点灯を設定するというものになっています。ここで利用するのが、GPIO.input( )関数です。これでポートの状態を確認します。得られる値は、GPIO.HIGHか、GPIO.LOWのいずれかです。

書式 ポートの状態を確認する

```
v = GPIO.input( ポート番号 )
```

ちなみに、ここでは、ボタンを押したときに、LEDを点灯させるという処理を行いましたが、もちろん、LEDの点灯処理の部分を書き換えれば、いろいろな用途に利用できます。ボタンの押下を検出したときに、カメラのシャッターを切ったり、BGMを再生したり、ロボットを動かしたり…と、どんな処理を行うのかは、皆さん次第ですから、夢は広がります。

抵抗とスイッチの関係について

もう少し、抵抗とスイッチの関係について考察してみましょう。

ところで、注意しないといけないのは、**図3-6-5**のように、電源とスイッチ、GPIOポートを直接つなげることはできないという点です。もしも、このようにつなげた場合、値が不定となり正しく動作しません。

その理由ですが、スイッチを押した状態では、電源から入力GPIOに電気が流れるのですが、スイッチを離した状態の場合、GPIOポートは、電源にもGNDにもつながっていない状態になり、値が不定となってしまうからです。

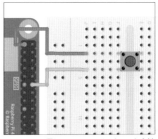

図3-6-5　電源とスイッチとポートを直接つないだところ

プルアップ抵抗とプルダウン抵抗

それで、先ほどの回路のように、タクトスイッチの前後に抵抗を挟むことで、正しくスイッチが動くようになります。

抵抗を配置する位置によって、『プルアップ抵抗』と『プルダウン抵抗』と呼びます。

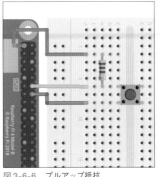

図3-6-6　プルアップ抵抗

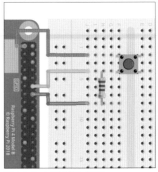

図3-6-7　プルダウン抵抗

抵抗を配置する位置によって、ボタンを押したときの挙動が変わります。前述の2つについて、配線を行った上で以下のプログラムを実行して、ターミナルに表示される値で確認してみましょう。

samplefile: src/ch3/switch-test.py

```
01  import RPi.GPIO as GPIO # GPIOを利用する
02  import time              # sleepを利用する
03
04  # ポート番号の定義
05  SWITCH = 18
06
07  GPIO.setmode(GPIO.BCM)
08  GPIO.setup(SWITCH, GPIO.IN)
09
10  try:
11      while True:
12          v = GPIO.input(SWITCH)            ← ポート18の値を読む
13          if v == GPIO.LOW: msg = "LOW"     ← 電気が流れていなければ「LOW」と表示
14          if v == GPIO.HIGH: msg = "HIGH"   ← 電気が流れていれば「HIGH」と表示
15          print(msg)
16          time.sleep(0.1)
17
18  except KeyboardInterrupt:
19      GPIO.cleanup()
```

chapter
3-6

ターミナルから以下のように実行します。たとえば、プルアップ抵抗につないだ状態で実行してみましょう。

ターミナルで入力

```
01  $ python3 switch-test.py
02  HIGH
03  HIGH
04  HIGH
05  LOW       ←ボタンを押した
06  LOW
07  HIGH      ←ボタンを離した
08  HIGH
```

『プルアップ抵抗』を利用した場合、ボタンを押していないときがHIGHの状態、ボタンを押すと、GNDの方に電気が逃げるので、LOWの状態となります。

逆に、『プルダウン抵抗』を利用した場合、ボタンを押していないときがLOWの状態で、ボタンを押すと、HIGHの状態になります。

ラズパイ内蔵の抵抗を利用したタクトスイッチ

ちなみに、タクトスイッチを使うだけなのに、抵抗とジャンパワイヤを3本つなげなくてはならないのは、面倒だと感じませんか。みんなが、そう感じると思ったのでしょう。便利なことに、ラズパイのGPIOには、プルアップ抵抗とプルダウン抵抗を実現する仕掛けがあります。

Pythonのプログラムで、GPIOポートの入力出力を切り替えるときに、プルアップ・プルダウン抵抗を使うかどうかのオプションを指定することができるのです。抵抗を取り払って、図3-6-8のように配線してみましょう。

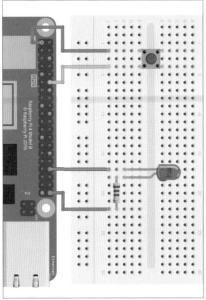

図3-6-8
プルダウン抵抗でLEDの点灯を行うガジェットの接続図

図3-6-9　プルダウン抵抗を利用してLEDを点灯する

以下がプルダウン抵抗を利用したLEDの点灯を行うガジェットのプログラムです。

samplefile: src/ch3/switch-down.py

```
01  import RPi.GPIO as GPIO # GPIOを利用する
02  import time             # sleepを利用する
03
04  # ポート番号の定義
05  SWITCH = 18
06  LED = 21
07  # GPIOの初期化
08  GPIO.setmode(GPIO.BCM)
09  GPIO.setup(LED, GPIO.OUT)
10  # プルダウン抵抗を利用する --- ❶
11  GPIO.setup(SWITCH, GPIO.IN, pull_up_down=GPIO.PUD_DOWN)
12
13  # LEDを消灯する
14  GPIO.output(LED, GPIO.LOW)
15  try:
16      while True:
17          if (GPIO.input(SWITCH) == GPIO.HIGH):
18              print("high")
19              GPIO.output(LED, GPIO.HIGH)
20          else:
21              print("low")
22              GPIO.output(LED, GPIO.LOW)
23          time.sleep(0.1)
24
25  except KeyboardInterrupt:
26      GPIO.cleanup()
```

そして、以下のようにコマンドを入力してプログラムを実行してみましょう。

ターミナルで入力

```
01 $ python3 switch-down.py
```

特に、❶のGPIOの初期化の部分に注目してみましょう。GPIO.setup()関数の3つ目の引数に、pull_up_down=GPIO.PUD_DOWNと指定することによって、プルダウン抵抗を利用できます。この値をpull_up_down=GPIO.PUD_UPと指定すれば、プルアップ抵抗を利用することができます。

イベントを利用したLEDの操作

また、ここまでのプログラムでは、GPIOの値を読み出すために、while構文を利用して、ずっと値を監視し続けていました。しかし、WiringPiには、**値が変更されたときだけ、指定した関数を実行する**イベントの機能が用意されています。

以下のプログラムは、**図3-6-8**の回路を、イベントを利用して、スイッチをカチッと押したときに、LEDの点灯と消灯を切り替えるようにプログラムしたものです。

samplefile: src/ch3/switch-event.py

```
01 import RPi.GPIO as GPIO # GPIOを利用する
02 import time             # sleepを利用する
03
04 # ポート番号の定義
05 SWITCH = 18
06 LED = 21
07 led_value = GPIO.LOW
08
09 # GPIOの初期化 --- ❶
10 GPIO.setmode(GPIO.BCM)
11 GPIO.setup(SWITCH, GPIO.IN, pull_up_down=GPIO.PUD_DOWN)
12 GPIO.setup(LED, GPIO.OUT)
13
14 # スイッチの切り替えイベントの定義 --- ❷
15 def callback_change_switch(ch):
16     global led_value
17     print("callback", ch)
18     if ch != SWITCH: return
19     if led_value == GPIO.LOW:
20         GPIO.output(LED, GPIO.HIGH)        ← LEDが消灯していたら点灯
21         led_value = GPIO.HIGH
22     else:
23         GPIO.output(LED, GPIO.LOW)         ← LEDが点灯していたら消灯
24         led_value = GPIO.LOW
25
26 # イベントの設定 --- ❸
27 GPIO.add_event_detect(
28     SWITCH, # ポート番号
29     GPIO.RISING, # イベントの種類
30     callback=callback_change_switch, # イベント発生時に実行する関数の指定
31     bouncetime=200) # 連続イベントを制限
```

```
32
33  # LEDを消灯する
34  GPIO.output(LED, GPIO.LOW)
35
36  # プログラムが終わらないように待機
37  try:
38      while True:
39          time.sleep(0.1)
40
41  except KeyboardInterrupt:
42      GPIO.cleanup()
```

プログラムを実行するには、ターミナルで以下のように入力します。

ターミナルで入力

```
01  $ python3 switch-event.py
```

それでは、プログラムを確認してみましょう。

プログラムの❶では、GPIOを初期化します。この部分では、プルダウン抵抗を利用しています。

プログラムの❷では、スイッチの切り替えイベントが発生したときに処理する動作を定義します。ボタンを押す度に、この関数が実行されます。ここでは、LEDのオンとオフを切り替えます。プログラムの❸では、イベントの設定を行います。GPIO.add_event_detect()関数を利用して、イベントが発生したときに実行する関数を指定します。

書式 GPIOポートにイベントが発生したときに、実行する関数を設定する

```
01  GPIO.add_event_detect(
02      ポート番号,
03      イベントの種類
04      callback=イベント発生時に実行する関数名,
05      bouncetime=200) # 連続でイベントが発生するのを防ぐ
```

第1引数には、GPIOのポート番号を指定します。そして、第2引数には、イベントの種類を設定します。第2引数に設定できる値は右の通りです。

定数の値	説明
GPIO.RISING	ポートの値が、LOWからHIGHに変化したとき
GPIO.FALLING	ポートの値が、HIGHからLOWに変化したとき
GPIO.BOTH	とにかくポートの値が変化したとき

第3引数のcallbackには、関数名を指定します。関数名を指定するとき、「関数名()」と指定しまうと、関数を実行した結果をcallbackに指定したことになるので、名前だけを指定するようにします。

それから、第4引数のbouncetimeは、指定しなくても良いのですが、bouncetime=200のように指定すると、200ミリ秒より短いタイミングで連続でイベントが発生しないように制限することができます。

この節のまとめ

以上、ここではタクトスイッチを制御する方法を紹介しました。プルアップ抵抗・プルダウン抵抗を利用すれば、ラズパイで手軽にスイッチを利用することができます。

抵抗器について

抵抗を袋から出してバラバラにしてしまうと、いったいどの抵抗が、どの抵抗値（Ω）であるのか分からなくなってしまうものです。しかし、抵抗の種類は、抵抗に付けられているカラーの印を見ると分かります。

一般的なカーボン抵抗器には、4本から5本のカラーの帯が印刷されています。この色の帯を見ることで、抵抗値が分かるようになっています。

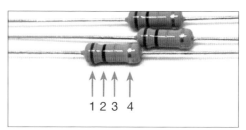

図3-6-A　抵抗器のカラー帯

その読み方ですが、まず、抵抗のカラー帯の末尾の色に注目してください。多くの抵抗器では、末尾の色は金色です。これは、抵抗値の誤差が5%であることを意味していますが、**金色の帯がある方を末尾**と見てください。ただし、金色の帯がない場合もあります。その場合、色の帯がどちらかに偏っているなら、偏っている方が1桁目です。また、帯が太めに印刷されていれば、それが末尾です。

そして、末尾が分かったなら、**最初の2桁**の色を確認します。それぞれの色は次の意味があります。たとえば、抵抗の帯色が「橙橙茶金」だった場合、最初の2桁は33を意味し、「茶黒橙金」だった場合、最初の2桁は10を意味します。続いて**3桁目**の色を見てください。それが、茶色ならば、先頭の2桁に、10を掛けた数が抵抗値となり、赤ならば100を掛けた数、橙（オレンジ）ならば1,000を掛けた数が抵抗値となります。

色	1桁目、2桁目での意味	3桁目での意味
黒	0	1を掛ける
茶	1	10の1乗、つまり、10を掛ける（xx0Ω）
赤	2	10の2乗、つまり、100を掛ける（x.xKΩ）
橙（オレンジ）	3	10の3乗、つまり、1,000を掛ける（xxKΩ）
黄	4	10の4乗、つまり、10,000をかける（xx0KΩ）
緑	5	
青	6	
紫	7	
灰	8	
白	9	

このように、各数値を見れば、抵抗値が分かるとはいえ、最初は、表があると便利です。そこで、ここでは、簡単な抵抗値の値のリストを紹介します。また抵抗値の計算についてはP.146をご覧ください。

3列目が「茶」	値（Ω）	3列目が「赤」	値（Ω）	3列目が「橙」	値（Ω）	3列目が「黄」	値（Ω）
茶黒茶 金	100	茶黒赤 金	1K	茶黒橙 金	10K	茶黒黄 金	100K
茶緑茶 金	150	茶緑赤 金	1.5K	茶緑橙 金	15K	茶緑黄 金	150K
赤赤茶 金	220	赤赤赤 金	2.2K	赤赤橙 金	22K	赤赤黄 金	220K
橙橙茶 金	330	橙橙赤 金	3.3K	橙橙橙 金	33K	橙橙黄 金	330K
黄紫茶 金	470	黄紫赤 金	4.7K	黄紫橙 金	47K	黄紫黄 金	470K
青灰茶 金	680	青灰赤 金	6.8K	青灰橙 金	68K	青灰黄 金	680K
灰赤茶 金	820	灰赤赤 金	8.2K	灰赤橙 金	82K	灰赤黄 金	820K

フルカラーLEDを使ってみよう

| ラズパイゼロOK |

この節のポイント

● RGBフルカラーLEDについて知っておこう

● RGBフルカラーLEDを制御しよう

ここで使う電子部品

電子部品	個数	説明	P.088～092の表の番号
カーボン抵抗器（330Ω）	3個	「橙橙茶金」の色で印が付いたもの（R-07812）	5
RGBフルカラーLED	1個	フルカラーLED（I-02476）	7
LED光拡散キャップ	1個	LEDにかぶせるキャップ（I-00641）	11
DIPスイッチ（4P）	1個	4つの切替スイッチ（P-00586）	10

フルカラーLEDの仕組み

フルカラーLEDを使うと、LEDの光をいろいろな色に変えることができます。フルカラーLEDの中には、赤青緑という3色のLEDが入っています。つまり、光の三原色の掛け合わせで、**自由な色を表現できる**ようになっています。

このLEDには、4つの足があり、それぞれの色のLEDとつながっています。そして、その足の1本がカソードであり、各LED共通となっており、その他の3本が赤青緑につながっています。

LEDの向きは、ピンの長さで判断することができます。**一番長い足の**ピンが共有のカソードで、GNDと接続するようになります。一番短い足のピンが緑のアノードです。

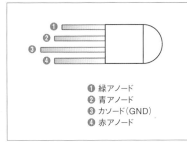

❶ 緑アノード
❷ 青アノード
❸ カソード（GND）
❹ 赤アノード

図3-7-1　RGBフルカラーLED

フルカラーLEDをラズパイと接続しよう

それでは、フルカラーLEDをラズパイと接続して制御してみましょう。赤青緑の3本にGPIOポートを、もう1本にGNDを接続します。

ここでは、**図3-7-2**のように接続しましょう。

難しいことはありません。LEDを3つ接続するのと同じ要領です。

それぞれの足に抵抗を接続します。ラズパイの9番ピン（GND）を上から3本目の足、11番ピン（ポート17）を一番下の足、13番ピン（ポート27）一番上の足、15番ピン（ポート22）を上から2番目の足につながるように接続します。

フルカラーLEDの接続先

足	接続先
上から1本目 （緑アノード）	抵抗を経由して 13番ピン（ポート27）①
2本目 （青アノード）	抵抗を経由して経由して 15番ピン（ポート22）②
3本目 （カソード）	9番ピン（GND）③
4本目 （赤アノード）	抵抗を経由して経由して 11番ピン（ポート17）④

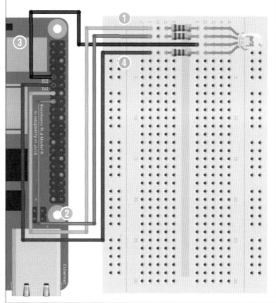

図3-7-2
フルカラーLEDとラズパイを接続する接続図。フルカラーLEDは、上から3本目がカソードになる向きで挿す

このLEDを操作するプログラムは、以下の通りです。

samplefile: src/ch3/rgb-led.py

```
01  import RPi.GPIO as GPIO
02  import time, sys
03
04  # ポート番号の指定
05  PORT_R = 17
06  PORT_G = 27
07  PORT_B = 22
08  # GPIOポートの初期化 --- ❶
09  GPIO.setmode(GPIO.BCM)  # BCMモードに設定
10  ports = [PORT_R, PORT_G, PORT_B]
11  for port in ports:
12      GPIO.setup(port, GPIO.OUT)
13
14  # LEDをRGBの指定の色に設定 --- ❷
15  def set_color(r, g, b):
16      GPIO.output(PORT_R, r) # 赤のLEDを操作
17      GPIO.output(PORT_G, g) # 緑のLEDを操作
18      GPIO.output(PORT_B, b) # 青のLEDを操作
19
20  try:
21      # 繰り返し色を変える --- ❸
22      while True:
23          set_color(1, 0, 0) # 赤
24          time.sleep(0.3)
25          set_color(0, 1, 0) # 緑
26          time.sleep(0.3)
27          set_color(0, 0, 1) # 青
```

123

```
28          time.sleep(0.3)
29 except KeyboardInterrupt:
30     pass
31 GPIO.cleanup() # クリーンアップ
```

このプログラムを実行するには、ターミナルから以下のコマンドを実行します。

ターミナルで入力
```
01 $ python3 rgb-led.py
```

プログラムを実行すると、赤・緑・青、赤・緑・青…と順々に色を変えていきます。

プログラムを確認していきましょう。プログラムの❶では、GPIOポートを初期化します。各GPIOポートのモードを出力にします。プログラムの❷では、LEDの各RGBポートを操作するset_color()関数を定義しています。この関数の引数r、g、bのそれぞれに、GPIO.HIGH（値=1）とGPIO.LOW（値=0）を指定します。なお、このプログラムでは、色を指定する際、r、g、bの3つそれぞれにGPIO.HIGH/GPIO.LOWと書くのは冗長なので、直接、数値を指定して、set_color(1, 0, 0)のように指定します。そして、プログラムの❸では、順々に光らせる色を指定します。

キャップをつけてもっと鮮やかにしよう

ところで、このLEDの中には3色のLEDが入っています。そのため、赤・青・緑と順に光らせていくと、微妙にLEDの位置が変わって光るのが気になります。

そこで、**LED光拡散キャップ**をかぶせることで、より自然に光らせることができます。

図3-7-3　LEDにキャップをつけたところ

DIPスイッチで色を切り替えられるようにしよう

RGBフルカラーLEDを、スイッチで切り替えられるようにしましょう。ここでは、DIPスイッチを利用して、LEDの色を変更できるようにしてみましょう。

DIPスイッチについて

ここで使うDIPスイッチとは、**4チャンネルの切替スイッチ**があるものです。見た目は、8本の足がある小さなスイッチです。この小さなスイッチは、4系統の縦列のスイッチがあるものです。そのため、異なる4つの切替スイッチがあるように利用することができます。

スイッチが上にある状態がオン、下にある状態がオフです。

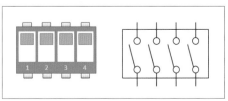

図3-7-4　DIPスイッチの仕組み

DIPスイッチを利用したカラーLEDの切替ガジェット

それでは、このDIPスイッチを組み込んで、RGB
カラーLEDを操作する切替スイッチを作ってみ
ましょう。

フルカラーLEDとDIPスイッチの接続先

足	接続先
上から1本目 （緑アノード）	抵抗を経由して 13番ピン（ポート27）❶
2本目 （青アノード）	抵抗を経由して 15番ピン（ポート22）❷
3本目 （カソード）	9番ピン（GND）❸
4本目 （赤アノード）	抵抗を経由して 11番ピン（ポート17）❹
スイッチ1番	29番ピン（ポート5）❺、 反対側は25番ピン（GND）❽
スイッチ2番	31番ピン（ポート6）❻、 反対側は25番ピン（GND）❽
スイッチ3番	33番ピン（ポート13）❼、 反対側は25番ピン（GND）❽
スイッチ4番	つながない

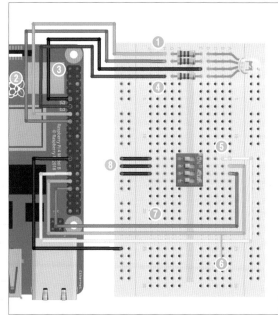

図3-7-5　DIPスイッチを利用したカラーLED切り替えの接続図

このDIPスイッチを操作して、カラーLEDの色を変更するプログラムが以下になります。

samplefile: src/ch3/rgb-led-dip.py

```
01  import RPi.GPIO as GPIO
02  import time, sys
03
04  # GPIOの初期化
05  GPIO.setmode(GPIO.BCM)  # BCMモードに設定
06
07  # カラーLEDのポート番号
08  PORT_R = 17
09  PORT_G = 27
10  PORT_B = 22
11
12  # DIPスイッチのポート番号
13  DIP1 = 5
14  DIP2 = 6
15  DIP3 = 13
16
17  # ポートを初期化する --- ❶
18  ports = [PORT_R, PORT_G, PORT_B]
19  for port in ports:
20      GPIO.setup(port, GPIO.OUT)
21  dips = [DIP1, DIP2, DIP3]
22  for port in dips:
23      GPIO.setup(port, GPIO.IN, pull_up_down=GPIO.PUD_UP)
24
```

```
25  # カラーLEDの色を設定 --- ❷
26  def set_color(r, g, b):
27      GPIO.output(PORT_R, r)
28      GPIO.output(PORT_G, g)
29      GPIO.output(PORT_B, b)
30      print(r, g, b)
31
32  # 繰り返しDIPスイッチの値を読んでLEDを変更 --- ❸
33  try:
34      while True:
35          r = g = b = GPIO.LOW
36          if GPIO.input(DIP1) == GPIO.LOW:
37              r = GPIO.HIGH
38          if GPIO.input(DIP2) == GPIO.LOW:
39              g = GPIO.HIGH
40          if GPIO.input(DIP3) == GPIO.LOW:
41              b = GPIO.HIGH
42          set_color(r, g, b)
43          time.sleep(0.3)
44  except KeyboardInterrupt:
45      pass
46  # cleanup
47  GPIO.cleanup()
```

プログラムを実行するには、以下のコマンドを入力します。

ターミナルで入力

```
01  $ python3 rgb-led-dip.py
```

4つのDIPスイッチのうち、1番のスイッチが赤、2番が緑、3番が青のLEDをオンにします。つまり、1番と3番のスイッチを入れるとLEDは紫色になり、2番と3番を入れるとLEDは水色になり、1番と2番を入れると、黄色になります。

図3-7-6 DIPスイッチを変えるとLEDの色が変わる

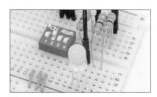

図3-7-7 スイッチで色を変更できる

プログラムを確認してみましょう。プログラムの❶では、ポートの初期化を行います。ここでは、カラーLEDを出力に設定し、DIPスイッチを入力に設定します。ここでは、DIPスイッチの各ポートに抵抗をつけるのは面倒なので、プルアップ抵抗のオプションを設定します。プログラムの❷では、カラーLEDの色を設定します。そして、❸では、DIPスイッチの値を読んで、LEDの値を変更します。ただし、DIPスイッチをプルアップ抵抗でつないでいるので、読み取りの際、スイッチがオンのときがGPIO.LOWとなります。

この節のまとめ

フルカラーLEDを使うと、光の色を変更することができます。ここでは、DIPスイッチを利用して、LEDの色を変更するガジェットを作りました。また、LED光拡散キャップをつけることで、フルカラーLEDでより自然な色を演出できることも紹介しました。

温度・湿度センサーを使ってみよう

ラズパイゼロOK

この節のポイント

●温度・湿度センサー「DHT11」について知っておこう

●DHT11を使ってみよう

ここで使う電子部品

電子部品	個 数	説 明	P.088～092の表の番号
DHT11	1個	温湿度センサー（M-07003）	12
カーボン抵抗器（10KΩ）	1個	「茶黒橙金」の色で印がついたもの（R-07838）	5
RGBフルカラーLED	1個	フルカラーLED（I-02476）（※1）	7
カーボン抵抗器（330Ω）	3個	「橙橙茶金」の色で印が付いたもの（R-07812）（※1）	5

※1　温度に合わせて色が変わるガジェット（図3-8-2）を作るのに利用します。

温度・湿度センサー「DHT11」について

温度と湿度を同時に測定する複合センサーモジュール「DHT11」を使ってみましょう。この部品を使うことによって、手軽に温度と湿度を計測することができます。300円前後の部品で、温度と湿度が計測できるのですから、スゴイことです。湿度20%から90%まで、温度0度から50度までを計測することができます。温度誤差は2度、湿度誤差は5%です。

DHT11のセンサーには、4本の足があり、それぞれ右のような役割を果たします。

DHT11の足の役割

足（穴のある面を前にして左から）	役 割
1	3.3-5V
2	データ
3	無接続
4	GND

接続図 —— 温度・湿度センサー

温度・湿度センサー「DHT11」を利用してみましょう。

ここでは、温度・湿度と抵抗を**図3-8-1**のように配置します。抵抗は10KΩのものを使うのでご注意ください。

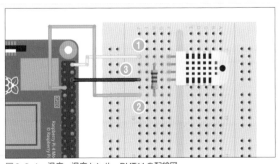

図3-8-1　温度・湿度センサーDHT11の配線図

DHT11の配線ですが、右のようにします。足の数え方は、**図3-8-1**の状態で上から何番目かで数えてください。

ちなみに、DHT11の1番ピンにつなぐ電圧をラズパイ2番ピン(5V)にしています。スペック表を見ると、1番ピン(3.3V)でも動作させることができますが、5Vの方がエラーが少ないようです。

DHT11のためのプログラムを作ろう

DHT11を利用するためのPythonモジュールが用意されています。ターミナルから以下のコマンドを実行して、dht11モジュールをインストールしましょう。

ターミナルで入力

```
01  pip3 install dht11
```

以下は、温度と湿度を取得するプログラムです。10秒間隔で温度と湿度を取得します。

samplefile: src/ch3/ondo-situdo.py

```
01  from time import sleep
02  from datetime import datetime
03  import RPi.GPIO as GPIO
04  import dht11
05
06  # DHTのポート番号
07  PIN = 4
08
09  # GPIOを初期化
10  GPIO.setwarnings(False)
11  GPIO.setmode(GPIO.BCM)
12  GPIO.cleanup()
13  # DHT11をセットアップ
14  dht11_obj = dht11.DHT11(pin=PIN)
15
16  for i in range(10):
17      while True:
18          res = dht11_obj.read()
19          # 異常な値なら再取得
20          if not res.is_valid():
21              print("- error:", res)
22              sleep(0.1)
23              continue
24          break
25      # 情報を表示
26      print("+", datetime.now().strftime('%H:%M:%S'))
27      print("| 湿度=",res.humidity, "%")
28      print("| 温度=",res.temperature,"度")
29      sleep(10)
```

ターミナルから、以下のコマンドを入力することで実行できます。ただし、ライブラリをインストールするときに、cdコマンドで、カレントディレクトリを移動しています。そこで、再度、プログラム「ondo-situdo.py」と同じディレクトリに移動した上（P.044参照）で、プログラムを実行してください。

ターミナルで入力

```
01  $ python3 ondo-situdo.py
02  + 13:27:29
03  | 湿度= 40.0 %
04  | 温度= 19.0 度
05  + 13:27:42
06  | 湿度= 40.0 %
07  | 温度= 19.0 度
08  + 13:27:55
09  | 湿度= 40.0 %
10  | 温度= 19.0 度
11  - error: 148.0 9.0
12  + 13:28:09
13  | 湿度= 39.0 %
14  | 温度= 19.0 度
15  + 13:28:20
16  | 湿度= 37.0 %
17  | 温度= 19.0 度
```

うまく取得できないとエラーになるので、正確に10秒間隔で取得できるわけではありませんが、それなりに温度と湿度を取得できます。

温度に合わせてカラーLEDを光らせよう

ここで、温度センサーとカラーLEDを組み合わせて、温度によってLEDの色を変更するというガジェットを作ってみましょう。

図3-8-2のように、温度センサー「DHT11」とカラーLEDを配置します。

DHT11とカラーLEDの接続先

足	接続先
DHT11の上から1つ目	2番ピン(5V) ❶
同2つ目	10K Ω抵抗を経由して7番ピン(ポート4) ❷
同3つ目	つながない
同4つ目	縦列を経由して39番ピン(GND) ❸
LEDの上から1つ目	330 Ω抵抗を経由して36番ピン(ポート16) ❹
同2つ目	330 Ω抵抗を経由して38番ピン(ポート20) ❺
同3つ目	縦列を経由して39番ピン(GND) ❻
同4つ目	330 Ω抵抗を経由して40番ピン(ポート21) ❼

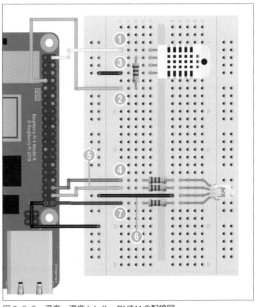

図3-8-2　温度・湿度センサーDHT11の配線図

3-8

温度に合わせてLEDの色を変えるプログラムは、以下のようになります。

samplefile: src/ch3/ondo-led.py

```
01  import RPi.GPIO as GPIO
02  from time import sleep
03  from datetime import datetime
04  import dht11
05
06  # DHTのポート番号
07  PORT_DHT = 4
08
09  # カラーLEDのポート番号
10  PORT_R = 21
11  PORT_G = 20
12  PORT_B = 16
13
14  # ポートの初期化 --- ❶
15  # GPIOを初期化
16  GPIO.setwarnings(False)
17  GPIO.setmode(GPIO.BCM)
18  GPIO.cleanup()
19  # DHT11をセットアップ
20  dht11_obj = dht11.DHT11(pin=PORT_DHT)
21
22  ports = [PORT_R, PORT_G, PORT_B]
23  for port in ports:
24      GPIO.setup(port, GPIO.OUT)
25
26  # カラーLEDの色を設定 --- ❷
27  def set_color(r, g, b):
28      GPIO.output(PORT_R, r)
29      GPIO.output(PORT_G, g)
30      GPIO.output(PORT_B, b)
31
32  try:
33      while True:
34          # 温度・湿度を取得 --- ❸
35          print("情報取得中..")
36          res = dht11_obj.read()
37          if not res.is_valid():
38              # 異常な値なら再取得
39              print("- error:", res)
40              sleep(0.1)
41              continue
42          # 温度・湿度の情報を表示
43          print("| 湿度=",res.humidity, "%")
44          print("| 温度=",res.temperature, "度")
45
46          # 温度により色を変更 --- ❹
47          t = res.temperature
48          if t < 10:
49              set_color(0, 0, 1)
50          elif 10 <= t < 15:
51              set_color(0, 1, 0)
52          elif 15 <= t < 20:
53              set_color(1, 1, 1)
54          elif 20 <= t < 25:
```

```
55              set_color(1, 0, 1)
56          else:
57              set_color(1, 0, 0)
58          sleep(10)
59 except Exception as e:
60      print(e)
61      pass
62 GPIO.cleanup()
```

プログラムを実行するには、ターミナルから以下のコマンドを実行します。

```
01 $ python3 ondo-led.py
```

コマンドを実行すると、温度に合わせて、LEDの色が5色に変わります。

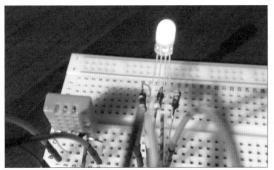

図3-8-3　温度に合わせてLEDを光らせよう

図3-8-4　別の角度から見たところ

プログラムを見てみましょう。プログラムの❶では、カラーLEDのGPIOポートの初期化を行います。

❷の部分では、カラーLEDの色の切替を行う関数を定義します。

プログラムの❸では、温度・湿度の値を取得します。先ほども紹介したように、温度の取得に失敗することがあります。そこで、温度を取得し、問題があれば、自動的に再取得を行うことにします。

そして、プログラムの❹の部分で、温度tの値に応じて、カラーLEDの色を変更します。ここでは、if .. elif .. else .. 文を連続でつなげることで、温度条件に応じた色を指定することができます。

この節のまとめ

ここでは、温度・湿度センサー「DHT11」の使い方を紹介しました。DHT11は値段が安い割に、温度・湿度を取得できることから、手軽に温度や湿度を取得したいときに役立ちます。

EasyWordMall DHT11 を使う場合

原稿執筆時に、Amazonで「EasyWordMall DHT11 温湿度センサーモジュール Arduino用」が送料込みで200円以下で販売されていました。これは、抵抗を内蔵したモジュールとなっており、より手軽に温度と湿度を取得できるものです。これを利用する方法も紹介します。

EasyWordMall DHT11 は3本足となっており、穴のある面を手前にして左の足を1番として数え、右表のように接続します。プログラムは、DHT11単体で使うのと同じように利用することができます。

足	意味	接続先
1	3.3-5V	ラズパイの1番ピン (3.3V)
2	データ	ラズパイの7番ピン (ポート4)
3	GND	ラズパイ6番ピン (GND)

PWMを利用して
圧電スピーカーを鳴らしてみよう

| ラズパイゼロOK |

この節のポイント

● 圧電スピーカーの使い方を知っておこう

● PWMについて知っておこう

ここで使う電子部品

電子部品	個数	説明	P.088〜092の表の番号
圧電スピーカー	1個	圧電素子を用いたスピーカー(P-04118)	8
タクトスイッチ	1個	押しボタンスイッチ(P-03647)	9

圧電スピーカーとは

圧電スピーカーとは、電極に信号電圧を加えることにより圧電体が歪み、その振動を音として発するものです。圧電サウンダや圧電ブザーとも呼びます。この圧電スピーカーを利用すれば、ビープ音を用いて、警告音を鳴らすことができます。

図3-9-1
圧電スピーカー

接続図 —— 圧電スピーカーをつないでみよう

図3-9-2が圧電スピーカーの配線図です。

接続方法ですが、圧電スピーカーを、ラズパイの6番ピン(GND)❶と12番ピン(ポート18)❷に接続します。

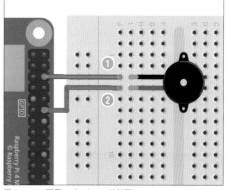

図3-9-2 圧電スピーカーの接続図

図3-9-3
実際につないだ写真

音を鳴らすプログラム

圧電スピーカーを利用して音を鳴らすプログラムは以下のようになります。これまでとは、少し違った命令が出てきますが、解説は後回しにして、まずは、プログラム実際に動かしてみましょう。

samplefile: src/ch3/beep-simple.py

```
01  import RPi.GPIO as GPIO
02  from time import sleep
03  import sys
04
05  SOUND_PORT = 18 # ポート番号
06  TONE = 440 # 周波数の指定
07
08  # GPIOの設定 --- ❶
09  GPIO.setmode(GPIO.BCM)
10  GPIO.setup(SOUND_PORT, GPIO.OUT)
11
12  # PWMを使う準備 --- ❷
13  pwm = GPIO.PWM(SOUND_PORT, TONE)
14
15  while True:
16      try:
17          # 周波数を設定 --- ❸
18          pwm.ChangeFrequency(TONE)
19          # デューティー比50%で再生
20          pwm.start(50)
21          sleep(0.5)
22          # 停止
23          pwm.stop()
24          sleep(0.5)
25      except KeyboardInterrupt:
26          break
27
28  GPIO.cleanup()
29  sys.exit()
```

プログラムを実行するには、以下のコマンドを実行します。

ターミナルで入力

```
01  $ python3 beep-simple.py
```

プログラムを実行すると、ピーッ、ピーッ、ピーッと警告音のような音が鳴ります。これまで通り、[Ctrl] + [C] キーでプログラムを停止できます。

PWMについて

さて、圧電スピーカーを鳴らすためには、PWMを利用する必要があります。PWMとは、Pulse Width Modulationの略で、日本語だと「パルス幅変調」と訳されます。これは、電力を制御する方式の1つで、オンとオフを高速に繰り返すことによって、出力される電力を制御する方法です。

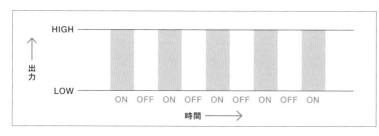

図3-9-4
PWMの仕組み —— 高速でオンとオフを繰り返す

なぜ、オンとオフを繰り返すような制御を行うのかというと、そもそも、ラズパイのGPIOは、デジタル信号の入出力にしか対応していません。デジタル信号というのは、オンとオフしかないのです。しかし、オンとオフだけでは、表現できないアナログなデータを表現したいことも多くあります。そこで、高速にオンとオフを繰り返すことにより、擬似的に出力電圧をコントロールするという手法を利用するのです。PWMを利用することにより、モーターの速度を変更したり、LEDの明るさを調節することができます。

ラズパイでPWMを利用する方法

今回、利用する圧電スピーカーに関しても、PWMを用いて、一定の周波数の信号を与えることで、特定の高さの音を鳴らすことができます。

それで、PWMを発するためには、これまでと同じように、GPIOのピンを出力モードに設定する必要があります。そして、GPIO.PWM()メソッドを利用して、PWM制御用のオブジェクトを得ます。

```
01  # GPIOピンを出力モードに
02  GPIO.setup(SOUND_PORT, GPIO.OUT)
03
04  # PWM制御用のオブジェクトを得る
05  pwm = GPIO.PWM(SOUND_PORT, 440)
```

そして、start()メソッドで出力開始、stop()メソッドで出力を停止します。他にも、ChangeFrequency()で周波数を変更したり、ChangeDutyCycle()でデューティー比(信号をオンにする割合)を変更できます。

```
01  # デューティー比に50%を指定して、PWMを送信開始
02  pwm.start(50)
```

```
03
04  # PWMを停止
05  pwm.stop()
06
07  # 送信する周波数を変更する
08  pwm.ChangeFrequency(460)
09
10  # 送信するデューティー比を70%に変更する
11  pwm. ChangeDutyCycle(70)
```

ここまで分かったら、改めて、P.134のプログラムを確認してみましょう。このプログラムでは、12番ピン(18ポート)を操作します。プログラムの❶では、GPIOポートを出力モードにします。そして、❷では、PWMを利用するために、PWM()メソッドを呼び出します。すると、PWMを操作するためのオブジェクトpwmが得られます。
そして、❸の部分では、pwmのChangeFrequency()メソッドを使って、周波数を変更します。

次に、PWMを扱う別のライブラリを利用して、繰り返しビープ音を鳴らすプログラムを見てみましょう。ここでは、wiringpiモジュールを利用します。これは、以前も紹介しましたが、ラズパイOSのRaspberry Pi OSには、最初からインストールされています。もしwiringpiモジュールがないというエラーがでたら、P.100を参照してください。

samplefile: src/ch3/beep.py

```
01  import wiringpi
02  from time import sleep
03  import sys
04
05  PORT = 18 # GPIOポートの指定 --- ❶
06  TONE = 135 # 基本トーン(周波数)の指定 --- ❷
07
08  # GPIOポートの初期化 --- ❸
09  wiringpi.wiringPiSetupGpio()
10  wiringpi.softToneCreate(PORT)
11
12  # 繰り返しビープ音を鳴らす
13  while True:
14      try:
15          # 音を鳴らす --- ❹
16          wiringpi.softToneWrite(PORT, TONE)
17          sleep(0.5)
18          # 音を止める
19          wiringpi.softToneWrite(PORT, 0)
20          sleep(0.5)
21      except KeyboardInterrupt:
22          sys.exit()
```

このプログラムを実行するには、ルート権限が必要となります。ルート権限をつけてコマンドを実行するには、以下のようにコマンドの前に「sudo」を書き加えて実行します。

ターミナルで入力

```
01  $ sudo python3 beep.py
```

プログラムを実行すると、プーッ、プーッ、プーッとビープ音が鳴り始めます。

プログラムを確認してみましょう。プログラムの❶では、GPIOポートを指定します。

次の❷では、ビープ音の音の高さ（周波数）を指定します。

プログラムの❸では、GPIOポートを初期化します。softToneCreate()メソッドを利用してGPIOポートを指定します。そして、プログラムの❹では、音を鳴らします。softToneWrite()メソッドを利用すると、指定の音の高さを鳴らします。このメソッドの値に0を指定すると、音が止まります。

メロディーを演奏してみよう

そして、圧電スピーカーを利用すると、単音ですが、メロディーを再生することができます。残念ながら、その音色は、それほど美しいものではありませんが、一応、音楽として聞くことができます。それでは、圧電スピーカーで、チューリップのメロディーを演奏してみよう。以下がメロディーを演奏するプログラムです。

samplefile: src/ch3/beep-play.py

```
01  from time import sleep
02  import wiringpi
03
04  # ポートの指定
05  PORT = 18
06  # 音の基本長
07  DELAY = 0.5
08
09  # 周波数の指定
10  C = 262 # ド
11  D = 294 # レ
12  E = 330 # ミ
13  F = 349 # ファ
14  G = 392 # ソ
15  A = 440 # ラ
16  B = 494 # シ
17  R = 0
18
19  # 楽譜の指定 --- ❶
20  gakufu = [
21      C,D,E,R, C,D,E,R, G,E,D,C, D,E,D,R,
22      C,D,E,R, C,D,E,R, G,E,D,C, D,E,C,C,
23      G,G,E,G, A,A,G,R, E,E,D,D, C,R,R,R
24  ]
25
26  # GPIOの設定 --- ❷
27  wiringpi.wiringPiSetupGpio()
28  wiringpi.softToneCreate(PORT) # ポート番号を指定
29
30  # 演奏開始 --- ❸
31  for tone in gakufu:
32      # 音を出す
33      wiringpi.softToneWrite(PORT, tone)
34      sleep(DELAY)
35      # 音を消す
36      wiringpi.softToneWrite(PORT, 0)
37      sleep(0.1)
```

137

プログラムを実行するには、ターミナルで以下のコマンドを実行します。

ターミナルで入力

```
01 $ sudo python3 beep-play.py
```

上記のコマンドを実行すると、メロディーが流れます。

プログラムを確認してみましょう。プログラムの❶では、楽譜を指定します。この部分を変えることで、任意のメロディーに変えることができます。プログラムの❷で、GPIOを初期化します。そして、❸の部分では、音を再生します。

ちょうちょの演奏をするならば、以下のように、プログラムの❶に変更すれば良いでしょう。

```
01 gakufu = [
02     G,E,E,R, F,D,D,R, C,D,E,F, G,G,G,R,
03     G,E,E,E, F,D,D,D, C,E,G,G, E,E,E,R
04 ]
```

タクトスイッチでブザーを鳴らそう

圧電スピーカーを利用した簡単なガジェットを作ってみましょう。ここでは、タクトスイッチを押すと、ブザーが鳴るというものを作ってみましょう。

圧電スピーカーとタクトスイッチの接続先

足	接続先
圧電スピーカーの上の足	6番ピン(GND) ❶
圧電スピーカーの下の足	12番ピン(ポート18) ❷
タクトスイッチ(上側)	40番ピン(ポート21) ❸
タクトスイッチ(下側)	1番ピン(3.3v) ❹

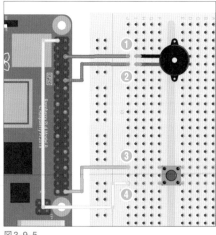

図3-9-5
タクトスイッチと圧電スピーカーのガジェットの接続図

プログラムは、以下の通りです。

samplefile: src/ch3/beep-switch.py

```
01 import RPi.GPIO as GPIO
02 from time import sleep
03
04 # ポートの指定 --- ❶
05 SOUND_PORT = 18
06 SWITCH_PORT = 21
07 TONE = 200
08
```

```
09  # GPIOの設定 --- ❷
10  GPIO.setmode(GPIO.BCM)
11  # スイッチ用
12  GPIO.setup(SWITCH_PORT, GPIO.IN, pull_up_down=GPIO.PUD_DOWN)
13  # ビープ音用
14  GPIO.setup(SOUND_PORT, GPIO.OUT)
15  # PWMを利用する準備
16  pwm = GPIO.PWM(SOUND_PORT, TONE)
17
18  while True:
19      try:
20          # ボタンが押されているか確認 --- ❸
21          if GPIO.input(SWITCH_PORT) == GPIO.HIGH:
22              print("ON")
23              pwm.ChangeFrequency(TONE)
24              pwm.start(50)
25          else:
26              print("OFF")
27              pwm.stop()
28          sleep(0.1)
29      except KeyboardInterrupt:
30          break
31
32  GPIO.cleanup()
```

プログラムを実行するには、ターミナルから以下のコマンドを実行します。

ターミナルで入力

```
01  $ sudo python3 beep-switch.py
```

ガジェットを操作している動画を以下のURLにアップしています。
● **タクトスイッチでブザーを鳴らす様子**
　[URL] https://youtu.be/omdM9ofH61c

プログラムを見てみましょう。基本的には、ボタンが押されているかを確認し、押されていればPWM信号を送信し、押されていなければ信号を停止するという仕組みです。

プログラムの❶では、ラズパイのどのGPIOポートを利用するのか指定します。プログラムの❷では、スイッチ用にGPIOポートを初期化します。ここでは、プルダウン抵抗を指定して、タクトスイッチを直接読み取れるように指定します。また、PWMを利用する準備も行います。

プログラムの❸では、ボタンが押されているか確認します。ボタンが押されていればPWM信号を送信を開始して音を鳴らします。そして、ボタンが押されていなければ、音を停止します。

この節のまとめ

以上、圧電スピーカーを再生する方法を紹介しました。簡単なメロディーを再生したり、ボタンを押したときにブザーを鳴らす方法を紹介しました。エラーを発したり、簡単な楽器を作ったり、いろいろな用途に圧電スピーカーを利用することができます。

サーボモーターを動かしてみよう

| ラズパイゼロOK |

この節のポイント

● サーボモーターについて知っておこう

● PMWでサーボモーターを制御しよう

ここで使う電子部品

電子部品	個数	説明	P.088〜092の表の番号
サーボモーター SG92R	1個	サーボモーター(M-08914)	13
カーボン抵抗器(1KΩ)	1個	「茶黒赤金」の色で印がついたもの(R-07820)	5
タクトスイッチ	1個	押しボタンスイッチ(P-03647)	9

サーボモーターについて

サーボモーター(Servomotor)とは、任意の角度でモーターを回転させることができるモーターのことです。サーボモーターの上にカメラを配置すれば、カメラの向きを変えたり、ラジコンカーに搭載すればタイヤの向きを制御することができます。

本格的なサーボモーターは、製造工場で多く利用されています。工作機械などの産業ロボットに組み込まれています。任意の角度や速度でモーターを操作することができるため、さまざまな用途に利用されています。

本書で利用するサーボモーターは、ホビー用途のもので価格も安価です。モーターを制御するには、PWM信号を利用します。とはいえ、どのようなPWM信号を送ると、どのような動作を行うのかは規格化されていないため、各サーボモーターによって動作が異なります。

図3-10-1　サーボモーターの写真

サーボモーターの動作は、規格化されていないとはいえ、だいたいのところ同じように動きます。基本的に、PWMのパルスを受信して、そのデューティー比で回転角を制御するようになっています。

サーボモーター「SG92R」について

本書では、安価なSG92Rを利用します。SG92Rも、先に述べたようにPMWのデューティー比によって角度を制御します。販売サイトによれば、スペックは以下のようになっています。最初は、これが何を言っているのかよく分からないと思いますので、簡単に確認してみましょう。

- 電圧 : 4.8V - 6V
- PMWサイクル : 20ms (50Hz)
- 制御パルス : 0.5-2.4ms
- 制御角度 : −90度から90度 (180度)
- トルク : 2.5kgf・cm

電圧は、4.8-6Vとなっているので、ラズパイの2番ピン(5V)を使って動かすことができます。そして、PMWを利用して角度を変えることができます。PMWサイクルというのは、50Hzの周波数で通信し、デューティー比を変化させることで角度を調節できるという意味です。そして、トルクというのはモーターの回転力のことです。

サーボモーターを接続してみよう

サーボモーターとラズパイを接続してみましょう。サーボモーター「SG92R」には、3本の線がありますが、茶色の線がGND、橙が電源プラス、黄が制御線という意味になっています。

サーボモーターの制御線(黄)とラズパイの12番ピン(ポート18)を抵抗を介して接続し、サーボのマイナス線(茶)とラズパイの6番ピン(GND)を接続し、サーボのプラス線(橙)とラズパイの2番ピン(5V)を接続します。抵抗は1KΩのものを使うのでご注意ください。

ここで使うサーボモーターのコードは1つにまとまっていますが、そこから、「オス-オス」のジャンパワイヤでブレッドボードに接続します。

サーボモーターの接続先

足	接続先
マイナス線 (茶)	6番ピン (GND) ❶
プラス線 (橙)	2番ピン (5V) ❷
制御線 (黄)	1KΩの抵抗を経由して12番ピン (ポート18) ❸

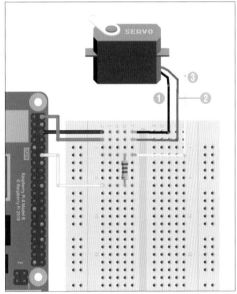

図3-10-2 サーボモーターの接続図

サーボモーターを動かすプログラム

それでは、サーボモーターを回転させるプログラムを見てみましょう。モーターの角度を90度、0度、−90度、0度と回転させます。

samplefile: src/ch3/servo.py

```
01  import RPi.GPIO as GPIO
02  from time import sleep
03
04  # ポート番号やサーボモーターの情報を指定 --- ❶
05  SV_PORT = 18
06  SV_FREQ = 50 # 20ms(50Hz)
07  SV_DUTY_OFFSET = 0.025
08  SV_DUTY_RES = (2.4 - 0.5) / 20 / 180
09
10  # GPIOの設定 --- ❷
11  GPIO.setmode(GPIO.BCM)
12  GPIO.setup(SV_PORT, GPIO.OUT)
13
14  # PWMを利用する準備 --- ❸
15  servo = GPIO.PWM(SV_PORT, SV_FREQ)
16  servo.start(0)
17
18  # 角度を計算し変更する関数 --- ❹
19  def set_angle(angle):
20      degree = angle + 90
21      duty = (SV_DUTY_OFFSET + SV_DUTY_RES * degree) * 100
22      print("angle=",angle,"duty=", int(duty))
23      servo.ChangeFrequency(SV_FREQ)
24      servo.ChangeDutyCycle(duty)
25
26  # 実際に角度を変えてみる --- ❺
27  while True:
28      try:
29          set_angle(90)
30          sleep(1)
31
32          set_angle(0)
33          sleep(1)
34
35          set_angle(-90)
36          sleep(1)
37
38          set_angle(0)
39          sleep(1)
40      except KeyboardInterrupt:
41          break
42
43  GPIO.cleanup()
```

プログラムを動かしてみましょう。以下のコマンドを実行します。

```
01  $ python3 servo.py
```

プログラムが正しく動けば、サーボモーターの角度が90度ごと変わっていきます。以下に、実際にサーボモーターが動作している動画を公開していますので、動きが気になる方はご確認ください。

● **サーボモーターを90度ごとに動かす様子**
　　[URL] https://youtu.be/maZAS3noL1Q

さて、プログラムを確認してみましょう。

プログラムの❶の部分では、ポート番号の指定や、サーボモーターの情報を設定しています。先ほど確認したPWM信号のサイクルは20ms（50Hz）だったので、SV_FREQには50と設定しました。また、デューティー比で回転角度を指定しますが、そのための設定を、SV_DUTY_OFFSETとSV_DUTY_RESという変数に設定します。これらは、スペック表の値を指定したものです。そのため、他のサーボモーターを使う場合には、ここを書き換えれば良いでしょう。

プログラムの❷では、GPIOの設定を行います。

❸では、PWMを利用する準備を行います。PWM()メソッドで、PWMを制御するオブジェクトを取得します。start()メソッドで送信を開始します。

プログラムの❹では、与えられた角度からデューティー比を計算し、ChangeDutyCycle()メソッドでデューティー比を変更します。

プログラムの❺では、実際に1秒ずつ、サーボモーターの角度を変更していきます。正しくサーボモーターが角度を変えていきます。

ボタンでカエルの向きを変えるガジェットを作ろう

サーボモーターの扱い方が分かったので、これを使って、何かを動かしてみましょう。ここでは、カエルの置物をサーボモーターの上に固定して、ボタンを押すと向きを変えるガジェットを作ってみます。2つのボタンを配置し、左ボタンを押すと、カエルが左向きに回り、右ボタンを押すと、カエルが右向きに回るというものです。

図3-10-3　カエルをサーボモーターに輪ゴムで固定

図3-10-4　タクトスイッチでカエルの向きを変えよう

作り方ですが、まず、サーボモーターの上に、カエルの置物を配置し、輪ゴムなどで固定します。あまり大きい物だと、倒れてしまいますので、身近にある軽目の置物を探して配置しましょう。

次いで、電子回路を接続しましょう。サーボモーターの配線は先ほどのままにして、タクトスイッチ2つをブレッドボードに配置して、配線を行います。

タクトスイッチの接続先

足	接続先
スイッチ上の足1	1番ピン(3.3V) ❶
同足2	38番ピン(ポート20) ❷
スイッチ下の足1	1番ピン(3.3V) ❸
同足2	40番ピン(ポート21) ❹

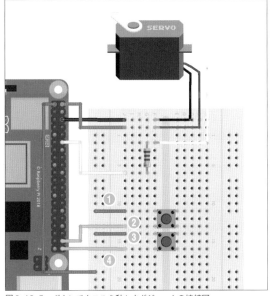

図3-10-5　ボタンでカエルを動かすガジェットの接続図

ボタンでサーボモーターの角度を変えるプログラム

そして、左右ボタンを押すと、サーボモーターの角度を変えるプログラムを以下のように作りましょう。

samplefile: src/ch3/servo-switch.py

```
01  import RPi.GPIO as GPIO
02  from time import sleep
03
04  # ポート番号やサーボモーターの情報を指定 --- ❶
05  SV_PORT = 18
06  SW1_PORT = 20
07  SW2_PORT = 21
08
09  SV_FREQ = 50 # 20ms(50Hz)
10  SV_DUTY_OFFSET = 0.025
11  SV_DUTY_RES = (2.4 - 0.5) / 20 / 180
12
13  # GPIOの設定 --- ❷
14  GPIO.setmode(GPIO.BCM)
15  GPIO.setup(SV_PORT, GPIO.OUT) # サーボモーターの設定
16  GPIO.setup([SW1_PORT, SW2_PORT],
17      GPIO.IN,
18      pull_up_down=GPIO.PUD_DOWN) # ボタンの設定
19
20  # PWMを利用する準備 --- ❸
21  servo = GPIO.PWM(SV_PORT, SV_FREQ)
22  servo.start(0)
23  sleep(0.3)
24
25  # サーボの角度を計算し変更する関数
```

```
26  def set_angle(angle):
27      if angle < -90: angle = -90
28      if angle > 90: angle = 90
29      degree = (angle + 90)
30      duty = (SV_DUTY_OFFSET + SV_DUTY_RES * degree) * 100
31      print("angle=",angle,"duty=", int(duty))
32      servo.ChangeFrequency(SV_FREQ)
33      servo.ChangeDutyCycle(duty)
34
35  # ボタンに応じてサーボの角度を変える
36  angle = 0
37  set_angle(angle)
38  while True:
39      try:
40          # ボタンの状態を監視 --- ❹
41          if GPIO.input(SW1_PORT) == GPIO.HIGH:
42              angle -= 10
43              set_angle(angle)
44          if GPIO.input(SW2_PORT) == GPIO.HIGH:
45              angle += 10
46              set_angle(angle)
47          sleep(0.1)
48      except KeyboardInterrupt:
49          break
50
51  GPIO.cleanup()
```

プログラムを動かすには、以下のコマンドを実行します。

ターミナルで入力

```
01  $ python3 servo-switch.py
```

プログラムを実行して、左右のボタンを押すことで、カエルの向きを変えることができます。このプログラムを動かす様子を動画でアップロードしています。

● 左右ボタンを押すことでカエルの置物を動かす様子

　[URL] https://youtu.be/_l_xWUsgL3o

プログラムを確認してみましょう。

プログラムの❶では、ポート番号やサーボモーターの情報を指定します。

❷では、GPIOの設定を行います。今回、2つのボタンを使いますが、GPIO.setup()関数の第1引数には、リストを指定することもできます。ここでは、ポート20とポート21のモードを同時に、入力に設定し、プルダウン抵抗を利用するように指定しています。

プログラムの❸では、PWM制御のためにPWMのオブジェクトを取得し、続く、set_angle()関数でサーボの角度を変更します。前回のプログラムでは、角度の範囲をオーバーしたときの処理を省いていましたが、ここでは、-90度から+90度まで範囲をオーバーしないように配慮しています。

プログラムの❹では、タクトスイッチの状態を監視して、ボタンが押されていれば、角度を変更するという処理を行っています。

以上、ここでは、サーボモーターの扱い方について紹介しました。サーボモーターを使えば角度を自由に変更することができるので、いろいろな用途で利用できます。そして、サーボモーターの角度を変更するには、PWM信号を利用することも学びました。PWMの制御方法は、しっかり覚えておきましょう。

TIPS

抵抗値の計算 ── オームの法則について

ここでは抵抗値の計算について紹介します。オームの法則と聞くと、難しく思えるかもしれませんが、それほど難しいものではありません。ここでは、LEDをラズパイにつなぐことを考えてみましょう。前提となる回路は、次のようなものです。

- ラズパイのGPIOの電圧 = 3.3V
- LEDの電圧 = 2V
- LEDの許容電流 = 10mA

もちろん、LEDによってスペックが異なりますが、ここでは、上記のスペックのLEDを使ったという前提で考えてみましょう。つまり、LEDにかかる電圧は2Vであり、流しても良い許容電流は10mAなので、抵抗器を使って電流を制限する必要があります。

ここで、まず考えるべきは、電圧です。ラズパイから発せられる電圧は3.3Vで、LEDにかかる電圧は2Vと決まっています。すなわち、抵抗器にかかる電圧は、3.3Vから2Vを引いたもので、1.3Vとなります。

抵抗器にかかる電圧 ＝ 3.3V（ラズパイ） ― 2V（LED） ＝ 1.3V

次に考えるのが、電流です。LEDの電流は10mAです。ここで、オームの法則の公式を確認してみましょう。

```
[オームの法則の公式]
電圧（E） = 電流（I） × 抵抗（R）
抵抗（R） = 電圧（E） ÷ 電流（I）
```

つまり、ここで求めたい抵抗器の抵抗値を求めるためには、電圧÷電流を計算する必要があるということです。ちなみに、電流の1mAは、1000分の1、つまり0.001Aを意味します。

これで、材料が集まりました。電圧は先ほど計算した1.3V、電流は10mA（0.01A）なので、次のように計算できます。

抵抗（R） ＝ 1.3V ÷ 0.01A ＝ 130Ω

つまり、130Ω以上の抵抗器を利用すれば良いということになります。ただし、LEDの場合、抵抗値が高い抵抗を使っても、光が弱くなるだけです。そこで、本書では、比較的入手しやすい330Ωの抵抗を利用しています。もし、もう少し大きな抵抗器があれば、試してみると面白いでしょう。

<table>
<tr><td>Chapter</td><td rowspan="2"></td></tr>
</table>

Chapter 4

いろいろな電子部品を
使ってみよう
── I2C/SPI通信

ここまでの部分で、ラズパイと電子部品をつなげて制御する方法を簡単
に紹介しました。Chapter 4では、もう少し深く電子部品の制御方法
について学びます。特に、ラズパイの設定を変更しつつ、SPI通信や
I2C通信を行う部品の制御方法を紹介します。

Chapter 4-1

SPI通信とAD変換で
ボリュームの値を読もう

| ラズパイゼロOK |

この節のポイント

● SPI通信について知っておこう

● AD変換して半固定ボリュームの値を取得してみよう

ここで使う電子部品

電子部品	個 数	説 明	P.088〜092の表の番号
ADコンバーター「MCP3002」	1個	2ch/10BitのADコンバーター（I-02584）（※1）	14
半固定ボリューム	1個	ツマミを回すことのできるボリューム（P-08014）	17
圧電スピーカー	1個	圧電スピーカー（P-04118）	8

※1 ［参考］Chapter 4-2では、MCP3002の代わりとしてMCP3208の使い方も紹介しています。

ADコンバーターを使おう

ラズパイのGPIOはデジタルデータしか読むことができませんが、さまざまなセンサー部品が出力するのは、アナログデータなのです。そこで、アナログデータをラズパイで読むためには、ADコンバーターを利用します。ADコンバーターとは、アナログ（A）とデジタル（D）の変換器です。

ここでは、2チャンネル10ビットを扱えるADコンバーターのMCP3002を利用してみます。

図4-1-1 ADコンバーターMCP3002

半固定ボリュームの値を読もう

ADコンバーターでアナログデータを読む例として、半固定ボリューム（あるいは、半固定抵抗）を利用してみましょう。

半固定ボリュームを回すと、そのツマミの値がコンソールに数値（0〜1023）として表示されるようにしてみます。10ビットのADコンバーターで表すことができる範囲は2の10乗で1024となります。

図4-1-2 半固定ボリューム

ラズパイでSPI通信を利用できるように設定しよう

ADコンバータを使うには、SPI（Serial Peripheral Interface）通信を利用します。そのためには、ラズパイの設定を変更して、SPIの設定を有効に変更する必要があります。

ラズパイのGPIOは、複数の機能を持っているものがあり、ラズパイ設定からポートの機能を切り替えることができるようになっています。

SPI通信とは

ところで、SPIとは、異なるデバイス間で通信するための規格です。モトローラ社が提唱した規格ですが、単純で汎用性が高いことから広く使われています。信号線が少なく（4本）、通信速度が速いことが特徴となっています。

SPI通信で利用する信号線は、MOSI、MISO、SCLK、CE0/CE1です。ローマ字読みすると、模試（MOSI）とか味噌（MISO）とか意味が分かりませんね。そこで、各信号線の機能を確認してみましょう。その意味が分かれば、4本のワイヤを挿す意味が分かります。

機能名	制御するラズパイのピン	意味
MOSI	19番（ポート10）	マスター側からスレーブ側にデータを送信する（Master-Out, Slave-Inの略）
MISO	21番（ポート9）	スレーブ側からマスター側にデータを送信する（Master-In , Slave-Outの略）
SCKL	23番（ポート11）	データ転送のタイミング制御する（Serial Clockの略）
CE0/CE1	24番（ポート8）/26番（ポート7）	マスターとスレーブを決定する信号を送信する

マスター（主人）とスレーブ（奴隷）という単語が出てきましたが、データを送受信する端末では、主人と奴隷という役割を明確にしておくと混乱することがないのです。もちろん、ここでのマスター（主人）はラズパイで、スレーブ（奴隷）はADコンバーターとなります。なお、最近ではマスター／スレーブという用語が人種差別的な用語であるとして、マスターをプラマリー、スレーブをセカンダリーと呼び変えるようになっています。

SPIを有効に設定

ラズパイでSPI通信を利用するには、ラズパイのGPIOの設定を変更する必要があります。SPIを有効に設定するには、ラズパイのアプリケーションメニューから［設定 > Raspberry Piの設定］をクリックして、設定ダイアログを出しましょう。そして、［インターフェイス］のタブを開き、「SPI」という項目を有効にチェックします。有効にしたら、再起動します。

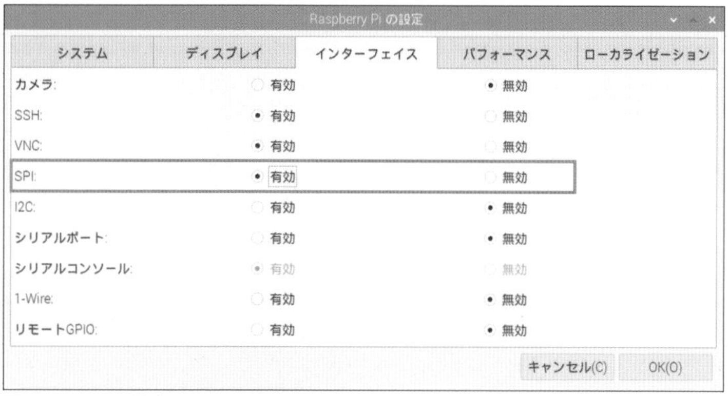

図4-1-3　SPIの設定をオンに

あるいは、ターミナルで、「sudo raspi-config」と入力して［Enter］を押します。すると、設定画面がでるので、カーソルキーで［Interface Options］を選んで［Enter］を押します。ついで、［SPI］を選び、次いで［はい］を選びます。設定が完了したら同じように、再起動します。

```
┤ Raspberry Pi Software Configuration Tool (raspi-config) ├
    1 System Options        Configure system settings
    2 Display Options       Configure display settings
    3 Interface Options     Configure connections to peripherals
    4 Performance Options   Configure performance settings
    5 Localisation Options  Configure language and regional settings
    6 Advanced Options      Configure advanced settings
    8 Update                Update this tool to the latest version
    9 About raspi-config    Information about this configuration tool



              <Select>                      <Finish>
```

図4-1-4
raspi-configを実行したところ

SPIが有効になっていれば、以下のように、ターミナルでlsコマンドを使って、SPIデバイスを確認できます。

```
01 $ ls -la /dev/spi*
02 crw-rw---- 1 root spi 153, 0 12月 14 17:24 /dev/spidev0.0
03 crw-rw---- 1 root spi 153, 1 12月 14 17:24 /dev/spidev0.1
```

半固定ボリュームとADコンバーターをつなごう

それでは、半固定ボリュームとADコンバーターをラズパイと接続してみましょう。

ADコンバーターのMCP3002には、8本足があり、そのうち7本を何かしらに接続しなければなりません。というのも、SPI通信を行うには、4本の線が必要になります。そのため、一気に配線が複雑になります。注意深く配線していきましょう。MCP3002を挿し込む向きに注意しましょう。後述しますが、MCP3002の左下には○印があるので、それを目印にしましょう。**図4-1-5**では○印が左下になるように挿します。

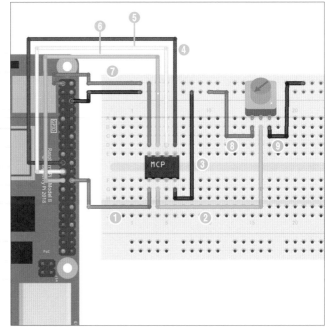

図4-1-5　接続図 - 半固定ボリュームとADコンバーター

MCP3002には向きがあり、左側に半月状の印と、左下にくぼみがあります。それぞれ8本の足には、次の意味があります。くぼみのある左下の足を起点の1番目の足と見て、半時計回りに数えます。

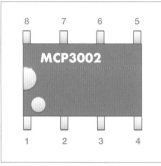
図4-1-6　MCP3002の足と番号

MCP3002の足と接続先

足	名前	機能	接続先
1	CS/SHDN	チップセレクト	24番ピン（ポート8/SPI CE0）❶
2	CH0	アナログ入力0	アナログセンサーの入力（半固定ボリュームの足2へ）❷
3	CH1	アナログ入力1	どこにもつながない
4	Vss	GND	長い列を経由して6番ピン（GND）❸
5	D IN	シリアルデータ入力	19番ピン（ポート10/SPI MOSI）❹
6	D OUT	シリアルデータ出力	21番ピン（ポート9/SPI MISO）❺
7	CLK	シリアルクロック	23番ピン（ポート11/SPI CLK）❻
8	VDD/VREF	2.7V-5.5Vの電源の入力	1番ピン（3.3V）❼

また、ここで利用した半固定ボリュームですが、足を手前にすると、下側に切り込みがあることがわかります。その状態で一番左の足がマイナス、一番右がプラスです（**図4-1-8**参照）。そして、左から右にツマミを回すことで、アナログデータの値が上昇します。

図4-1-7　半固定ボリュームの画像

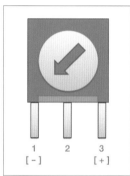
図4-1-8
半固定ボリュームの足と番号

半固定ボリュームの足と接続先

足	接続先
1	長い列を経由してラズパイ1番ピン（3.3V）❽
2	MCP3002の2番の足❷
3	長い列を経由して6番（GND）❾

半固定ボリュームの値を読むプログラム

SPI通信を行って、ADコンバーターを通して、半固定ボリュームの値を読むには、以下のようなプログラムを記述します。

samplefile: src/ch4/adc_read.py

```
01  import spidev
02  import time
03
04  # SPI通信を行うための準備 --- ❶
05  spi = spidev.SpiDev()
06  spi.open(0, 0)
07  spi.max_speed_hz = 1000000 # 通信速度の設定
08
09  # 連続して値を読む
10  while True:
11      try:
```

```
12          # SPIで値を読む --- ❷
13          resp = spi.xfer2([0x68, 0x00])
14          # 読んだ値を10ビットの数値に変換 --- ❸
15          value = ((resp[0] << 8) + resp[1]) & 0x3FF
16          print(value)
17          time.sleep(0.2)
18    except KeyboardInterrupt:
19          break
20
21 # 通信を終了する --- ❹
22 spi.close()
```

プログラムを動かすには、以下のコマンドを実行します。

ターミナルで入力

```
01 $ python3 adc_read.py
02 149
03 149
04 ...
```

プログラムが動くと、ターミナルに数字が次々と表示されます。そして、半固定ボリュームのツマミを回すと、ターミナルに表示される値が変動します。

プログラムを確認してみましょう。SPI通信を利用するために、spidevモジュールを利用します。なお、以前のバージョンでは通信速度の設定 (max_speed_hz) の指定は不要でしたが、現在は指定が必須となっています。SPIに関する古い資料では省略されていることがあるので注意しましょう。そして、SPI通信を使うには、以下の手順の通り行います。

```
01 # SPI通信を行うオブジェクトを取得
02 spi = spidev.SpiDev()
03
04 # 通信を開始
05 spi.open(0, 0)
06
07 # 通信速度を指定
08 spi.max_speed_hz = 1000000
09
10 # 値を読む
11 resp = spi.xfer2([0x68, 0x00])
12
13 # 通信を終了
14 spi.close()
```

ラズパイのSPIでは、CE0とCE1ポートを用いて、2個のSPIデバイスを使用することができます。今回は、ADコンバーターとの通信だけなので、CE0だけを使っています。

それでは、プログラムを見てみましょう。プログラムの❶では、SPI通信を行うために、SpiDev()メソッドを呼んで、SPIを制御するオブジェクトを返します。このメソッドは、open(bus, dev)の書式で記述して通信を開始します。ここで、busには0を指定し、devにはCE0/CE1のポート番号を指定します。つまり、ここでは、SPIのCE0ポート(24番ピン)を利用するのでopen(0, 0)と指定しますが、CE1ポート(26番ピン)を利用する場合は、open(0, 1)のように指定します。

プログラムの❷では、SPI通信で値を読みます。spi.xfer2( )メソッドの第1引数でリストに渡している値、[0x68, 0x00] ですが、これは、ラズパイがMCP3002に対して「足2のCH0（チャンネル0）にある、アナログデータを取得しなさい」という意味になります。そして、ここで、取得した値は、1バイトのデータが2つあるリスト型です。

プログラムの❸では、上記❷で得たデータを数値に変換します。なお、resp [0] と resp [1] のデータには、2ビット分と8ビット分（合計で10ビット）のデータが代入されています。そのため、シフト演算子（<<）を使って、分かれたデータを1つに変換しています。なお、10ビットのデータで表現できるのは、0から1023の範囲です。ボリュームを回すことでこの範囲の値が得られます。最後に、プログラムの❹で、SPI通信を終了します。

ツマミを回して音の高さを変えよう

せっかくツマミ（半固定ボリューム）を回して、値を取得できたのですから、これで何かを制御してみたいものです。ここでは、圧電スピーカーを制御してみましょう。圧電スピーカーから発する音の高さをツマミで変更します。

部品を接続しよう

半固定ボリュームとADコンバーターと圧電スピーカーを**図4-1-9**のように接続しましょう。

先ほど、半固定ボリュームとADコンバーターをつないだものに、圧電スピーカーを、ラズパイにつなげるだけです。

圧電スピーカーの足（上から）と接続先

足	接続先
1	横列を経由して6番（GND）❶
2	22番（ポート25）❷

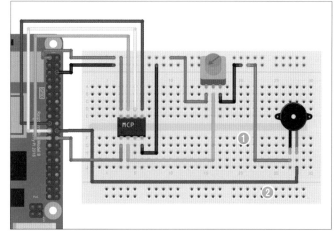

図4-1-9　接続図 - 半固定ボリュームとADコンバーター、圧電スピーカー

プログラム

半固定ボリュームの値を圧電スピーカーで鳴らすプログラムは、以下のようになります。

samplefile: src/ch4/adc_beep.py

```
01  import spidev
02  import RPi.GPIO as GPIO
03  import time
04
05  # ポート番号の指定
06  SOUND_PORT = 25
07  TONE = 135
```

```
08
09  # SPI通信を利用する準備 --- ❶
10  spi = spidev.SpiDev()
11  spi.open(0, 0)
12  spi.max_speed_hz = 1000000  # 通信速度の設定
13
14  # 圧電スピーカーのポートを指定 --- ❷
15  GPIO.setmode(GPIO.BCM)
16  GPIO.setup(SOUND_PORT, GPIO.OUT)
17  # PWMの準備 --- ❸
18  pwm = GPIO.PWM(SOUND_PORT, TONE)
19  pwm.start(50)
20
21  try:
22      while True:
23          # SPI通信で値を取得 --- ❹
24          resp = spi.xfer2([0x68, 0x00]);
25          value = (resp[0] * 256 + resp[1]) & 0x3ff
26          print(value)
27          # 圧電スピーカーを指定の高さで鳴らす --- ❺
28          tone = TONE + value
29          pwm.ChangeFrequency(tone)
30          time.sleep(0.1)
31  except KeyboardInterrupt:
32      spi.close()
33      pwm.stop()
34      GPIO.cleanup()
```

プログラムを実行するには、以下のコマンドを実行します。

```
01  $ sudo python3 adc_beep.py
02  1023
03  1023
04  ...
```

プログラムを実行すると、プーッと音が鳴り、半固定ボリュームを回すことで、音の高さが変わります。ちょっとした楽器のようなものです。ここで、プログラムを確認しましょう。❶でSPIを利用するオブジェクトを取得します。❷でモードとポートの設定をします。❸では圧電スピーカーで音の高さを変えるためPMWを使う準備をします。❹でSPI通信で半固定ボリュームの値を、ADコンバーターを経由して取得します。そして❺で発音します。

● **プログラムを動かしている様子の動画**
　[URL] https://youtu.be/GY3ENZP0CaU

この節のまとめ

アナログデータを出力するさまざまなセンサーの値を読むためには、ADコンバーターを利用して、アナログデータをデジタルデータに変換し、SPI通信を利用してラズパイで読む必要があります。ここでは、半固定ボリュームの値を読む方法を紹介しました。

AD変換で 光センサーを使ってみよう

| ラズパイゼロOK |

この節のポイント

● CdS セルを使ってみよう

● AD コンバーターMCP3002 と MCP3208 を使おう

ここで使う電子部品

電子部品	個 数	説 明	P.088〜092の表の番号
光センサー(CdS セル)	1個	光の強さを調べるセンサー(I-00110)	16
赤色LED	1個	通電すると光るLED(I-06245)	6
カーボン抵抗器 (330Ω)	1個	「橙橙茶金」の色で印が付いたもの(R-07812)。最初の簡単な回路で使用	5
カーボン抵抗器 (10KΩ)	1個	「茶黒橙金」の色で印がついたもの(R-07838)。CdS セルとつなぐ	5
AD コンバーター「MCP3002」	1個	2ch/10BitのADコンバーター(I-02584)	14
AD コンバーター「MCP3208」	1個	【番外編】8ch/12BitのADコンバーター(I-00238)(※1)	15

※1　番外編として使い方を紹介します。基本的には、MCP3002で十分です。

光センサーを使ってみよう

光センサー(CdS セル)は、硫化カドミウムを使った化合物半導体です。
「CdS光導電セル」とも呼びます。
光を当てることで自由電子が発生し、電流の流れに変化が生じ抵抗値が
下がる性質を利用して光の強さを測ります。

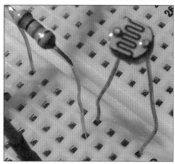

図4-2-1　CdS セルの画像(右)

CdSセルとLEDで遊んでみよう

CdS セルには、2本の足があり、強い光が当たると、抵抗値が下がります。簡単な回路を組んで、CdS セルで遊んで
みましょう。

図4-2-2のように接続したら、光を当てたり、CdS を手で隠したりしてみましょう。

光を当てると、CdSセルの抵抗値が下がるので、
LEDが明るくなります。そして、CdSセルを手で
隠すと、LEDが暗くなります。

プログラミング不要で、遊んでみると面白い仕組み
です。

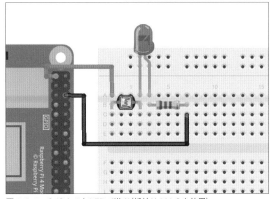

図4-2-2　CdSセルとLEDで遊ぶ（抵抗は330Ωを使用）

ラズパイで光センサーの値を読んでみよう

続いて、CdSセルの値をラズパイで読んでみましょ
う。CdSセルの値はアナログ値なので、デジタル
値しか読めないラズパイで値を得るには、AD変換
が必要ですのでADコンバーターを利用します。そ
して、ADコンバーターの値をラズパイに伝えるに
は、SPI通信を利用します。

SPI通信とAD変換については、前節で詳しく紹介
しました。そこで、ここでは、前節で作った回路を
そのまま利用してみましょう。半固定ボリュームを、
CdSセルに置き変えるのです。

ADコンバーター「MCP3002」をラズパイとつな
ぎます。そして、CdSセルをつなぎます。3.3Vか
らCdSセルにつないで、1本は抵抗を経由して
GNDへつなぎます。そして、もう1本はCdSセル
からADコンバーターへつなぎます。**図4-2-3**のよ
うに接続します。

改めて、つなぎ方を紹介しましょう。MCP3002の
左下に穴がありますが、そこを1番として反時計回
りに、2番、3番と数えます（P.151）。
それぞれを右の表のように接続しましょう。

図4-2-3　CdSの値を取得する接続図

MCP3002の接続先

足	接続先
1	24番ピン（ポート8）❶
2	アナログ入力（CdSセルへ）❷
3	どこにもつながない
4	6番（GND）❸
5	19番ピン（ポート10）❹
6	21番ピン（ポート9）❺
7	23番ピン（ポート11）❻
8	1番ピン（3.3V）へ❼

そして、CdSセルを右のようにつなぎます。CdSセルは
極性がないので、どちらの足をどちらにつなげても大丈夫
です。

CdSセルの接続先

足	接続先
1	1番ピン（3.3V）❶
2	1本はMCP3002の2番へ❷、もう1本は抵抗と長い列を介してラズパイの6番（GND）へ❸

プログラムは、Chapter 4-1で紹介したプログラム「adc_read.py」を使います。ターミナルを開いて、以下のように入力すると、CdSセルから光の強さの数値が出力されます。

ターミナルで入力

```
01  $ python3 adc_read.py
02  768
03  768
04  711 ...
05  585        ← 手でCdSセルを覆ったとき
06  582
07  563 ...
08  771        ← CdSセルに光を当てたとき
09  776
10  763 ...
```

プログラムを実行すると、センサーの値が次々とターミナルに表示します。CdSセルをライトで隠すと値が減って、手を離すと値が増えていきます。基本的に、センサーの値を読み取って出力するだけですから、アナログデータを出力するセンサーであれば、同じように動かすことができます。

TIPS

SPI通信の操作方法

ラズパイからSPI通信を行うには、spidevモジュールを利用します。SPI通信を利用するために、以下のようにimport宣言でspidevモジュールを取り込み「spidev.SpiDev()」でSPI通信のためのオブジェクトを生成します。続けて「spi.open(bus, device)」のようにしてポートを開きます。

```
01  # SPI通信のために必要な宣言
02  import spidev
03
04  # SPI通信のオブジェクトを生成
05  spi = spidev.SpiDev()
06  # SPI通信のためのポートを開く
07  spi.open(0, 1)
```

ここまでの手順で、SPI通信を行う準備ができました。spi.xfer2メソッドを利用して値を送受信できます。本文で紹介しているように、ADコンバーターのMCP3002に対して、[0x68, 0x00]のような値を送信すると、チャンネル0番（CH0）からアナログ信号をデジタル信号に変換した値をラズパイ側で得ることができます。

```
01  # SPIデバイスに信号を送って値を得る
02  resp=spi.xfer2([0x68,0x00]) # CH0 からの入力を得る
03  resp=spi.xfer2([0x78,0x00]) # CH1 からの入力を得る
```

なおMCP3002にはCH0とCH1の2つのチャンネルがあり、上記のようなコードを指定することで10ビットの値を取得できます。なお本文でも解説しているように、取得した値はビッグエンディアンなので実際の値を得るには変換が必要です。

【番外編】
ADコンバーター「MCP3208」を使ってみよう

すでに、ADコンバーター「MCP3002」の使い方を紹介していますが、番外編として、ADコンバーター「MCP3208」の使い方も紹介します。

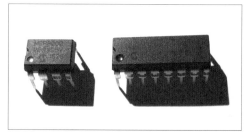

図4-2-4　ADコンバーター/左がMCP3002、右がMCP3208

MCP3208は、MCP3002よりも、100円ほど高いだけあって、8チャンネルのアナログ入力に対応しており、取得可能な精度も12ビットと精度が高くなっています。

ADコンバーター名	チャンネル数	精度
MCP3002	2	10ビット（0から1023）
MCP3208	8	10ビット/12ビット（0から4095）

MCP3208には、16本の端子があります。MCP3208の左下の丸い印がある部分が1番の足で、半時計回りに数えます。また、MCP3208の左側は欠けたようになっています。

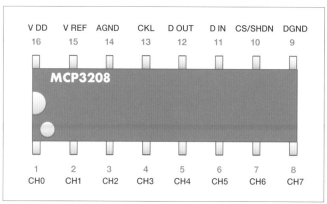

図4-2-5　MCP3208には16本の端子がある

それでは、MCP3208を**図4-2-6**のように接続してみましょう。

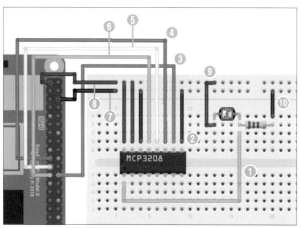

足	名前	つなぐ先
1	CH0	CdS セル❶
2〜8	CH1〜CH7	つながない
9	DGND	長い列を経由して6番ピン (GND) ❷
10	CS/SHDN	24番ピン(ポート8) ❸
11	D IN	19番ピン(ポート10) ❹
12	D OUT	21番ピン(ポート9) ❺
13	CKL	23番ピン(ポート11) ❻
14	AGND	長い列を経由して6番ピン (GND) ❼
15	V REF	長い列を経由して1番ピン (3.3V) ❽
16	V DD	長い列を経由して1番ピン (3.3V) ❽

図4-2-6　MCP3208を使ってCdSセルの値を読む接続図

そして、同じように、CdSセルを右のようにつなぎます。

足	接続先
1	1番ピン(3.3V) ❾
2	1本はMCP3208の1番へ❶、もう1本は抵抗と長い列を介して6番 (GND) ❿

そして、MCP3208を利用して、CdSセルの値を取得するプログラムは、以下のようになります。同じADコンバーターでも、使い方が少し異なります。

samplefile: src/ch4/mcp3208_read.py

```
01  import spidev
02  import time
03
04  # SPI通信を行うための準備
05  spi = spidev.SpiDev()
06  spi.open(0, 0)
07  spi.max_speed_hz = 1000000   # 通信速度の設定
08
09  # 10bitで値を取得する
10  def adc_read10(ch):  --- ❶
11      r = spi.xfer2([1, (8 + ch << 4), 0])
12      v = ((r[1] & 3) << 8) + r[2]
13      return v
14
15  # 12bitで値を取得する
16  def adc_read12(ch):  --- ❷
17      r = spi.xfer2([4|2|(ch >> 2), (ch & 3) << 6, 0])
18      v = ((r[1] & 0xF) << 8) + r[2]
19      return v
20
21  # 連続して値を読む
22  while True:
23      try:
24          # SPIで値を読む
25          v1 = adc_read10(0)
26          v2 = adc_read12(0)
```

```
27          print(v1, v2)
28          time.sleep(0.2)
29      except KeyboardInterrupt:
30          break
31
32  # 通信を終了する
33  spi.close()
```

ターミナルからコマンドを実行してみましょう。

ターミナルで入力

```
01  $ python3 mcp3208_read.py
02  820 3280
03  820 3281 ...
04  318 1277      ← CdS セルを手で覆った
05  315 1261
06  315 1248
07  314 1261 ...
08  819 3278      ← CdS セルに光を当てた
09  819 3279 ...
```

プログラムを確認してみましょう。大半の部分は、MCP3002と同じですが、値の取得方法が異なります。せっかくなので、MCP3002のどのチャンネルを使うのかを引数に与えて、値を読み取る関数adc_read10()関数❶とadc_read12()関数❷を定義してみました。adc_read10()の方が、センサーから与えられるアナログ値を10ビットで読み取るもので、adc_read12()の方が値を12ビットで読み取るようにしたものです。

TIPS

なお、P.183でRaspberry Pi Pico（ピコ）の使い方を紹介しています。ピコにはアナログ入力を読む機能が最初から備わっており、手軽に半固定ボリュームなどの値を読むことができます。

この節のまとめ

光センサーのCdSセルをラズパイで利用するには、ADコンバーターを利用し、SPI通信で値を取得します。ここでは、ADコンバーターを使う例として、MCP3002とMCP3208の2種類を利用する方法を紹介しました。足の数が異なるため、接続方法が少々異なるのですが、ほとんど同じような手順で利用できることが分かったことでしょう。

SPI通信でLCDグラフィック モジュールに表示しよう

| ラズパイゼロOK |

この節のポイント

● LCDグラフィックモジュール「AQM1248A」について知っておこう

● グラフィックデータを送信する方法を理解しよう

ここで使う電子部品

電子部品	個 数	説 明	P.088～092の表の番号
AQM1248A	1個	超小型グラフィックLCDピッチ変換キット（K-07007）	18
ADコンバーター「MCP3002」	1個	2ch/10BitのADコンバーター（I-02584）（※1）	14
光センサー（CdSセル）	1個	光の強さを調べるセンサー（I-00110）（※1）	16
カーボン抵抗器（10KΩ）	1個	「茶黒橙金」の色で印がついたもの（R-07838）。CdSセルとつなぐ（※1）	5

※1　光センサーの値をLCDにグラフに表示するガジェット（P.169）を作るときに使います。

LCDモジュール「AQM1248A」について

超小型グラフィックLCD「AQM1248A」は、小型で安価に手に入る液晶ボードです。解像度は、128×48ピクセルで、好きな画像を表示できます。SPI通信を利用して、制御することができます。

実際のディスプレイは、2.8cm×0.9cmと小さいのですが、文字を表示するほかに、グラフを表示したり、ロゴを表示したりと、使い勝手は良いでしょう。

ちなみに、「AQM1248A」単体では、ブレッドボードに挿すことができないので、変換基板を利用するのが便利です。ピッチ変換キットとして、AQM1248A本体と変換基板がセットになっているものが売っているので、それを利用するのが良いでしょう。ただし、キットを買っても、変換基板が入っているだけなので、ハンダ付けが必要となります。初心者には、1.27mmのピッチにハンダ付けするのは、なかなか難易度が高いので、頑張って作業しましょう。

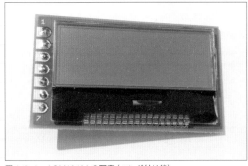

図4-3-1　AQM1248Aの写真（ハンダ付け後）

図4-3-2　AQM1248Aの写真（裏側・ハンダ付け後）

ハンダ付けの方法を確認してみましょう。ハンダ付けの**基本的なやり方**はP.204にありますので、先にご覧ください。このLCDモジュールでは、左側に7箇所、下側に17箇所のハンダ付けが必要です。足の数が合うピンを通して、ハンダ付けを行います。**図4-3-2**では、ハンダ付けの後、ブレッドボードに挿すことのない、下側17箇所の足をニッパーにてカットしました。

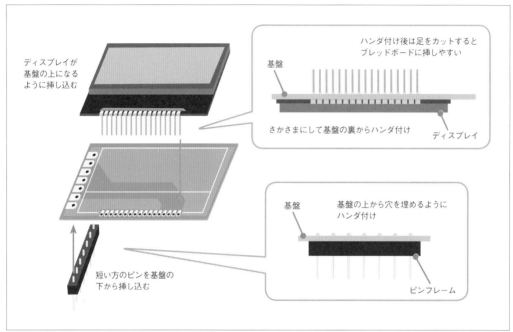

図4-3-3　AQM1248のハンダ付け

ところで、下側の17箇所の穴ですが、非常に間隔が狭いため、ハンダ付けの難易度が高いものとなっています。これを攻略するのが難しいと思われる方は、細かいハンダ線を使うと良いでしょう。また、左側をハンダ付けする際はブレッドボードなどに軽く挿し込んで固定しておくと、まっすぐにハンダ付けできます。

● **細いハンダ線**

　[URL] http://akizukidenshi.com/catalog/g/gT-02594/

もしも、ハンダがはみ出て隣の足とくっついてしまった場合はどうしたら良いでしょう。そのままでは、LCDがうまく動作しません。その場合は、**ハンダ吸取線**を利用して、ハンダを吸い取ることができます。使い方ですが、失敗した部分に、ハンダ吸取線を当てて、その上から温めたハンダごてを押し当てます。すると、ハンダを吸い取ることができます。

● **ハンダ吸取線**

　[URL] http://akizukidenshi.com/catalog/g/gT-02539/

AQM1248Aをラズパイと接続しよう

それでは、AQM1248Aとラズパイを接続してみましょう。AQM1248Aは、SPIで通信するので、7本の足がついています。変換基板には、それぞれの機能の名称が印刷されています。そこで、次のように接続します。

接続する線が多いので気をつけましょう。間違えて接続すると、LCDに何も表示されません。

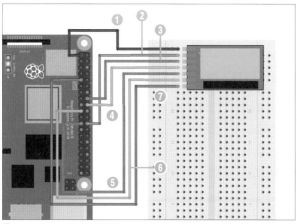

足(※1)	名称	ラズパイの接続先
1	VDD	1番ピン（3.3V）❶
2	CS	24番ピン（ポート8/CE0）❷
3	RESET	16番ピン（ポート23）❸
4	RS	18番ピン（ポート24）❹
5	SCLK	23番ピン（ポート11/CLK）❺
6	SDI	19番ピン（ポート10/MOSI）❻
7	GND	9番ピン（GND）❼

※1　図4-3-4の上から順に

図4-3-4　AQM1248の接続方法

LCDを使うプログラム —— 画像を表示する

まずは、ラズパイの設定から、SPI接続を有効にしておく必要があります。SPIを有効にする方法は、Chapter 4-1（P.149）をご覧ください。

また、PythonのImageライブラリが必要です。以下のコマンドを実行して、PILライブラリをインストールしましょう。

ターミナルで入力

```
01  $ sudo pip3 install Image
```

加えて、筆者がGitHubで公開している、AQM1248Aのライブラリを利用してみましょう。これを利用すると、比較的簡単にプログラムを作ることができますので、利用してみましょう。GitHubでは、さまざまなオープンソースのプロジェクトが公開されています。ソースコードを置く予定のディレクトリ（ここでは、「src」→「ch4」ディレクトリ）で、以下のコマンドを実行しましょう。

ターミナルで入力

```
01  # ソースコードがあるディレクトリにカレントディレクトリを変更
02  $ cd src/ch4    ← ご自身の環境により変更
03  # ライブラリをダウンロード
04  $ git clone https://github.com/kujirahand/Raspi-AQM1248A.git
05  # モジュールをコピーする
06  $ cp Raspi-AQM1248A/AQM1248A.py ./AQM1248A.py
```

そして、その上で、次のプログラムを作成しましょう。

samplefile: src/ch4/aqm_image.py

```
01  from PIL import Image
02  import AQM1248A
03
04  disp = AQM1248A.LCD()
05  disp.show(Image.open('test.png'))
06  disp.close()
```

次に、**図4-3-5**のような128×48ピクセルの画像を準備します。画像に文字を書き込んだものです。この画像を、LCDに描画してみましょう。この画像は、本書のサンプルプログラムに含まれていますので、aqm_image.pyと同じディレクトリにコピーして利用してください。

図4-3-5　準備した画像 (test.png)

ターミナルからプログラムを実行してみましょう。以下のコマンドを実行します。

ターミナルで入力

```
01  $ python3 aqm_image.py
```

正しく実行できると、**図4-3-6**の画像のように表示されます。

図4-3-6　AQM1248Aに画像を表示したところ

専用のライブラリを利用することで、非常に手軽に画像をLCDに表示することができました。

LCDに文字を表示するプログラム

続いて、AQM1248Aに文字を表示するプログラムを作ってみましょう。

文字を描画するためには、フォントが必要です。特定の日本語フォントをラズパイにインストールしておきましょう。以下のコマンドを実行すると、IPAexフォントがインストールされます。

```
01  $ sudo apt-get install fonts-ipaexfont
```

以下のプログラムは、空のイメージオブジェクトを作成し、そこに文字を描画して、LCDに転送するというものになります。

samplefile: src/ch4/aqm_text.py

```
01  from PIL import Image
02  from PIL import ImageDraw
03  from PIL import ImageFont
04  import AQM1248A
05
06  # AQM1248のオブジェクトを作成
07  disp = AQM1248A.LCD()
08
09  # 空のイメージを作成
10  image = Image.new('1', (disp.WIDTH, disp.HEIGHT), 0)
11  # 描画用のオブジェクトを得る
12  draw = ImageDraw.Draw(image)
13  draw.rectangle((0,0,disp.WIDTH,disp.HEIGHT), outline=1, fill=1)
14  # フォントオブジェクトを得る
15  path = '/usr/share/fonts/truetype/fonts-japanese-gothic.ttf'
16  f = ImageFont.truetype(path, 20, encoding='unic')
17  # テキストを描画
18  draw.text((0, 0), "Raspberry Pi", font=f, fill=0)
19  draw.text((0, 25), "でLCDに描画!", font=f, fill=0)
20  # LCDにイメージを描画
21  disp.show(image)
22  disp.close()
```

プログラムを実行するには、ターミナルで以下のコマンドを入力します。

ターミナルで入力

```
01  $ python3 aqm_text.py
```

プログラムを実行すると、LCDに右のようにテキスト
が表示されます。

図4-3-7　AQM1248Aでテキストを描画したところ

ラズパイのIPアドレスをLCDに表示しよう

続いて、ラズパイのIPアドレスをLCDに表示するプログラムを作ってみましょう。ラズパイを起動したとき、LCD
上にIPアドレスが表示されれば、外部からネットワーク経由で接続するのに便利です。

samplefile: src/ch4/aqm_ipaddr.py

```
01  from PIL import Image
02  from PIL import ImageDraw
03  from PIL import ImageFont
04
```

165

```
05  import subprocess, re
06  import AQM1248A
07
08  # IPアドレスを調べる --- ❶
09  try:
10      r = subprocess.check_output("ip addr | grep 192", shell=True)
11      s = r.decode("utf-8")
12      ip_list = re.findall(r'(192\.\d+\.\d+\.\d+)\/', s)
13      if len(ip_list) == 0: ip_list = ["None"]
14  except:
15      ip_list = ['None']
16  ip_list = ["IP Address:"] + ip_list
17
18  # AQM1248のオブジェクトを作成
19  disp = AQM1248A.LCD()
20
21  # 空のイメージに文字列を描画する --- ❷
22  image = Image.new('1', (disp.WIDTH, disp.HEIGHT), 0)
23  draw = ImageDraw.Draw(image)
24  draw.rectangle((0,0,disp.WIDTH,disp.HEIGHT), outline=1, fill=1)
25  path = '/usr/share/fonts/truetype/fonts-japanese-gothic.ttf'
26  f = ImageFont.truetype(path, 15, encoding='unic')
27  for i, ip in enumerate(ip_list):
28      draw.text((0, i * 15), ip, font=f, fill=0)
29
30  # LCDにイメージを描画
31  disp.show(image)
32  disp.close()
```

ターミナルにコマンドを入力すると実行できます。

ターミナルで入力

```
01  $ python3 aqm_ipaddr.py
```

プログラムを実行すると、IPアドレスがLCD
に表示されます。

図4-3-8　IPアドレスをLCDに表示します

プログラムを確認してみましょう。ここでのポイントは、❶の部分です。外部コマンドを実行するには、**subprocess.
check_output()**関数を実行します。「ip addr」コマンドを実行すると、いろいろなネットワークの情報が表示されま
す。そして、「grep 192」とコマンドを実行すると、192.168.xx.xxのようなIPアドレスだけを抽出します。試しに、ター
ミナルで、次のコマンドを実行して結果を確認してみてください。

ターミナルで入力

```
01  $ ip addr | grep 192
02      inet 192.168.11.33/24 brd 192.168.11.255 scope global wlan0
```

この中で、IPアドレスだけを抽出するために、さらに正規表現を利用します。

```
01  p_list = re.findall(r'(192\.\d+\.\d+\.\d+)\/', s)
```

プログラムの❷の部分では、抽出したIPアドレスを1行ずつLCDに表示します。

起動時にLCDへIPアドレスを表示しよう

ラズパイの起動時に、IPアドレスがLCDに表示されるように設定をしてみましょう。そのためには、自動でコンソールにログインするよう、ターミナルで以下のように入力します。

ターミナルで入力

```
01  # 自動でコンソールログインするように設定
02  $ sudo systemctl set-default multi-user.target
03  $ sudo ln -fs /etc/systemd/system/autologin@.service /etc/systemd/system/getty.
    target.wants/getty@tty1.service
```

そして、以下のように「/etc/rc.local」を書き換えます。まず書き換えるファイルのバックアップを取ってから、コマンドラインエディタのnanoを使って編集します。

ターミナルで入力

```
01  # ファイルのバックアップを取る
02  $ sudo cp /etc/rc.local /etc/rc.local.bak
03  # ファイルを編集する
04  $ sudo nano /etc/rc.local
```

エディタを利用して、以下の「--- ここから」から「--- ここまで」の部分を「exit 0」の直前に書き入れてください。ここでは、IPアドレスをLCDに表示するスクリプトを「/home/pi/src/ch4/aqm_ipaddr.py」に配置しているという設定で書いてみます。1行目は「#」から始まっていてコメントのように見えますが、シバン(shebang)と呼ばれる表記でプログラムを起動するためのものです。消さないようにしましょう。

/etc/rc.local

```
01  #!/bin/sh -e
02  # --- ここから
03  # IPアドレスの表示を実行
04  /usr/bin/python3 /home/pi/src/ch4/aqm_ipaddr.py      ← ご自身の環境に合わせて変更
05  # --- ここまで
06  exit 0
```

編集を終えたら、[Ctrl] + [X] キーを押して編集を終えます。保存して終了するために、[Y] キーを押して、[Enter] を押します。

chapter 4-3

起動スクリプトを設定したところで、プログラムをテストしてみましょう。まず、以下のようなLCDを初期化するプログラムを実行してみましょう。

samplefile: src/ch4/aqm_clear.py

```
01  from PIL import Image
02  import AQM1248A
03
04  disp = AQM1248A.LCD()
05  disp.clear_display()
06  disp.close()
```

このプログラムを実行するには、以下のようなコマンドを実行します。

ターミナルで入力

```
01  $ python3 aqm_clear.py
```

そして、ラズパイを再起動しましょう。

ターミナルで入力

```
01  $ sudo reboot
```

再起動すると、自動的にLCDにIPアドレスが表示されます。

TIPS

もしIPアドレスがうまく表示されない場合、「/etc/rc.local」で追記する部分の直前（3行目と4行目の間）に「sleep 20s」と付け加えてスクリプトの実行を遅延させると、正しくIPアドレスが表示されるようになります。

デスクトップで起動するように戻す方法

さて、プログラムを実行した後、このプログラムを実行する必要がなくなったときは、デスクトップで起動するように修正しましょう。まずはターミナルで以下のように入力して、書き換えた「/etc/rc.local」を元に戻しましょう。

ターミナルで入力

```
01  # ファイルを元に戻す
02  $ sudo cp /etc/rc.local.bak /etc/rc.local
```

次に、自動でデスクトップを起動するように設定しましょう。以下のコマンドを実行して、ブートオプションを変更します。

ターミナルで入力

```
01  $ sudo raspi-config
```

そして、「System Options > Boot / Auto Login > Desktop / CLI > Desktop」と設定していきます。そして、指示に沿ってラズパイを再起動します。

光センサーの値をLCDにグラフで表示しよう

続いて、光センサーの値をADコンバーターを通して、LCDに表示するガジェットを作ってみましょう。ADコンバーターもAQM1248Aも、SPI通信を利用するデバイスです。ラズパイでは、AQM1248AとMCP3002の2つのデバイスをSPIにつなぐことができます。

ここでは、AQM1248Aをつないだ上に、ADコンバーター「MCP3002」とCdSセルを接続することにします。
図4-3-9は、接続図です。
AQM1248Aの接続は、**図4-3-4**から以下の点だけ変更します。

足	接続先
1	長い列を経由して1番ピン(3.3V) ①
7	長い列を経由して6番ピン(GND) ②

なお、**図4-3-9**では2つの線が1つのピンにつながっている箇所がありますが、こういった場合のつなぎ方については、P.237の「ブレッドボードの配線について」を参考にしてください。

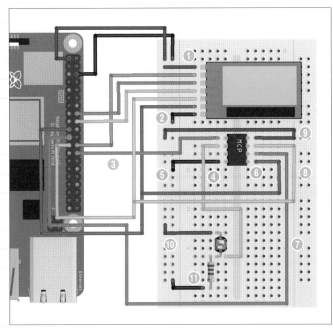

図4-3-9　光センサーの値をLCDにグラフ表示

ADコンバーター「MCP3002」を右のようにつなぎます。左下の円形のくぼみがある足を1として、そこから反時計回りに足番号を数えます。
図4-3-9の左側にMCP3002の下側が向くようにします。

足	名前	接続先
1	CS/SHDN	26番ピン(ポート7/CE1) ③
2	CH0	光センサー(CdSセル) ④
3	CH1	つながない
4	Vss	長い列を経由して6番(GND) ⑤
5	D IN	19番ピン(ポート10/MOSI) ⑥
6	D OUT	21番ピン(ポート9/MISO) ⑦
7	CLK	23番ピン(ポート11/CLK) ⑧
8	VDD/VREF	長い列を経由して1番ピン(3.3V) ⑨

そして、CdSセルを右のように接続します。CdSセルには極性がないので、どちらに挿しても大丈夫です。

足	接続先
1	1番ピン(3.3V) ⑩
2	10KΩの抵抗→6番(GND) ⑪

接続する線が多く、つなぎ間違いをしがちです。うまく動かない場合、線が正しく接続されているか再確認してみましょう。

光センサーの値をLCDに表示するプログラム

それでは、次に、プログラムを作ってみましょう。このプログラムでは、SPI通信でADコンバーターの値を読み取り、LCDへグラフや数値を表示するものです。

samplefile: src/ch4/aqm_adc.py

```
01  import spidev
02  import time
03  import RPi.GPIO as GPIO
04  import AQM1248A
05  from PIL import Image
06  from PIL import ImageDraw
07  from PIL import ImageFont
08
09  # LCDに文字を表示するための準備 --- ❶
10  fpath = '/usr/share/fonts/truetype/fonts-japanese-gothic.ttf'
11  fo = ImageFont.truetype(fpath, 20, encoding='unic')
12  # LCDにイメージを描画するための準備
13  disp = AQM1248A.LCD()
14  image = Image.new('1', (disp.WIDTH, disp.HEIGHT), 0)
15  draw = ImageDraw.Draw(image)
16
17  # ADコンバーターでSPI通信を行うための準備 --- ❷
18  spi = spidev.SpiDev()
19  spi.open(0, 1) # デバイスにCE1を使う
20
21
22  # 連続して光センサーの値を読む --- ❸
23  vlist = [] # 読んだ値を保存するリスト
24  while True:
25      try:
26          # 光センサーの値を読む
27          resp = spi.xfer2([0x68, 0]);
28          # 読んだ値を10ビットの数値に変換
29          value = ((resp[0] << 8) + resp[1]) & 0x3FF
30          vlist.append(value) # リストに追加
31          if len(vlist) > (disp.WIDTH / 2):
32              vlist = vlist[1:]
33          # グラフを描画 --- ❹
34          draw.rectangle((0,0,disp.WIDTH,disp.HEIGHT), fill=1)
35          h2 = disp.HEIGHT / 2
36          for x, v in enumerate(vlist):
37              y = disp.HEIGHT - (v / 1024) * h2
38              draw.line((x*2,y,x*2,disp.HEIGHT), fill=0)
39          draw.text((0,0), "v="+str(value), font=fo, fill=0)
40          disp.show(image)
41          print(value)
42          time.sleep(1)
43      except KeyboardInterrupt:
44          break
45
46  # 通信を終了する
47  spi.close()
48  disp.close()
```

実行するには、ターミナルから以下のコマンドを入力します。

```
01  $ python3 aqm_adc.py
```

プログラムを実行すると、LCDの上半分に現在の値に、下半分には時系列のグラフが表示されます。

● 光センサーの値をLCDに表示するガジェットのビデオ

[URL] https://youtu.be/-lq8NIEYLHw

図4-3-10　光センサーの値をグラフにしてLCDに表示しているところ

プログラムを確認してみましょう。

プログラムの❶では、フォントパスやフォントのオブジェクトを取得し、LCDにイメージを描画するための準備をします。

プログラムの❷では、ADコンバーターから値を取得する準備をします。これまでは、ラズパイのSPI0 CE0ポート（24番ピン）を利用していましたが、CE0ポートは、LCD出力用に使いますので、今回、ラズパイのSPI0 CE1ポート（26番ピン）を利用します。そこで、spi.open(0, 1)を指定しています。これにより、SPI0 CE1ポートで光センサーの値を、ADコンバーターを通して読むことができます。

プログラムの❸では、連続で光センサーの値を読みます。実際に値を読んでいるのが「resp = spi.xfer2([0x68, 0])」の部分です。このように書くことで、ADコンバーターMCP3002のCH0から10ビットのデータを取得します。そして、取得したデータはビッグエンディアンとなっているので、次の29行目で上位ビットと下位ビットを入れ替えることで値が取得できます。値を読んだらグラフを描画するため、リストにデータを追加します。

この節のまとめ

以上、ここでは、LCDグラフィックモジュール「AQM1248A」に文字や画像を表示するプログラムを紹介しました。このように、AQM1248Aは小サイズかつ省電力なので、常時、情報を表示しておくのにも便利です。また、自由に画像データを表示することができるので、頑張れば、ゲーム画面として利用することもできるでしょう。

I2C通信でLCDキャラクター モジュールを使ってみよう

| ラズパイゼロOK |

この節のポイント

● LCDキャラクターモジュール「ACM1602NI」について知っておこう

● I2C通信について知っておこう

ここで使う電子部品

電子部品	個 数	説 明	P.088〜092の表の番号
ACM1602NI	1個	I2C通信するLCDキャラクターモジュール(P-05693)	19
半固定ボリューム	1個	ツマミを回すことのできるボリューム。LCDの液晶の濃さを調整するために使用(P-08014)	17

LCDキャラクターモジュール「ACM1602NI」について

Chapter 4-3では、SPI通信対応のLCDグラフィックモジュールを使って、文字や画像を表示する方法を紹介しました。Chapter 4-4では、もう少し単純に使えるI2C通信対応のLCDキャラクターモジュール「ACM1602NI」を利用して、文字を表示してみましょう。なお、P.189ではさらに簡単に使えるキャラクター液晶「AQM0802A」も紹介していますので、適宜参考にしてください。

「ACM1602NI」は85mm×33.5mm(表示領域64.5mm×16.4mm)のサイズのLCDモジュールです。16文字×2行の情報を表示できます。ラズパイからI2C通信を利用して制御するので、少ないピン数で文字表示を行うことができます。また、バックライトを搭載しており、暗い場所でも情報を確認することができます。

そして、Chapter 4-3で扱ったLCDグラフィックモジュールとは異なり、ACM1602NI内には文字情報が登録されているので、キャラクターコードを送信するだけで文字を表示することができます。画像を表示するなど凝ったことができない分、より手軽に情報をLCD上に表示することができます。

図4-4-1　ACM1602NIの写真(ハンダ付け後)

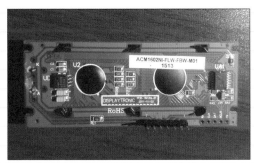

図4-4-2　ACM1602NIの写真(裏側・ハンダ付け後)

I2C通信とは?

I2C(読み方：アイ・スクエア・シー)は、フィリップス社で開発されたシリアル通信を行う規格です。I2Cは、Inter-Integrated Circuitの略となっており、I2Cの表記ですが、本来「2」は上付き数字で**図4-4-3**のように表記します。しかし、多くの資料でI2Cと書かれているので、本書でもI2Cと記述します。

図4-4-3　I2Cの表記

これは、電子機器制御用のシンプルな規格です。I2C通信の最大の特徴は、シリアルデータ(SDA)とシリアルクロック(SCL)の2本の信号線があれば、動作するという点にあります。今回、LCDディスプレイの制御においても、2本のGPIOピンを利用するだけで利用することができます。実際には7本のピンを利用しますが、この内訳は、I2Cで2本、電源2本、LCDの濃淡調整1本、LCDのバックライト用2本となっており、通信に利用するのは、I2C用の2本だけです。

ACM1602NIを利用する準備

ACM1602NIを実際に使うまでの手順を確認してみましょう。I2Cを利用できるようにラズパイの設定を変えたり、ブレッドボードで使うためにハンダ付けが必要となります。

ラズパイでI2C通信を有効にしよう

まずラズパイの設定で、I2C通信を有効に設定する必要があります。手順は、SPI通信を有効にするのとほとんど同じです。デスクトップを使う方法と、ターミナルから行う方法と2つの手順があります。

デスクトップから設定を変更するには、アプリケーションメニューから [設定 > Raspberry Piの設定] をクリックして、設定ダイアログを出しましょう。そして、[インターフェイス] のタブを開き、「I2C」という項目を有効にチェックします。

ターミナルから設定を変更するには、ターミナルで「sudo raspi-config」と入力して [Enter] を押します。すると、設定画面が出るので、カーソルキーで [Interface Options] を選んで [Enter] を押します。ついで、[I2C] を選び、次いで [はい] を選びます。設定が完了したら同じように、再起動します。

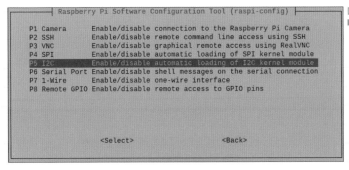

図4-4-4
I2C通信の設定

続いて、I2Cの転送速度を変更しましょう。これは、ラズパイのデフォルトのI2C転送速度では、このLCDを正しく処理することができないためです。ターミナルからnanoエディタで「/boot/config.txt」を編集しましょう。

ターミナルで以下のように入力します。

```
01  $ sudo nano /boot/config.txt
```

そして、config.txtの適当な箇所に以下の行を追記します。

config.txt

```
01  dtparam=i2c_baudrate=50000
```

追記したら、[Ctrl] ＋ [X] キーを押して、編集を終了します。そのとき、変更を保存するかどうか尋ねられるので、[Y]
キーと [Enter] キーを押して変更を保存しましょう。
編集が終わったら、以下のコマンドでRaspberry Piを再起動します。

ターミナルで入力

```
01  $ sudo reboot
```

TIPS

I2CとSPIの設定はオフに戻した方が良い?

I2Cを有効にした場合に3、5番ピンが、SPIを有効にした場合に19、21、23、24、26番ピンが、GPIOとし
て利用できなくなります。本書の作例の範囲では、これらのピンをI2C/SPI以外の目的で利用しないように配
慮しています。しかし、これらのピンをGPIOとして利用したい場合には、設定をオフに戻す必要があります。

ACM1602NIをハンダ付けしよう

それから「ACM1602NI」を、ブ
レッドボードに挿して利用する
ためには、LCDモジュールのキッ
トに含まれているピンフレーム
を基板にハンダ付け(P.204参
照)する必要があります。このと
き、ブレッドボードにピンを挿
した状態でハンダ付けを行うと、
ピンを垂直に固定するのが容易
です。Chapter 4-3で利用した
グラフィックモジュールと比べ
れば、こちらの方がハンダ付け
は容易でしょう。

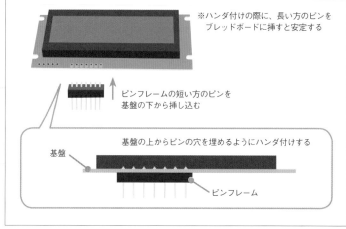

図4-4-5　ACM1602NIのハンダ付け

ACM1602NIとラズパイを接続しよう

これで、ACM1602NIを利用する準備が整いました。ラズパイと接続しましょう。ACM1602NIの左側（**図4-4-6**では上）のピンが1番で、右側が7番です。以下のように接続しましょう。

ACM1602NIの足と接続先

足	名称	説明	接続先
1	VSS	GND	長い列を経由して9番ピン（GND）❶
2	VDD	電源	長い列を経由して1番ピン（3.3V）❷
3	Vo	ディスプレイの濃さ調整	半固定ボリュームの足2（中央）❸
4	SCL	I2C通信SCL	5番ピン（ポート3/I2C SCL）❹
5	SDA	I2C通信SDA	3番ピン（ポート2/I2C SDA）❺
6	BL+	バックライト用（+）	長い列を経由して1番ピン（3.3V）❻
7	BL-	バックライト用（-）	長い列を経由して9番ピン（GND）❼

半固定ボリュームの足と接続先

足	接続先
1	長い列を経由して1番ピン（3.3V）❽
2	ACM1602NIの足3
3	長い列を経由して9番ピン（GND）❾

前述の通り、ACM1602NIでは、7本のピンを利用しますが、そのうち、6番と7番のピンは、バックライト用です。不要ならば省略しても大丈夫です。このように、ほとんどの線が、電源とGNDへ接続する線なので、線の数の割には単純でしょう。

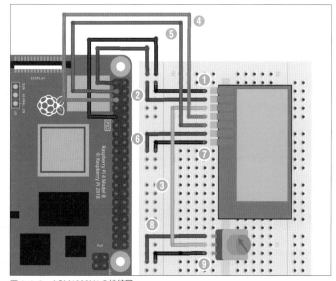

図4-4-6　ACM1602N1の接続図

LCDに文字を表示するプログラム

それでは、ACM1602NI上に文字を表示してみましょう。

最新のRaspberry Pi OSであれば、最初からインストールされているはずですが、必要なら、Pythonから、I2Cを利用するために、以下のツールをインストールしましょう。

ターミナルで入力

```
01 $ sudo apt-get -y install i2c-tools python3-smbus
```

175

以下は、「Keep on asking, Keep on seeking.」と2行のテキストを表示するプログラムです。

samplefile: src/ch4/acm_text.py

```
01  import smbus
02  from time import sleep
03
04  # I2C通信の初期化 --- ❶
05  lcd = smbus.SMBus(1)
06  LCD_ADDR = 0x50 # ACM1602NI固有のアドレス
07
08  # コマンドの送信を行う関数を定義 --- ❷
09  def cmd(a, b, msec = 0):
10      lcd.write_byte_data(LCD_ADDR, a, b)
11      if msec > 0:
12          sleep(msec / 1000)
13
14  # テキストを送信する関数を定義 --- ❸
15  def send_text(text):
16      bin = text.encode("utf-8")
17      for ch in bin:
18          # print(hex(ch))
19          cmd(0x80, ch)
20
21  # 画面初期化 --- ❹
22  def clear():
23      cmd(0x00, 0x01, 20)
24      cmd(0x00, 0x38, 10)
25      cmd(0x00, 0x0c, 10)
26      cmd(0x00, 0x06, 10)
27
28  # カーソル移動 --- ❺
29  def move_cur(col, row = 0):
30      if row > 0:
31          col = col + 0x40
32      col = 0x80 | col
33      cmd(0x00, col, 20)
34
35  if __name__ == '__main__':
36      # 画面を初期化
37      clear()
38      # カーソル移動して文字を表示 --- ❻
39      move_cur(0, 0)
40      send_text("Keep on asking, ")
41      move_cur(0, 1)
42      send_text("Keep on seeking.")
```

プログラムを実行するには、ターミナルから以下のコマンドを実行します。

ターミナルで入力

```
01  $ python3 acm_text.py
```

図4-4-7のようにLCD上に文字が表示されます。バックライトがあるので、非常に明瞭に文字が表示されます。半固定ボリュームがオフになっていると何も表示されませんのでご注意ください。

図4-4-7
ACM1602NIに表示したところ

プログラムを確認してみましょう。I2C通信の利用を宣言し、LCDにコマンドを送信することで文字を表示することができます。

ラズパイでI2C通信を行うには、smbusというモジュールを利用します。そして、プログラムの❶にあるように、smbus.SMBus()メソッドを実行することで、I2C通信を行うためのオブジェクトを生成します。I2Cの端末には、それぞれ固有のアドレス番号が設定されており、そのアドレスを指定してコマンドを送信します。ACM1602NIでは、0x50というアドレスが設定されており、コマンドを送信する際には、このアドレスを指定します。

プログラムの❷では、コマンドを送信するcmd()関数を定義しています。この関数では、0x50のアドレスを指定してコマンドを送信します。その後❸の部分では、テキストデータを送信するsend_text()関数を定義しています。この関数では、Pythonで与えられた文字列データを、ASCIIコードに変換し、1文字ずつcmd()関数で文字の表示コマンドを実行します。

プログラムの❹は、画面を初期化する関数を定義します。これは、LCDを利用する前の画面初期化を行うものです。❺の部分では、カーソルの移動を行うコマンドを実行する関数を定義しています。そして、❻の部分で、実際に文字を表示します。

ちなみに、このプログラムは、モジュールとして別のプログラムから利用することができるように配慮しました。プログラムの末尾の方に、if __name__ == "__main__":という見慣れない1行があるのは、そのためです。Pythonで、__name__というのは特殊な変数を表しており、これまで通り、コマンドラインから「python3 acm_text.py」のように実行した場合には、特殊変数__name__に「__main__」が設定され、36行目以降が実行されます。しかし、モジュールとして外部のプログラムから取り込まれて実行された場合には、__name__にモジュール名（ここでは、acm_text）が設定され、36行目以降は実行されないという仕組みになっているのです。

コマンドラインからI2C機器をデバッグしよう

ここまでの部分で、無事にI2C通信を行い、ACM1602NIに文字を表示できたでしょうか。ラズパイを利用した電子工作では、(1) 回路の組み立て、(2) ラズパイの設定状況、(3) Pythonプログラミングと、3つの要素が絡んできますので、うまく動かないときは、何が原因かを特定するのが難しく思えるかもしれません。そこで、ここでは、うまく動かなかったという方のために、コマンドラインで問題を特定するためのヒントを紹介します。

ラズパイの設定で、I2C通信を有効にすると、I2C関連のコマンドを利用できるようになります。まず、以下のコマンドを実行すると、I2C通信が利用できるかどうかを確認することができます。

```
01  # I2C通信が利用できるか確認
02  $ dmesg | grep i2c
03  [    3.198437] i2c /dev entries driver
```

次に、I2C機器が正しく接続されているかどうかを確かめるコマンドを紹介します。一般的なI2C機器では、以下のコマンドを実行すると、接続されている機器のアドレスを確認することができます。ただし、ACM1602NIは書込み専用であり、以下のコマンドを実行するとハングしてしまうようなので、コマンドの紹介だけしておきます。もしも、間違えて実行してしまったら、再度電源を入れ直すと直ります。

```
01  # 一般的なI2C機器でアドレス確認できるコマンド
02  #   （注意）ACM1602NIでは実行しないでください
03  $ i2cdetect -y 1
```

それから、I2C機器にコマンドを送信してみましょう。「i2cset」コマンドを実行すると、任意のコマンドを機器に送信できます。以下のコマンドを実行すると、LCDに「AB（改行）C」と表示されます。

```
01  $ i2cset -y 1 0x50 0x00 0x01 # ディスプレイを初期化
02  $ i2cset -y 1 0x50 0x00 0x38
03  $ i2cset -y 1 0x50 0x00 0x0c
04  $ i2cset -y 1 0x50 0x00 0x06
05  $ i2cset -y 1 0x50 0x80 0x41 # "A"を出力
06  $ i2cset -y 1 0x50 0x80 0x42 # "B"を出力
07  $ i2cset -y 1 0x50 0x00 0xc0 # 次の行に移動
08  $ i2cset -y 1 0x50 0x80 0x43 # "C"を出力
```

図4-4-8
コマンドラインを操作してABCと表示したところ

もっとACM1602NIを使い倒そう！

ここまでの部分で文字を表示する基本的な方法を紹介しました。LCDキャラクターモジュールは、文字しか表示できないとは言うものの、もうちょっと、ACM1602NIを深く使う方法を見ていきましょう。

表示可能な文字の一覧

ここで、ACM1602NIのマニュアルを確認してみましょう。マニュアルは、秋月電子通商のWebサイトからダウンロードすることができます。マニュアルを見ると、このLCDモジュールで表示可能な文字の一覧を確認することができます。

逆に言うと、これ以外の文字は表示できないので、より表示の自由度が必要ならば、LCDキャラクターモジュールではなく、Chapter 4-3で扱ったLCDグラフィックモジュールを使うのが良いでしょう。

図4-4-9　表示可能な文字の一覧 - マニュアルからの抜粋

半角カタカナを表示してみよう

注目できる点として、上記の文字リストを見ると、半角のカタカナがあります。しかし、Pythonでカタカナを表示しようとする場合、半角カタカナを扱うのに、ちょっとしたコツがいります。そこで、半角カタカナをLCDに表示する方法を確認しておきましょう。

まず、全角カタカナから半角カタカナに変換するために必要な変換モジュールをインストールしましょう。pip3コマンドを利用して、モジュールを追加します。

ターミナルで入力

```
01 $ sudo pip3 install jaconv
```

さて、以下が半角カナをLCDに表示するプログラムです。LCDに半角カナと絵文字で格言を表示します。このプログラムは、先ほど作成したプログラムファイル「acm_text.py」をモジュールとして利用しますので、このプログラムと同じディレクトリに配置しておいてください。

```
01  # acm_text.py の関数を利用
02  from acm_text import clear, move_cur, cmd
03  # 全角半角変換用
04  import jaconv
05
06  # カタカナのテキストを送信可能な関数を定義
07  def send_kana(text): --- ❶
08      # 半角変換
09      han = jaconv.z2h(text)
10      # Shift_JISに変換
11      bin = han.encode('shift_jis')
12      for ch in bin:
13          cmd(0x80, ch)
14          print(hex(ch))
15
16  if __name__ == "__main__":
17      clear()
18      move_cur(0, 0)
19      send_kana("ナクノニトキガアリ(T_T)")
20      move_cur(0, 1)
21      send_kana("(^o^)ワラウノニトキガアル")
```

以下のコマンドでプログラムを実行できます。

ターミナルで入力

```
01  $ python3 acm_kana.py
```

プログラムを実行すると、**図4-4-10**のよう
に画面に格言が表示されます。

図4-4-10　LCD上にカナを表示したところ

それでは、プログラムを見てみましょう。このプログラムでは、全角カナを半角に変換して、LCDに半角カタカナを
表示します。

ポイントとなるのは、❶のカタカナのテキストをLCDに表示する関数send_kana()を定義している部分です。先ほ
どインストールした、**jaconv**モジュールを使って、全角カナを半角カナに変換し、それをさらに、Shift_JISに変換し
た上でLCDに送信します。

ラズパイのCPU温度と電圧を表示するプログラム

それでは、ラズパイのCPU温度と電圧を表示するプログラムを作ってみましょう。以下は、vcgencmdコマンドを利用して、ラズパイの内部CPU温度と電圧を取得し、LCDに表示するプログラムとなっています。ここでも、acm_text.pyをモジュールとして利用しますので、同じディレクトリに配置した上で実行してみてください。

samplefile: src/ch4/acm_temp.py

```
01  # acm_text.py の関数を利用
02  from acm_text import clear, move_cur, cmd, send_text
03  from time import sleep
04  import subprocess
05
06  # コマンドを実行して結果を得る関数
07  def exec_cmd(command):
08      r = subprocess.check_output(command, shell=True)
09      return r.decode("utf-8").strip()
10
11  # 電圧と温度を表示
12  clear()
13  while True:
14      # 画面をクリア
15      cmd(0x00, 0x01, 20)
16
17      # ラズパイのCPU温度を取得
18      temp = exec_cmd("vcgencmd measure_temp")
19      move_cur(0, 0)
20      send_text(temp)
21
22      # 電圧を取得
23      volts = exec_cmd("vcgencmd measure_volts")
24      move_cur(0, 1)
25      send_text(volts)
26
27      sleep(3) # 3秒待機
```

プログラムを実行するには、以下のコマンドを入力します。

ターミナルで入力

```
01  $ python3 acm_temp.py
```

正しく実行できると、**図4-4-11**のように
CPU温度と電圧がLCDに表示されます。

図4-4-11　ラズパイの温度と電圧をLCDに表示

181

ACM1602NIはI2C通信を利用して、文字をLCDに表示することができます。ラズパイのI2C通信を有効にし、I2Cの転送速度を変更することで、利用することができます。画面を制御したり文字を表示するには、専用のコマンドを送信します。

TIPS

GPIO機能の切り替えについて

さて、ラズパイに40ピン備わっているGPIOですが、それぞれのピンに異なる機能が割り当てられていることは、すでに紹介しました。そして、Chapter 4では、SPI通信やI2C通信を行うために、GPIOポートを切り替える方法を紹介しました。SPIやI2Cの通信を行うようにラズパイの設定を切り替えると、通常のGPIOポートとしては利用できなくなります。そのために、切り替えの設定を行うので、当然といえば当然ですが、知らないないとはまってしまうことになります。

GPIOのピン番号と機能を確認しよう

それでは、ここで、SPIとI2Cの通信を行うために、どのポートが使えるのか、改めて一覧表で確認することにしましょう。自作のガジェットを作成しようと思った場合、このGPIOポートの図が役に立ちます。

I2C		機能	ピン	番号	番号	ピン	機能		
			3.3V	1	2	5V			
I2C	SDA		GPIO2	3	4	5V			
	SCL		GPIO3	5	6	GND			
			GPIO4	7	8	GPIO14	TXD	UART	
			GND	9	10	GPIO15	RXD		
			GPIO17	11	12	GPIO18			
			GPIO27	13	14	GND			
			GPIO22	15	16	GPIO23			
			3.3V	17	18	GPIO24			
	MOSI		GPIO10	19	20	GND			
SPI	MISO		GPIO09	21	22	GPIO25			
	CLK		GPIO11	23	24	GPIO08	CE0	SPI	
			GND	25	26	GPIO07	CE1		
			ID_SD	27	28	ID_SC	ID EEPROM		
			GPIO05	29	30	GND			
			GPIO06	31	32	GPIO12			
			GPIO13	33	34	GND			
			GPIO19	35	36	GPIO16			
			GPIO26	37	38	GPIO20			
			GND	39	40	GPIO21			

図4-4-A　GPIOピン番号と機能の一覧表

GPIOのピンの数は、ラズパイ1+以降、40ピンで変わっていません。そのため、今後の新しいバージョンでも、40ピンのままであると考えられますので、この図は長く使うことができるでしょう。

Raspberry Pi Picoについて

2021年初頭に発売されたRaspberry Piの新シリーズに、Raspberry Pi Pico（以後、ピコと略します）があります。ピコは550円という衝撃の価格で販売されています。しかし、Raspberry Pi OSが動きません。どういうことかと言うと、別途PCとつなげて使うことを想定しているモデルなのです。つまり、ピコはラズパイのBシリーズやZeroシリーズと一緒に使う、あるいは、WindowsやmacOSなどのPCと組み合わせて使うことを前提としているのです。

図4-4-B　Raspberry Pi PicoはPCと組み合わせて使うことを想定している

ピコには、電子工作に便利なGPIOと呼ばれるピン、そして、SPIやI2C、UARTなど各種通信に使えるピンが合計43個用意されています。これに加えてUSB1.1ポート、LED、温度センサーが備わっています。つまり、こうしたインターフェイスを利用して、さまざまなセンサーや機器を接続して使うことができます。

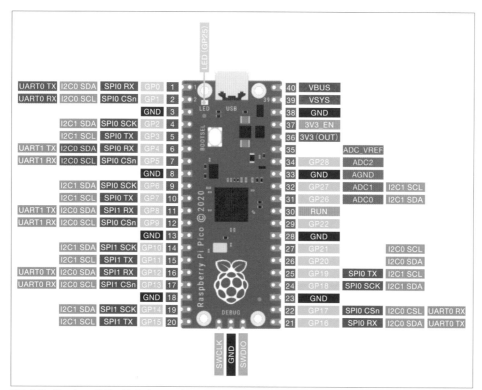

図4-4-C　Raspberry Pi Picoのインターフェイス

ピコを使えば、より多くのGPIOを使うことができます。モデルBの40ピンではGPIOが足りない場合、ピコをつなげることでより多くの機器を操作できるのも大きなメリットと言えます。

そして、特に嬉しいのが、アナログ入力のためのピン（ADC）が備わっていることで、本書Chapter 4-1で紹介したADコンバーターを使わなくても、アナログデータを使える点にあります。Chapter 4-1で実際にMCP3002の配線をした方なら分かってもらえると思いますが、アナログデータが手軽に使えるのは便利です。

ピコのセットアップ方法について

なお、ピコで使えるのは、MicroPythonと呼ばれる組み込み用途向けのPythonかC/C++言語です。MicroPythonはフル機能を持つPythonではありませんが、電子部品を制御するなど簡単な処理の範囲であればフル機能のPythonとそれほど使用感に違いはありません。マイコン用のライブラリもいろいろ用意されているので便利です。

それでは、MicroPythonを使う方法を紹介します。

まず、ピコのUSB Type-Cポートにケーブルを挿し、ピコについているボタン（USBポート近くにある白いボタン）を押しながら、ラズパイBシリーズのUSBポートに接続しましょう。すると、ピコがUSBメモリーのようにストレージとして認識されますので、［OK］をクリックします。

図4-4-D　ボタンを押してUSBポートに挿すとストレージとして動作する

そして、ストレージの中に入っている「index.htm」をブラウザで開いてみましょう。するとピコの解説ページが表示されます。ページをスクロールして「Getting started with MicroPython」というリンクをクリックしましょう。英語のページですが、さらに下にスクロールすると「Download UF2 file」と書かれているリンクがあるのでクリックしてファイルをダウンロードしましょう。

図4-4-E　リンクをクリックしてファイルをダウンロード

すると「rp2-pico-20xxxx-v1.xx.xx.uf2」のようなファイルがダウンロードフォルダ（/home/pi/Downloads）にダウンロードされます。

ダウンロードしたらこのファイルをラズパイピコのドライブ（ルートフォルダ。/media/pi/RPI-RP2）にドラッグ＆ドロップしましょう。そして、書き込みが終わったら一度USBケーブルを抜いて、差し直します（ここではボタンは押しません）。これによってラズパイピコでMicroPythonが使える状態となります。

図4-4-F　uf2ファイルをピコのストレージへドラッグ＆ドロップ

ピコでプログラムを実行しよう

それでは、一番簡単なプログラムをピコで実行してみましょう。アプリケーションメニューから［プログラミング > Thonny］を起動しましょう。そして、以下のようなプログラムを記述して「led.py」という名前で保存します（説明のため2行目と4行目にコメントを入れてますが、Thonnyでは日本語入力できないため、実際には入力不要です）。

samplefile: src/ch4/led.py

```
01  import machine, time
02  # Pico の LED を操作する
03  led = machine.Pin(25, machine.Pin.OUT)
04  # 繰り返す
05  while True:
06      led.high() # LEDを点灯
07      time.sleep(0.5)
08      led.low()  # LEDを消灯
09      time.sleep(0.5)
```

そして、Thonnyの一番右下をクリック（❶）して「MicroPython (Raspberry Pi Pico)」に切り替えます（❷）。そして、画面上部の実行ボタンをクリックします。

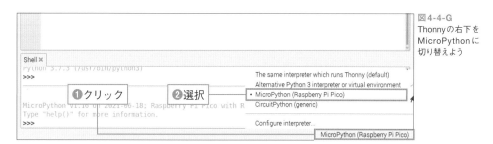

図4-4-G
Thonnyの右下を
MicroPythonに
切り替えよう

185

プログラムが正しく実行されると、ピコの基盤の左上にあるLEDがチカチカと点滅します。プログラムを終了する場合はThonnyの画面右上の[Stop]ボタンを押します。

図4-4-H　ピコの基板上のLEDがチカチカと光ります

ADコンバーターの代わりにピコを使おう

それでは、半固定ボリュームの値を、ピコを使って読んでみましょう。なお、このTIPSの冒頭で紹介したピコのインターフェイス図を見ると分かりますが、GPIOピンの番号はラズパイBモデルと数え方が異なるので注意しましょう。

ここでは、半固定ボリュームを次のようにピコに接続しましょう。なお、その際、ラズパイピコ本体にピンヘッダをハンダ付けする必要があります(ピンヘッダとのセットや、ピンヘッダがすでに実装されたものも販売されています※)。

そして、ピコにピンヘッダをハンダ付けする方法ですが、最初に1列20ピンのピンヘッダを、2本ブレッドボードに差し込み、その上にピコを重ねます。そして1つずつ丁寧にハンダ付けをします。ピンの数が多いので大変ですが、慌てずに作業しましょう。

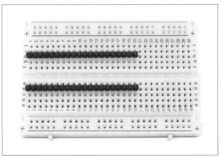

図4-4-I　ピンヘッダ2本をブレッドボードに差し込む

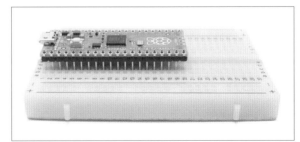

図4-4-J　ラズパイピコを重ねたところ

※ ピンヘッダやMicroUSBケーブルとのセット：https://akizukidenshi.com/catalog/g/gK-16149/、
　ピンヘッダがハンダ付け済みのラズパイピコ：https://raspberry-pi.ksyic.com/main/index/pdp.id/697

半固定ボリュームの足と接続先

足	名前	ピコの何番につなげるか
1	GND	38番ピン（GND）
2	Vout	31番ピン（ADC0）
3	3.3V	36番ピン（3V3）

図4-4-K　半固定ボリュームをピコに接続したところ

そして、以下のプログラムをThonnyに記述しましょう。日本語が入力できないので、コメント行はスキップして構いません。

samplefile: src/ch4/adc.py

```
01  import machine, time
02  # Pico の LED を操作する
03  adc0 = machine.ADC(0)
04  f = 100 / 65535
05  # 繰り返し
06  while True:
07      v = adc0.read_u16() * f
08      print(v)
09      time.sleep(0.5)
```

プログラムを実行すると、半固定ボリュームの値がThonnyの下側にあるターミナルに表示されます。

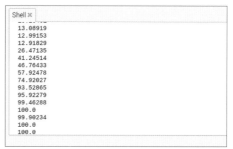
図4-4-L　ピコの基板上のLEDがチカチカと光ります

上記プログラムでも、半固定ボリュームの値を、read_u16メソッドを使って値を読んでいます。このメソッドは0から65535の値を返しますが、ここでは100/65535の値を掛けることにより、0から100の値のデータを得るように調整しました。

ピコのデータをモデルBで受け取る方法

なお、ピコで出力したデータをラズパイ3（モデルB）以降で受け取るには、pyserialというライブラリを使います。ホスト側（ラズパイ3以降）でターミナルを起動し、以下のコマンドを実行してライブラリをインストールします。

```
01 $ pip3 install pyserial
```

USBで接続しているピコは**USB**シリアルデバイスとして認識します。ターミナルで以下のコマンドを実行するとデバイス名を確認できます。

ターミナルで入力

```
01 $ dmesg | grep -i ttyACM
02 [   475.233025] cdc_acm 1-1.3:1.0: ttyACM0: USB ACM device
```

ここから「ttyACM0」というデバイス名を利用してピコが操作できることが分かります。そこで、下記のようなプログラムを作ると、ピコがprintで出力したデータを読み取ることができます。

samplefile: src/ch4/adc.py

```
01 import serial
02 # pico に接続する
03 ser = serial.Serial('/dev/ttyACM0', 115200, timeout=1)
04
05 try:
06     while True:
07         # pico からデータを読む
08         data = ser.readline()
09         # データを文字列に変換
10         s = data.decode()
11         # 結果を表示
12         print("read:", s.strip())
13 except:
14     # picoとの接続を閉じる
15     ser.close()
```

ピコ上で半固定ボリュームの値を取得するプログラムを動かした後で、上記のプログラムを実行すると次のように表示されます。

samplefile: src/ch4/adc.py

```
01 $ python3 readpico.py
02 read: 18.61781
03 read: 18.61781
04 read: 18.61781
05 read: 18.61781
06 read: 17.68152
07 read: 18.61781...
```

Picoのまとめ

以上、簡単ですがラズパイピコの使い方を紹介しました。本書のChapter 3とChapter 4を一通り学んだ皆さんであれば、ピコに備わっているGPIO、SPI、I2Cなどの通信が可能なピンの使い方は分かることでしょう。ピコを活用すればラズパイBモデルを強力に支援することができるでしょう。

より手軽に使えるキャラクター液晶「AQM0802A」を使おう

ラズパイゼロOK

この節のポイント

● LCDキャラクターモジュール「AQM0802A」を使ってみよう

● LCDに文字を表示させる仕組みに詳しくなろう

ここで使う電子部品

電子部品	個 数	説 明	P.088〜092の表の番号
LCDキャラクターモジュール「AQM0802A」	1個	I2C通信のキャラクター液晶ディスプレイモジュール（M-11753）	20

LCDキャラクターモジュール「AQM0802A」について

I2C通信を使うと、さまざまなデバイスを操作できます。ここでは手軽に文字が表示できるキャラクター液晶「AQM0802A」の使い方を紹介します。

「AQM0802A」は8文字×2行の文字情報が表示できる小型のLCDモジュールです。ラズパイから手軽に使えるため、ハンダ付け不要な「AQM0802A キャラクター液晶ディスプレイモジュール完成品」が販売されています。自身で組み立てるバックライト付きのもの(K-11354)も販売されているので好きな方を選びましょう。

図4-5-1　AQM0802A（表）

図4-5-2　AQM0802A（裏）

AQM0802Aとラズパイを接続しよう

基本的にAQM0802AをラズパイのGPIOに差し込めば動くようになっています。AQM0802Aの画面を外向きにしてラズパイの左上にある1番ピンに差し込みます。基盤に各ピンの機能が印字されていますので、「3V3」と印字されているピンをラズパイの1番ピン(3.3V)に合わせて差し込みます（図4-5-3を参照）。

AQM0802Aの足と接続先

足	名称	接続先
1	RST	11番ピン（GPIO17）
2	GND	9番ピン（GND）
3	LED	7番ピン（GPIO4）
4	SCL	5番ピン（SCL）
5	SDA	3番ピン（SDA）
6	3V3	1番ピン（3.3V）

189

LCDを使うプログラム

最初にP.173の手順を参考にI2Cを有効にしましょう。そして、コマンドラインで「i2cdetect -y 1」とコマンドを実行して接続確認をしてみましょう。すると下記のように3eと表示されます。

ターミナルで入力

```
01 $ i2cdetect -y 1
02      0  1  2  3  4  5  6  7  8  9  a  b  c  d  e  f
03 00:          -- -- -- -- -- -- -- -- -- -- -- -- --
04 10: -- -- -- -- -- -- -- -- -- -- -- -- -- -- -- --
05 20: -- -- -- -- -- -- -- -- -- -- -- -- -- -- -- --
06 30: -- -- -- -- -- -- -- -- -- -- -- -- -- -- 3e --
07 40: -- -- -- -- -- -- -- -- -- -- -- -- -- -- -- --
08 50: -- -- -- -- -- -- -- -- -- -- -- -- -- -- -- --
09 60: -- -- -- -- -- -- -- -- -- -- -- -- -- -- -- --
10 70: -- -- -- -- -- -- -- --
```

うまく接続されていることが確認できたら、プログラムからAQM0802に文字を表示させてみましょう。以下のプログラムは画面に「Hello, World!」と表示するプログラムです。

samplefile: src/ch4/aqm0802.py

```python
01 import smbus
02 from time import sleep
03
04 # I2C通信の初期化 --- ❶
05 lcd = smbus.SMBus(1)
06 LCD_ADDR = 0x3e # aqm0802固有アドレス
07
08 # コマンドの送信を行う関数を定義 --- ❷
09 def cmd(v, param = 0, msec = 0):
10     lcd.write_byte_data(LCD_ADDR, param, v)
11     if msec > 0: sleep(msec / 1000)
12 def cmd_list(blist):
13     for v in blist: cmd(v)
14
15 # テキストを送信する関数を定義 --- ❸
16 def send_text(text):
17     bin = text.encode("utf-8")
18     for ch in bin:
19         cmd(ch, 0x40)
20
21 # 画面初期化 --- ❹
22 def init_lcd():
23     cmd_list([0x38,0x39,0x14,0x73,0x56,0x6c])
24     sleep(0.3)
25 # 画面クリア --- ❺
26 def clear_lcd():
27     cmd_list([0x38,0x0c,0x01])
28     sleep(0.1)
29 # 改行 --- ❻
30 def next_line():
31     cmd(0x40 + 0x80)
32
```

```
33  if __name__ == '__main__':
34      # 画面を初期化 --- ❼
35      init_lcd()
36      clear_lcd()
37      # 文字を表示 --- ❽
38      send_text("Hello,")
39      next_line()
40      send_text("World!")
```

ターミナルからプログラムを実行してみましょう。

ターミナルで入力

```
01  $ python3 aqm0802.py
```

実行すると、AQM0802Aの画面の上段に「Hello,」下段
に「World!」と表示されます。

プログラムを確認してみましょう。❶の部分ではI2C通信
の初期化を行います。そして、❷ではコマンドの送信を行
う関数を定義しています。❸ではテキストを送信する関数
を定義します。❹では画面を初期化するコマンドを送信す
る関数init_lcdを定義します。❺では画面をクリアする関
数clear_cldを定義します。❻では改行を行うnext_line関
数を定義します。

図 4-5-3 「Hello, World!」が表示される

❼では画面を初期化します。そのために、関数init_lcdと関数clear_lcdを呼びます。そして、❽で文字を表示します。
なお、任意の場所で改行するためには、関数next_line()を呼びます。

LCDに時間を表示するデジタル時計を作ってみよう

ちなみに、先のプログラム「aqm0802.py」はPythonライブラリとしても使えるように作りました。これを利用して
デジタル時計を作ってみましょう。

samplefile: src/ch4/aqm0802_time.py

```
01  import aqm0802
02  from time import sleep, strftime
03
04  # 画面を初期化
05  aqm0802.init_lcd()
06  while True:
07      aqm0802.clear_lcd()
08      aqm0802.send_text("* Time *")
09      aqm0802.next_line()
10      aqm0802.send_text(strftime("%H:%M:%S"))
11      sleep(1)
```

上記のプログラムを実行するにはターミナルで以下のコマンドを実行します。

ターミナルで入力

```
01 $ python3 aqm0802_time.py
```

コマンドを実行すると、1秒ごとに現在時刻が更新されて
表示されます。終了させる場合は［Ctrl］＋［C］キーを
押します。

図4-5-4 時計を表示したところ

明示的に改行が必要

なお、AQM0802Aでは明示的に改行コマンドを送信しないと8文字目以降が表示されません。8文字以上の文字を表
示したい場合には一度その場所で区切って、next_line関数を実行した後、残りの文字を表示するようにします。
以下は、8文字以上の情報であるIPアドレスを表示するプログラムです。

samplefile: src/ch4/aqm0802_ipaddr.py

```
01 import aqm0802
02 import subprocess, re
03
04 # IPアドレスを調べる --- ❶
05 try:
06     r = subprocess.check_output(
07         "ip addr | grep 192", shell=True)
08     s = r.decode("utf-8")
09     ip_list = re.findall(r'[0-9.]+', s)
10     if len(ip_list) == 0: ip_list = ["error"]
11     ip = ip_list[0]
12 except:
13     ip = "error"
14 # IPアドレスを整形 --- ❷
15 disp = ip.format("{:16}", ip)
16
17 # 画面を初期化
18 aqm0802.init_lcd()
19 aqm0802.clear_lcd()
20 # 8文字ずつに区切って表示 --- ❸
21 aqm0802.send_text(disp[0:8])
22 aqm0802.next_line()
23 aqm0802.send_text(disp[8:16])
```

プログラムを実行するには以下のコマンドを実行します。

ターミナルで入力

```
01  $ python3 aqm0802_ipaddr.py
```

すると、**図4-5-5**のようにIPアドレスが表示されます。

図4-5-5　IPアドレスを表示したところ

プログラムを確認してみましょう。❶では「ip addr」コマンドを実行して、IPアドレスを調べます。そして、❷では8文字ずつに情報を切りやすくするために、formatメソッドを使って、16文字に文字列を揃えます。その後、❸で文字列のスライス機能を使って8文字ずつ表示します。

このようにAQM0802Aでは表示可能な文字数が16文字と限られているため、IPアドレスであれば末尾の数字だけを表示するなど決まり切った部分を省略して表示することで、多くの情報を表示できるでしょう。

この節のまとめ

AQM0802AはラズパイのGPIOにサクッと差し込んで、さまざまな情報を表示します。ラズパイ電子工作では、常にモニターにつないでいるとは限らないので、簡単な情報を表示するのにAQM0802Aを使うと便利です。

193

7セグメントLEDを使ってみよう

ラズパイゼロOK

この節のポイント

● 7セグメントLEDの使い方を知っておこう

● ソース電流とシンク電流について知っておこう

ここで使う電子部品

電子部品	個数	説明	P.088～092の表の番号
7セグメントLED（LA-401VN）	1個	カソードコモン/左右に足のあるタイプ（I-09470）	22
7セグメントLED（A-551SRD）	2個	アノードコモン/上下に足のあるタイプ（I-00639）	23
カーボン抵抗器（330Ω）	8個	「橙橙茶金」の色で印が付いたもの（R-07812）	5

※ 7セグメントLEDには、アノードコモンとカソードコモンの2種類があります。ここでは、両方の7セグメントLEDの使い方を紹介しますが、外観が似ているので、混ざらないように気をつけましょう。

7セグメントLEDとは？

7セグメントLED（あるいは、7セグメント・ディスプレイ）は、電子掲示板などで使われる電子的な表示装置です。縦横に配置したLEDのバーを点灯・消灯とすることで、数字を表示します。

図4-6-1　7セグメントLED（A-551SRD）

この7セグメントLEDには、**図4-6-2**のように、ABCDEFGとDPの合計8つのLEDのバーが配置されています。

数字の「7」を表示したい場合は、F、A、B、Cの4本のバーを点灯させて、数字の「4」を表示したい場合は、F、G、B、Cの4本のバーを点灯させます。そして、数字の「8」を表示したい場合は、すべてのバーを点灯させることになります。

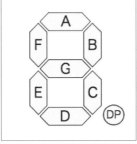

図4-6-2　LEDのバーの名前

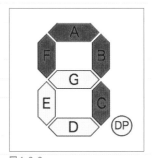

図4-6-3
数字の「7」を表示したい場合

7セグメントLEDには足が10本ある

7セグメントLEDには、上下に足があるものと、左右に足があるものの2種類がありますが、足の数はどちらも10本です。

そもそも、LEDには、アノード(+)とカソード(−)がありますが、カソードコモンの7セグメントLEDでは、点灯する8つのLEDがアノード側(+)となっており、2つの足がカソード(−)となっています。

そして、左右に足の付いたカソードコモンのLED「LA-401VN」では、**図4-6-4**のように、1番と6番の足が共通のカソード(−)となっています。そして、その2本のカソードとabcdefgとDP用のアノードが内部でつながっています。

上下に足の付いたアノードコモンのLED「A-551SRD」では、**図4-6-5**のように、中央の3番と8番の足が共通のアノード(+)となっています。

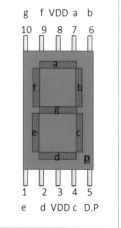

図4-6-5
上下に足のある7セグメントLED
(A-551SRD)の仕組み

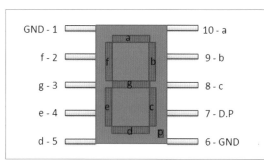

図4-6-4　左右に足のある7セグメントLED(LA-401VN)の仕組み

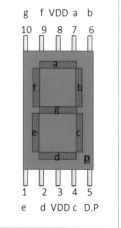（位置調整）

chapter
4-6

7セグメントLEDでカウントアップしよう
── カソードコモン

それでは、さっそくラズパイからカソードコモンの7セグメントLEDを制御してみましょう。ラズパイとのつなぎ方ですが、**図4-6-6**のようにつなげます。10本の足と抵抗をそれぞれつなぐ必要があるので、線が多くなりますが、頑張ってラズパイの各GPIOにつないでみましょう。

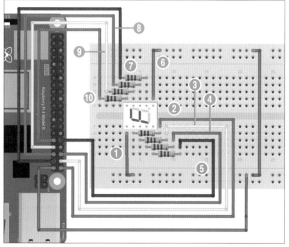

図4-6-6　7セグメントLED(カソードコモン)とラズパイの接続図

195

ラズパイの39番ピン（GND）には7セグメントLEDの上下にある中央のピンにつなぎます。

ここでは、7セグメントLEDとラズパイのGPIOを次のように配線しました。左上（**図4-6-6**では左下）の足が1番で、逆時計回りに足の番号を数えます。

LEDの足	1	2	3	4	5	6	7	8	9	10
LEDバー		f	g	e	d		DP	c	b	a
GPIO側	39番❶ (GND)	40番❷ (ポート21)	38番❸ (ポート20)	36番❹ (ポート16)	32番❺ (ポート12)	39番❻ (GND)	37番❼ (ポート26)	35番❽ (ポート19)	33番❾ (ポート13)	31番❿ (ポート6)

7セグメントLEDを制御するプログラム

続いて、7セグメントLEDを制御するプログラムを作ってみましょう。扱うGPIOポートが多いのでポート番号をリスト型に代入して利用します。

samplefile: src/ch4/7seg_ca.py

```
01  import RPi.GPIO as GPIO
02  from time import sleep
03
04  # GPIOポートの初期設定 --- ❶
05  # GPIOのピン番号で指定する
06  GPIO.setmode(GPIO.BOARD)
07  ports = [
08      #a, b, c, d, e, f, g,DP
09      31,33,35,32,36,40,38,37]
10  GPIO.setup(ports, GPIO.OUT) # 一気に初期化
11
12  """
13  # （メモ）GPIOのポート番号で指定する場合
14  GPIO.setmode(GPIO.BCM)
15  ports = [
16      #a, b, c, d, e, f, g,DP
17      6,13,19,12,16,21,20,26]
18  """
19
20  # 数字を表示するパターンの一覧 --- ❷
21  numbers = [
22      #a,b,c,d,e,f,g,p
23      [1,1,1,1,1,1,0,0], #0
24      [0,1,1,0,0,0,0,0], #1
25      [1,1,0,1,1,0,1,0], #2
26      [1,1,1,1,0,0,1,0], #3
27      [0,1,1,0,0,1,1,0], #4
28      [1,0,1,1,0,1,1,0], #5
29      [1,0,1,1,1,1,1,0], #6
30      [1,1,1,0,0,1,0,0], #7
31      [1,1,1,1,1,1,1,0], #8
32      [1,1,1,0,0,1,1,0], #9
33      [1,1,1,0,1,1,1,0], #A
34      [0,0,1,1,1,1,1,0], #b
35      [1,0,0,1,1,1,0,0], #c
36      [0,1,1,1,1,0,1,0], #d
37      [1,0,0,1,1,1,1,0], #E
38      [1,0,0,0,1,1,1,0], #F
```

```
39        ]
40
41    # パターンに応じてLEDの点灯消灯切替 --- ❸
42    def show_num(no, dot = False):
43        # 番号のパターンを反映
44        ns = numbers[no]
45        for i, n in enumerate(ns):
46            GPIO.output(ports[i], n)
47        # D.Pを点灯するか
48        v = GPIO.HIGH if dot else GPIO.LOW
49        GPIO.output(ports[7], v)
50
51    try:
52        # 0から9、AからFまでを順に表示 --- ❹
53        for i in range(0, 16):
54            print(i)
55            for b in range(0, 2):
56                show_num(i, b)
57                sleep(0.3)
58
59        # 最後に 7 を表示
60        show_num(7, True)
61        sleep(10)
62
63    except KeyboardInterrupt:
64        pass
65
66    GPIO.cleanup()
```

chapter
4-6

プログラムを実行するには、ターミナルから以下のように入力します。

ターミナルで入力

```
01   $ python3 7seg_ca.py
```

プログラムを実行すると、7セグメントLEDが点
灯し、0、1、2、3、4...と順にカウントアップして、
最後に7を表示します。

● 7セグメントLEDがカウントアップする動画
　[URL] https://youtu.be/fixIT-JHNGc

図4-6-7　7セグメントLEDをカウントアップしたところ

プログラムが動作したら内容を確認してみましょう。

プログラムの❶では、GPIOポートの初期化を行っています。今回、7セグメントLEDの足が多く、GPIOをたくさん
利用するので、GPIOのポート番号ではなく、GPIOのピン番号を使ってポートの指定を行っています。また、利用す
るGPIOを、リストを利用して一括管理します。念のためコメント部分にて、従来通りポート番号で初期化する例も

示しましたが、ポート番号で指定しても、ピン番号で指定しても、動作は同じになります。

プログラムの❷では、数字を表示するパターンの一覧を定義しています。1が点灯、0が消灯を表しています。ここでは、数字およびABCDEFの合計16個のパターンを定義しています。

プログラムの❸では、❷で定義した数字のパターンを利用して、各LEDのバーの点灯と消灯を切り替える関数を定義しています。右下のドット(D.P)は個別に点灯消灯を指定できるように配慮してみました。

そして、末尾のプログラムの❹では、0から9、また、AからFまでのパターンを順に表示します。このとき、ドットなしで数字表示、ドットありで数字表示のように表示し、ドットの動きも確認できるようにしています。

ソース電流とシンク電流について

さて、ここまでの部分で、カソードコモンの7セグメントLEDを制御する方法を紹介しましたが、前述のとおり7セグメントLEDには、「アノードコモン」と「カソードコモン」の2つのタイプがあります。

しかし、これまでに見てきた接続方法では、必ず、GPIO→抵抗→LED→GNDという形で接続していたので、アノードコモンのLEDはラズパイから制御できないように感じます。しかし、実際には、ラズパイからアノードコモン、カソードコモン、両方を利用することができます。

実は、GPIOを使ってLEDなどを制御する方法には、「ソース電流型」と「シンク電流型」と2つの接続方法があるのです。この2つの接続方法の違いは右の表のようになります。

型	接続方法
ソース電流型	GPIO → 抵抗 → LED → GND
シンク電流型	電源 → 抵抗 → LED → GPIO

従来のGPIOからGNDへと接続する方法がソース電流型で、ラズパイの電源から抵抗を経てLEDのアノードへ、カソードからGPIOへとつなぐ方法が、シンク電流型となります。

この違いを確認するため、**図4-6-8**のような回路を作ってみましょう。左側のソース電流型は、GPIOポートから抵抗→LED→GNDとつなげており、右側のシンク電流型は、3.3Vを供給する1番ピンから抵抗→LED→GPIOへとつなげています。

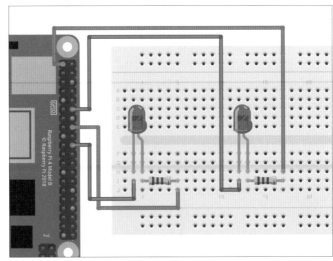

図4-6-8 [左] ソース電流・[右] シンク電流

それでは、この回路をテストしてみましょう。以下がそのプログラムです。

samplefile: src/ch4/led-sink-source.py

```python
01  import RPi.GPIO as GPIO
02  from time import sleep
03
04  # GPIOポートの初期設定
05  SINK_PORT   = 23
06  SOURCE_PORT = 18
07  GPIO.setmode(GPIO.BCM)
08  GPIO.setup(SINK_PORT, GPIO.OUT)
09  GPIO.setup(SOURCE_PORT, GPIO.OUT)
10
11  try:
12      # 繰り返し双方にLOW/HIGHを出力
13      while True:
14          print("LOW")
15          GPIO.output(SOURCE_PORT, GPIO.LOW) # 消灯
16          GPIO.output(SINK_PORT, GPIO.LOW) # 点灯
17          sleep(1)
18
19          print("HIGH")
20          GPIO.output(SOURCE_PORT, GPIO.HIGH) # 点灯
21          GPIO.output(SINK_PORT, GPIO.HIGH) # 消灯
22          sleep(1)
23
24  except KeyboardInterrupt:
25      pass
26
27  GPIO.cleanup()
```

プログラムを実行するには、以下のコマンドを入力します。

ターミナルで入力

```
01  $ python3 led-sink-source.py
```

このプログラムは、2つのGPIOポートに対して
同時に同じ値を出力するものとなっています。し
かし、ソース電流の方は、LEDがLOWで消灯、
HIGHで点灯するのに対して、シンク電流の方は
その逆となります。

図4-6-9　ソースとシンクでは同じ値を出力しても動作は逆となる

199

アノードコモンの7セグメントLEDを利用しよう

ここまで見てきて、ソース電流の接続
方法ではカソードコモンの7セグメント
LEDを使うことができて、**シンク電流**
の接続方法では、アノードコモンの7セ
グメントLEDも制御できそうだという
ことが分かったのではないでしょうか。
ここでは、**図4-6-10**のように、アノード
コモンの7セグメントLED「A-551SRD」
を接続してみましょう。

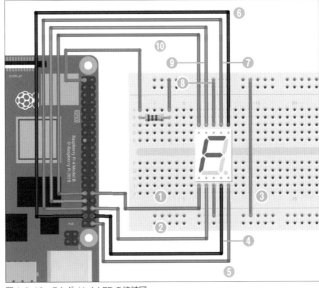

図4-6-10　7セグメントLEDの接続図

回路の接続は、次のようにします。左下の足が1番で逆時計回りに足の番号を数えます。

LEDの足	1	2	3	4	5	6	7	8	9	10
LEDバー	e	d		c	DP	b	a		f	g
GPIO側	32番❶ (ポート12)	36番❷ (ポート16)	1番❸ (3.3V)	38番❹ (ポート20)	40番❺ (ポート21)	37番❻ (ポート26)	35番❼ (ポート19)	1番❽ (3.3V)	33番❾ (ポート13)	31番❿ (ポート6)

以下が、7セグメントLEDを制御するプログラムです。0から9まで数字をカウントアップするものとなっています。

samplefile: src/ch4/7seg_anode.py

```
01  mport RPi.GPIO as GPIO
02  from time import sleep
03
04  # GPIOポートの初期設定
05  # GPIOのピン番号で指定する
06  GPIO.setmode(GPIO.BOARD)
07  ports = [
08      #a, b, c, d, e, f, g,DP
09      35,37,38,36,32,33,31,40]
10  GPIO.setup(ports, GPIO.OUT) # 一気に初期化
11
12  # 数字を表示するパターンの一覧 --- ❶
13  numbers = [
14      #a,b,c,d,e,f,g,p
15      [1,1,1,1,1,1,0,0], #0
16      [0,1,1,0,0,0,0,0], #1
```

```
17    [1,1,0,1,1,0,1,0], #2
18    [1,1,1,1,0,0,1,0], #3
19    [0,1,1,0,0,1,1,0], #4
20    [1,0,1,1,0,1,1,0], #5
21    [1,0,1,1,1,1,1,0], #6
22    [1,1,1,0,0,1,0,0], #7
23    [1,1,1,1,1,1,1,0], #8
24    [1,1,1,0,0,1,1,0], #9
25    ]
26
27  # パターンに応じてLEDの点灯消灯切替 --- ❷
28  def show_num(no, dot = False):
29      # 番号のパターンを反映
30      ns = numbers[no]
31      for i, n in enumerate(ns):
32          n = 1 if n == 0 else 0
33          GPIO.output(ports[i], n)
34      # D.Pを点灯するか
35      v = GPIO.LOW if dot else GPIO.HIGH
36      GPIO.output(ports[7], v)
37
38  try:
39      # 0から9までを順に表示
40      for i in range(0, 10):
41          print(i)
42          show_num(i, True)
43          sleep(1)
44
45  except KeyboardInterrupt:
46      pass
47
48  GPIO.cleanup()
```

プログラムを実行してみましょう。以下のコマンドを入力します。

ターミナルで入力

```
01  $ python3 7seg_anode.py
```

すると、7セグメントLED上に、0、1、2、...9と
順に数字が表示されていきます。

プログラムは、前回のものとほとんど同じですが、
シンク電流の接続方法となっているため、プログラ
ム❶の部分の数字の表示用のデータは、前回と同
じですが、LEDの点灯と消灯を行うプログラム❷
の部分で、1(HIGH)ならば0(LOW)を、0(LOW)
ならば1(HIGH)へと値を反転させる処理を追加し
ています。

図4-6-11
7セグメントLED
「A-551SRD」をつ
ないだところ

201

7セグメントLEDを2桁分接続しよう

次に、7セグメントLEDを2つ使って、2桁の数字を表示できるように接続してみましょう。ここでは、ラズパイの40ピンあるGPIOピンを贅沢に利用して接続してみます。以下のように接続しましょう。

先ほど、利用したアノードコモンのLEDを2つ用意し、これを左右に配置し、シンク電流の方法で接続します。先ほどと同じように、左下の足が1番で逆時計回りに足の番号を数えます。

右側LED の足	1	2	3	4	5	6	7	8	9	10
LEDバー	e	d		c	DP	b	a		f	g
GPIO側	32番 (ポート12)	36番 (ポート16)	1番 (3.3V)	38番 (ポート20)	40番 (ポート21)	37番 (ポート26)	35番 (ポート19)	1番 (3.3V)	33番 (ポート13)	31番 (ポート6)

右側LED の足	1	2	3	4	5	6	7	8	9	10
LEDバー	e	d		c	DP	b	a		f	g
GPIO側	22番 (ポート25)	18番 (ポート24)	1番 (3.3V)	16番 (ポート23)	12番 (ポート18)	7番 (ポート4)	11番 (ポート17)	1番 (3.3V)	13番' (ポート27)	15番 (ポート22)

そして、以下は、0から99まで順にカウントアップするプログラムです。

samplefile: src/ch4/7seg_x2.py

```
01  import RPi.GPIO as GPIO
02  from time import sleep
03
04  # GPIOポートの初期設定
05  # GPIOのピン番号で指定する
06  GPIO.setmode(GPIO.BOARD)
07  ports1 = [
08      #a, b, c, d, e, f, g,DP
09      35,37,38,36,32,33,31,40]
10  ports2 = [
11      #a, b, c, d, e, f, g,DP
12      11, 7,16,18,22,13,15,12]
13  GPIO.setup(ports1, GPIO.OUT)
14  GPIO.setup(ports2, GPIO.OUT)
15
16  # 数字を表示するパターンの一覧
17  numbers = [
18      #a,b,c,d,e,f,g,p
19      [1,1,1,1,1,1,0,0], #0
20      [0,1,1,0,0,0,0,0], #1
21      [1,1,0,1,1,0,1,0], #2
22      [1,1,1,1,0,0,1,0], #3
23      [0,1,1,0,0,1,1,0], #4
24      [1,0,1,1,0,1,1,0], #5
25      [1,0,1,1,1,1,1,0], #6
26      [1,1,1,0,0,1,0,0], #7
27      [1,1,1,1,1,1,1,0], #8
```

```
28        [1,1,1,0,0,1,1,0], #9
29        [0,0,0,0,0,0,0,0], #none
30        ]
31
32  # パターンに応じてLEDの点灯消灯切替
33  def show_num(no):
34        l = int(no / 10)
35        r = int(no % 10)
36        # 番号のパターンを反映
37        # 右側LED
38        ns = numbers[r]
39        for i, n in enumerate(ns):
40            n = 1 if n == 0 else 0
41            GPIO.output(ports2[i], n)
42        # 左側LED
43        if l == 0: l = 10 # none
44        ns = numbers[l]
45        for i, n in enumerate(ns):
46            n = 1 if n == 0 else 0
47            GPIO.output(ports1[i], n)
48
49  try:
50        # 0から99までを順に表示
51        for i in range(0, 100):
52            print(i)
53            show_num(i)
54            sleep(1)
55
56  except KeyboardInterrupt:
57        pass
58
59  GPIO.cleanup()
```

このプログラムを実行するには、ターミナルから以下のコマンドを実行します。

ターミナルで入力

```
01  $ python3 7seg_x2.py
```

図4-6-12は、実行中の画像を撮影したもので
す。
数字がカウントアップされる様子を動画に収めて
あります。以下のURLで見ることができます。

● 2桁の7セグメントLEDを制御しているところ
　[URL] https://youtu.be/N-GjScHUnLw

図4-6-12
7セグメントLED
を2桁分用意した
ところ

I2C通信の7セグメントLEDもある

7セグメントLEDには10本の足がありますので、配線が多く、ぐったりしたという方もいるでしょう。ですから、もしも、7セグメントLEDを使って時計を作ろうと思ったら、4桁の7セグメントLEDが必要となり、40本もの配線をしなければならず大変そうです。しかし、1,500円ちょっとのお金を出せば、I2C通信で制御できる4桁の7セグメントLEDが発売されています。ささっと、そうした製品を買ってしまうのも1つの手です。

この節のまとめ

ここでは、7セグメントLEDの使い方や、ソース電流・シンク電流について紹介しました。7セグメントLEDも結局のところ、数字を表示するための7つのバーと右下のドットで合計8個のLEDを点灯・消灯しているだけであることが分かりました。

ハンダ付けをしよう

ハンダ付けは、ハンダを溶かして部品をくっつけます。ハンダ付けを行うには、以下の手順で行います。

1. ハンダゴテを電源につなぎ、充分熱くなるまで待つ
2. コテ先を寝かせて基板に当てて温める
3. 温めた部分にハンダを当てて溶かす

1.ですが、ハンダゴテが十分熱くなるには、3分から5分かかります。コテが十分温まってから作業を始めるようにしましょう。ハンダ付けを行う基板の上の銅色の部分をランドと呼びますが、2.では、このランドと電子部品の足(リードと呼びます)の両方が温まるように当てるのがコツです。3.で、温まったランドにハンダを押し当てて、ハンダを溶かします。ハンダがランド全体に流れ山型になったら、ハンダを離します。ハンダを押し当てるのは2秒程度です。このとき、ハンダゴテは動かさず、ハンダを持った手だけを動かすのがコツです。慌ててハンダを離すと、うまく金属同士が接合できませんし、必要以上にハンダを溶かすとイモハンダとなり、ハンダ付け不良で電気が通らないという状態になります。上図のようにハンダをランドに当てて温めた後、そこにハンダを付けます。うまくいくと下図のとおり山型になります。

初めて(あるいは、久しぶりに)ハンダ付けに挑戦するときは、空き缶など適当な板の上で、ハンダ付けの感触を確かめてから、本番に挑むと間違いが少ないでしょう。

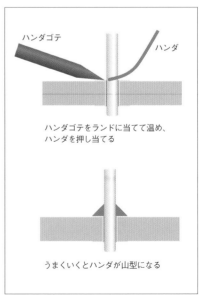

ハンダゴテをランドに当てて温め、ハンダを押し当てる

うまくいくとハンダが山型になる

図4-6-A

超音波距離センサーを使ってみよう

| ラズパイゼロOK |

この節のポイント

●超音波距離センサー（HC-SR04）について知っておこう

●距離センサーの仕組みを理解しよう

ここで使う電子部品

電子部品	個数	説明	P.088〜092の表の番号
超音波距離センサー「HC-SR04」	1個	超音波距離センサー（M-11009）	24
カーボン抵抗器（1KΩ）	2個	「茶黒赤金」の色で印がついたもの（R-07820）	5

HC-SR04とは

「HC-SR04」は、超音波の反射時間を利用して非接触で距離を測定するモジュールです。このモジュールを使うには、どのように距離を測るかの仕組みを知る必要があります。

まず、超音波モジュール「HC-SR04」のトリガーをオンにすると、HC-SR04は8波の超音波パルスを送信します。音波は何か対象にぶつかると反射しますが、反射して戻ってきた信号をモジュールが受信し、それをエコー信号として、ラズパイに送信します。

つまり、超音波を出力した時間と、それが跳ね返って来た時間を調べて、その時間を元に距離を計算するという仕組みになっています。

図4-7-1　HC-SR04の写真

この超音波モジュールの仕様は以下の通りです。

● **測距範囲** 　：2cmから400cm（範囲は15度以内、分解能0.3cm）
● **電源電圧** 　：DC 5.0V
● **動作電流** 　：15mA
● **動作周波数** ：40kHz
● **トリガー信号** ：10μS（TTLレベルのパルス波）
● **エコー出力信号** ：反射（往復）時間
● **サイズ** 　：45×20×15mm

ラズパイとHC-SR04を接続してみよう

それでは、HC-SR04をラズパイと接続してみましょう。HC-SR04には、VCC/Trig/Echo/GNDの4つの足があります。VCCはラズパイの5Vに、GNDはラズパイのGNDに、TrigとEchoは、ラズパイのGPIOポートに挿せば良いのですが、電圧の問題があります。

HC-SR04は電圧5Vで動作するのですが、ラズパイのGPIOポートは3.3V用になっています。HC-SR04で、5Vの電圧をそのままラズパイのGPIOポートに流すと、ラズパイのGPIOポートを壊してしまう可能性があります。そこで、抵抗を使いつつ、電圧をGNDへ逃がして分圧する必要があります。

そこで、HC-SR04を以下のように接続します。

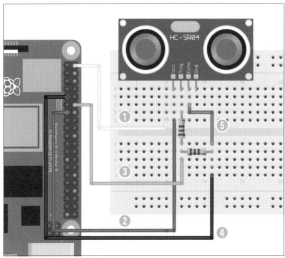

HC-SR04の接続先

足	名称	接続先
1	VCC	2番ピン（5V）❶
2	Trig	13番ピン（ポート27）❷
3	Echo	1KΩの抵抗を経由して、1本はラズパイ12番ピン（ポート18）❸、もう1本は1KΩの抵抗を経由して9番ピン（GND）❹
4	GND	9番ピン（GND）❺

図4-7-2　HC-SR04の接続図
実際には、HC-SR04の前にジャンパワイヤなどがあると、それに反応してしまうので、表裏をひっくり返すなどして、HC-SR04の前に何もない状態にすること。ひっくり返した場合は足の順番も変わりますので注意しよう

HC-SR04を制御するプログラムを作ろう

接続が完了したら、以下のようなプログラムを作りましょう。超音波距離センサーを読んで、連続して距離を画面に出力するプログラムを表示するものです。

samplefile: src/ch4/hcsr04.py

```
01  from time import sleep, time
02  import RPi.GPIO as GPIO
03
04  # HC-SR04 GPIOポートの設定 --- ❶
05  TRIG_PORT = 27
06  ECHO_PORT = 18
07  GPIO.setmode(GPIO.BCM)
08  GPIO.setup(TRIG_PORT, GPIO.OUT)
09  GPIO.setup(ECHO_PORT, GPIO.IN)
10
11  # HC-SR04で距離を測定する --- ❷
12  def read_distance():
13      # トリガーで信号を送出
```

```
14      GPIO.output(TRIG_PORT, GPIO.LOW)
15      sleep(0.001)
16      # トリガーをHIGH→LOWに設定
17      GPIO.output(TRIG_PORT, GPIO.HIGH)
18      sleep(0.011)
19      GPIO.output(TRIG_PORT, GPIO.LOW)
20
21      # エコーに戻ってくる長さを調べる
22      sig_start = sig_end = 0
23      while GPIO.input(ECHO_PORT) == GPIO.LOW:
24        sig_start = time()
25      while GPIO.input(ECHO_PORT) == GPIO.HIGH:
26        sig_end = time()
27
28      # 経過時間が距離になっている --- ❸
29      duration = sig_end - sig_start
30      distance = duration * 17000
31      return distance
32
33 if __name__ == '__main__':
34      try:
35          while True:
36              cm = read_distance()
37              print("distance=", cm)
38              sleep(0.01)
39
40      except KeyboardInterrupt:
41          pass
42      GPIO.cleanup()
```

プログラムを実行するには、ターミナルで以下のコマンドを実行します。実行すると、下記のように、超音波距離セ
ンサーの戻り値として、距離センサーの値が画面に表示されます。センサーの前に手をかざし、近づけたり遠ざけた
りしてみてください。それなりにセンサーから手までの位置を計測して、センチメートルを画面に表示し続けます。

ターミナルで入力

```
01 $ python3 hcsr04.py
02 distance= 168.35832595825195
03 distance= 168.8082218170166
04 distance= 7.259130477905273    ← 手をかざした
05 distance= 12.017488479614258
06 distance= 161.02218627929688   ← 手を離した
07 distance= 158.41197967529297
08 ...
```

プログラムを確認してみましょう。プログラムの❶では、ポート番号の設定やGPOIの入力・出力設定を行います。
HC-SR04に超音波を発するように指示するのがトリガー(TRIG_PORT)であり、反射した信号を受信するのがエコー
(ECHO_PORT)です。つまり、トリガーは出力用であり、エコーは入力用です。
プログラムの❷では、超音波距離センサーを使って距離を読み取るread_distance()関数を定義しています。トリガー
で信号を送信し、エコーで反射を受信します。トリガーは、LOW→HIGH→LOWと連続して値を書き込みます。そ
して、エコーは、最初LOWでHIGHになるまでの時間を確認します。

プログラムの❸では、経過時間を調べて、実際の距離を計算します。仕様書によれば、経過時間の半分を音速で割った数値が距離となります。そのため、音速とは340m/秒なので、これを丁寧に書くなら、以下のような計算式となりますが、どうせ割って掛けるなら先に計算して、17000を掛けるだけにしています。

```
01  duration = duration / 2    # 反射するので半分に
02  distance = duration * 34000 # 光の速さを掛けて距離(cm)を得る
```

ちなみに、距離が遠すぎる場合、計測が打ち切られて、適当に大きな値が表示されます。

超音波センサーでテルミンもどきを作ろう

テルミンとは、1919年に発明された世界初の電子楽器です。テルミンは、本体に手を接触することなく、空中の手の位置によって音程を変える楽器です。

ここでは、超音波センサーを利用して、テルミンもどきを作ってみましょう。とはいっても、先ほど、HC-SR04のために作った回路に圧電ブザーを追加しただけです。図4-7-3のようにつなぎましょう。

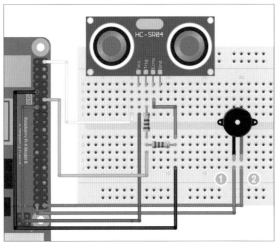

圧電ブザーの接続先

足	接続先
左	39番ピン(GND) ❶
右	40番ピン(ポート21) ❷

図4-7-3
テルミンの接続図

以下のプログラムは、超音波センサーの値を得て、圧電ブザーで音を鳴らすものです。今回のプログラムは、先に作ったプログラム「hcsr04.py」をモジュールとして利用しますので、同じディレクトリに置いてください。

samplefile: src/ch4/hcsr-theremin.py

```
01  from time import sleep, time
02  from hcsr04 import read_distance
03  import RPi.GPIO as GPIO
04  import math
05
06  # 圧電ブザーのポート指定 --- ❶
07  SOUND_PORT = 21
```

```
08  TONE = 440
09  GPIO.setup(SOUND_PORT, GPIO.OUT)
10  pwm = GPIO.PWM(SOUND_PORT, TONE)
11
12  try:
13      # 繰り返し距離を調べて音を鳴らす --- ❷
14      is_playing = False
15      while True:
16          cm = read_distance()
17          if cm > 70:
18              if is_playing:
19                  pwm.stop()
20              is_playing = False
21          else:
22              if not is_playing:
23                  is_playing = True
24                  pwm.start(50)
25              # 距離と音の高さの計算 --- ❸
26              tone = TONE + (cm - 2) * 8
27              if 1 <= tone < 1200:
28                  pwm.ChangeFrequency(tone)
29              print("tone=", tone, "cm=", cm)
30              sleep(0.01)
31
32  except KeyboardInterrupt:
33      pass
34  pwm.stop()
35  GPIO.cleanup()
```

プログラムを動かすには、ターミナルで以下のコマンドを実行してみましょう。

ターミナルで入力

```
01  $ python3 hcsr-theremin.py
```

図4-7-4は、HC-SR04を利用した圧電ブザーのテルミンです。

図4-7-4　HC-SR04に圧電ブザーをつなげたところ

それでは、プログラムを見てみましょう。基本的には、超音波センサーで手をかざした距離を調べて、圧電ブザーの周波数を指定するだけです。ここでは、70cm以上手が離れたら、音を止めるようにしました。

プログラムの❶では、圧電ブザーのGPIOポートの設定を行います。HC-SR04のGPIO設定は、先ほど作った「hcsr04.py」の中に書き込んでいるので、挿すポートを変更した場合は、そちらを書き換える必要があります。

そして、プログラムの❷以降の部分で、繰り返しセンサーで距離を調べて、70cm以下なら距離に相当する音を鳴らすという仕組みにしました。

プログラムの❸では、距離と音の高さを計算しています。ここでは、センサーで計測できる最低距離の2cmをベースとして、(距離×8) ＋ 440Hzの高さの音を出すようにしています。この計算式を少し変えるだけで、音の性質が変わるので、音色にこだわりたい場合は、この部分を調整してみてください。

この節のまとめ

以上、本節では、超音波距離センサーを利用する方法を紹介しました。HC-SR04を使えば、手軽に物体との距離を計算できるのが良い点です。これを、ラジコンなどに取り付ければ、物体にぶつからないように、衝突防止機能を付けることもできるでしょう。

人感センサーを使ってみよう

| ラズパイゼロOK |

この節のポイント

●人感センサー「SE-10」について知っておこう

●人感センサーを使ってみよう

ここで使う電子部品

電子部品	個 数	説 明	P.088〜092の表の番号
人感センサーSE-10	1個	焦電型赤外線センサーモジュール(M-02471)	25
カーボン抵抗器(10KΩ)	1個	「茶黒橙金」の色で印がついたもの(R-07838)。SE-10をつなげるのに利用	5
赤色LED	1個	通電すると光るLED(I-06245)(※1)	6
抵抗器(330Ω)	1個	「橙橙茶金」の色で印が付いたもの(R-07812)。LEDをつなげるのに利用(※1)	5

※1 人が通ると光るLEDの作例で利用

焦電型赤外線センサーモジュール「SE-10」とは

誰かが通りかかると、自動的に電気が点いたり、扉が開いたりする仕掛けがあります。これを実現するのが、人感センサーです。私たちの生活の中に溶け込んでいる、このセンサーをラズパイからも使ってみましょう。ここでは、焦電型赤外線センサーモジュール「SE-10」を利用してみましょう。

目には見えないのですが、あらゆる物体は温度に応じて赤外線を出しています。当然ですが、人間や動物は、壁や床など物体よりも温度が高いので、センサー使って赤外線を検出することができます。

この仕組みを利用して、焦電型赤外線センサーモジュール「SE-10」は、検出範囲に人や動物など高温のものが出たり入ったり、動いたりするのを検出します。防犯用アラームや照明などに広く利用されています。電源をつなぐだけで利用することができます。

図4-8-1 焦電型赤外線センサーモジュール「SE-10」

図4-8-2 「SE-10」の裏側

211

SE-10の主な仕様

- **サイズ（実寸）** ：縦33.4mm x 横28.5mm x 高さ21.2mm
- **電源** ：DC5V〜12V　約6mA（@9V）
- **出力** ：オープンコレクタ
- **センサー感度** ：約2m
- **角度** ：約120度

SE-10は、反応角度が120度と広いのが特徴です。プログラムのデバッグのため、近くで少し体の向きを動かしただけで反応します。

ラズパイとSE-10を接続しよう

SE-10には、3本の足がありますが、基板の1番左側に（+）の印があり、VDD（+）/GND/ALARMと並んでいます。それぞれの足を次のように接続します。

ALARMの線は、直接GPIOにつなげるのではなく、抵抗器を経由して、ラズパイの13番ピン（GPIO27）に接続します。

SE-10の接続先

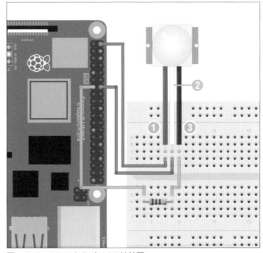

図4-8-3　SE-10とラズパイの接続図

足	電線の色	名称	接続先
1	赤	VDD（+）	2番ピン（5V）❶
2	白	GND	14番ピン（GND）❷
3	黒	ALARM（AL）	10KΩの抵抗を経由して13番ピン（ポート27）❸

図4-8-3が、ラズパイとSE-10の接続図です。

ラズパイから、焦電型赤外線センサー「SE-10」を制御するプログラムは以下のようになります。

samplefile: src/ch4/se10.py

```
01  import RPi.GPIO as GPIO
02  from time import sleep
03
04  SENSOR_PORT = 27
05
06  GPIO.setmode(GPIO.BCM)
07  GPIO.setup(SENSOR_PORT, GPIO.IN)
08
09  try:
10      while True:
11          v = GPIO.input(SENSOR_PORT)
```

```
12          print(v)
13          sleep(0.1)
14
15 except KeyboardInterrupt:
16          pass
17
18 GPIO.cleanup()
```

以下のように入力してプログラムを動かすと、画面にセンサーの値が表示されます。センサーからの入力が0（LOW）であれば反応なし、1（HIGH）になれば人が動いたということになります。

ターミナルで入力

```
01 $ python3 se10.py
```

今回のプログラムは、Chapter 3の内容が理解できれば、特に難しいものではないでしょう。GPIOのポート27（13番ピン）を入力モードに設定しておいて、繰り返しポートの値を確認し、画面に表示するというものです。

人が通ったらLEDを点灯させよう

焦電型赤外線センサーをつないだだけでは面白くないので、人が通ったらLEDを点灯するという回路を作ってみましょう。先ほど作った焦電型赤外線センサーの回路に、LEDと抵抗をつなげます。ここでは、LEDを次のように接続しました。

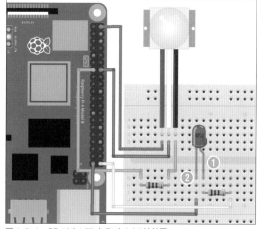

図4-8-4　SE-10とLEDとラズパイの接続図

LEDの接続先

足	接続先
アノード（+）	330Ω抵抗を経由して40番（ポート21）❶
カソード（-）	39番（GND）❷

これを制御するプログラムは、次のようになります。

samplefile: src/ch4/se10-led.py

```
01 import RPi.GPIO as GPIO
02 from time import sleep
03
04 # GPIOポートの設定 --- ❶
05 SENSOR_PORT = 27
06 LED_PORT = 21
07 GPIO.setmode(GPIO.BCM)
```

```
08  GPIO.setup(SENSOR_PORT, GPIO.IN)
09  GPIO.setup(LED_PORT, GPIO.OUT)
10
11  try:
12      ntime = 0 # LED点灯時間を管理する変数  --- ❷
13
14      # 繰り返しセンサーの値を得る  --- ❸
15      while True:
16          v = GPIO.input(SENSOR_PORT)
17          if v == GPIO.HIGH:
18              if ntime <= 0:
19                  GPIO.output(LED_PORT, GPIO.HIGH)
20              ntime = 10
21          else:
22              ntime -= 1 # 点灯管理変数を1減らす
23              if ntime < 0:
24                  GPIO.output(LED_PORT, GPIO.LOW)
25          print(v, ntime)
26          sleep(0.1)
27
28  except KeyboardInterrupt:
29          pass
30
31  GPIO.cleanup()
```

プログラムを動かすには、以下のコマンドを実行します。

```
01  $ python3 se10-led.py
```

プログラムを動かした後、センサーの近くで人が動くとLEDが点灯します。

プログラムが少し複雑になったので詳しく解説します。基本的には、センサーに反応があればLEDを点灯し、反応がなければLEDを消灯します。しかし、これでは、LEDがパラパラと点滅するだけで、人が通ったときにライトで照らすという目的を果たせません。そこで、センサーがHIGHであれば、点灯管理用変数ntimeを10に設定しておいて、LOWであれば、ntimeを1つずつ減らしていきます。これによって、1度、センサーの値がHIGHになると、しばらくLEDの点灯が続くようになります。プログラムの❶では、GPIOポートを初期化します。❷では、LED点灯時間を管理する変数を0（消灯）にします。❸では、繰り返しセンサーの値を得てLEDの点灯と消灯を管理します。

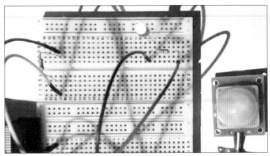

図4-8-5　SE-10とLEDをラズパイに接続したところ

この節のまとめ

ここでは、焦電型赤外線センサー「SE-10」の使い方を紹介しました。ここでは、すでに完成している焦電型赤外線センサーのモジュールを利用したので、非常に手軽にセンサーを扱うことができました。

Chapter 5

ロボットを
作ってみよう

Chapter 5では、Webカメラやマイク、スピーカーを利用する方法や、スマホで操作するラジコンなどの作り方を紹介します。カメラの映像を利用してリアルタイムに顔認識したり、マイク入力を利用して音声認識を行うなど、高度なトピックも扱います。憧れのロボット開発に挑戦してみましょう！

ロボットの目 ── USB接続のWebカ メラを使ってみよう

| ラズパイゼロOK（一部注意）|

この節のポイント

● Webカメラを利用する方法を理解しておこう

● デジカメのシャッターを作って撮影してみよう

ここで使うデバイス

デバイス	個数	説明	P.088～092の表の番号
ラズパイ専用カメラモジュール	1個	本書では利用せず、使い方の紹介のみ	―
Webカメラ	1個	一般的なUSBカメラ（※1）	26
モバイルバッテリ	1個	出力が2A以上に対応したiPad対応のもので一般的なUSBタイプAのポートを持ったもの（※2）	27

※1 1,000円前後の安価なUSBカメラで大丈夫です。筆者が購入したのは、バッファロー製のWebカメラ「BSWHD06MBK」です。マイク内蔵120万画素のカメラで、購入価格は991円

※2 持ち運び可能なデジカメの作例で使用

ここで使う電子部品

電子部品	個数	説明	P.088～092の表の番号
カーボン抵抗器(330Ω)	1個	「橙橙茶金」の色で印が付いたもの(R-07812)。LEDにつなぐ	5
赤色LED	1個	通電すると光るLED。今回の作例ではカメラが動作したときに光らせる(I-06245)	6
タクトスイッチ	1個	押しボタン(P-03647)	9

ラズパイで利用できるカメラについて

ラズパイには、ラズパイのボードに直接挿せる専用カメラモジュールが発売されています。このカメラモジュールを使って、静止画・動画を撮影することができます。サイズが小さいので、ちょっとした自作ロボットに組み込むにはもってこいのモジュールとなっています。

これに加えて、ラズパイには、USBポートもついていますので、一般的なPC用のUSBカメラも利用することができます。USBカメラを使うメリットは、価格が安いことと、選択肢が多いこと、容易に入手できること、ラズパイ以外の用途にも使えるということです。実際、家電量販店でも売っていますし、通販サイトを探すと、さまざまなUSBカメラを見つけることができます。

本書では、基本的に安価なUSBカメラを利用する方針で進めます。

ラズパイ専用カメラの使い方

USBカメラの説明をするとはいえ、一応、ラズパイ専用カメラモジュールの使い方も紹介しておきましょう。公式のラズパイ用カメラは少し価格も高めですが、非公式のラズパイ用カメラも発売されており、それらの中には安いものもあります。

図5-1-1　ラズパイ専用カメラモジュール(表側)

図5-1-2　ラズパイ専用カメラモジュール(裏側)

カメラモジュールの取り付け方ですが、ラズパイのHDMI端子の横に、カメラモジュールを取り付ける専用のコネクタがあります。このコネクタにカメラモジュールを差し込みます。このとき、コネクタの両端のツメを引き上げ、モジュールを差し込み、ツメを下に戻してケーブルを固定します。ちなみに、コネクタの両端のツメを持ち上げると隙間ができるので、その隙間にモジュールを差し込みます。ツメを下ろして固定した後、モジュールが容易に抜けないことを確認しましょう。

図5-1-3　カメラモジュールにカメラを差し込んだところ

なお、カメラモジュールをコネクタに差し込む向きに注意してください。LANポートがある側に色の付いた面を向けて差し込みます。市販のラズパイケースを使っている場合、一度カバーを外さないとうまく差し込めないこともあります。

図5-1-4　差し込む向きに注意

TIPS

ラズパイゼロはカメラモジュールのケーブルに注意

ラズパイゼロにもカメラモジュールを差し込んで使えます。ただし、model B用のモジュールケーブルと、ゼロ用のケーブルはサイズが異なります。購入の際は注意しましょう。

カメラを取り付けたら、ラズパイの設定を変更して、ラズパイ専用カメラを有効にしましょう。ターミナルで以下の
コマンドを入力して、設定を変更します。そして、[[Interface Options > Camera]] を選び、設定を有効にしてくだ
さい。

ターミナルで入力

```
01 $ sudo raspi-config
```

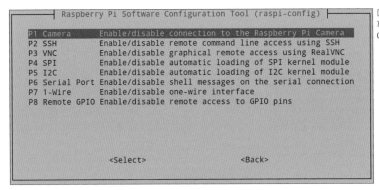

図5-1-5
専用カメラを使うには［Enable
Camera］の設定変更が必要

そして、カメラで静止画を撮影するには、「raspistill」コマンドを利用します。たとえば、静止画を「test.jpg」とい
う名前で保存するには、以下のコマンドを実行します。写真は、コマンドを実行したディレクトリに保存されます。

ターミナルで入力

```
01 $ raspistill -o test.jpg
```

次に、動画を撮影するには、「raspivid」コマンドを利用します。
以下は、5秒（5,000ミリ秒）の動画を撮影を行って「video.h254」という名前で動画を保存する例です。

ターミナルで入力

```
01 $ raspivid -o video.h264 -t 5000
```

ラズパイ専用カメラをWebカメラと同じように使うために

本書では、この後、専用カメラモジュールと、これから扱うUSB接続のカメラを同じように扱っていきます。しかし、
そのためには、V4L2ドライバを読み込むように設定する必要があります。そのために以下のコマンドを実行してくだ
さい。

ターミナルで入力

```
01 $ sudo modprobe bcm2835-v4l2
```

ラズパイカメラモジュールで撮影できない場合

「raspistill」コマンドを実行したのに、エラーが出て撮影できない場合があります。その場合、表示されたエラーメッセージをネット検索してみましょう。対処方法が見つかる場合があります。

なお、問題を特定するために、ターミナル(LXTerminal)を開いて以下のコマンドを実行してみましょう。

```
01 $ vcgencmd get_camera
```

実行結果として「supported=1 detected=1」と表示された場合、カメラが正しくつながっており、ラズパイ側に認識されていることを示しています。

上記コマンドを実行してみて、接続に問題がなければ、設定ファイル「/boot/config.txt」に「core_freq=250」または「disable_camera_led=1」と追加すると使えるようになる場合があります。ただし、不良品を買ってしまったり、機器同士の相性が悪くうまく動かないこともあるようです。どうしても動かない場合には、交換してもらうのも一つの手です。

カメラモジュールよりも汎用的なUSBカメラの方が安価でトラブルが少ない印象があります。それでも、カメラモジュールは小型であり余分なケーブルも最小限なので、利用したい場面により選択すると良いでしょう

Webカメラの使い方

それでは、USB接続のWebカメラの使い方を見ていきましょう。接続方法は簡単です。ラズパイのUSBポートにWebカメラを接続するだけです。

なお、ラズパイゼロの場合は内側にあるmicroUSBに接続します。ただし、一般的なWebカメラのUSB端子はUSB-Aなので、microUSBに接続するための変換プラグ(microUSB to USB-A)を用意する必要があります。

図5-1-6 WebカメラをUSBポートにつなぐ

図5-1-7 ラズパイゼロでUSBにカメラを挿す場合は変換プラグが必要

カメラを認識したかどうか、ターミナルを開いてコマンドを入力して確認してみましょう。USBデバイスの状態や撮影画像サイズを確認するには「v4l-utils」が利用できます。

このツールはターミナルから利用します。筆者が試したところ「v4l-utils」は最初からインストールされていましたが、インストールされていなければ、以下のコマンドを実行してインストールします。

ターミナルで入力

```
01  $ sudo apt-get install v4l-utils
```

そして、このツールに含まれる「v4l2-ctl」コマンドを利用して、ラズパイに接続されているカメラデバイスの一覧を列挙できます。デバイス一覧を調べるには以下のコマンドを実行します。

ターミナルで入力

```
01  # ラズパイに接続されているデバイス一覧を列挙
02  $ v4l2-ctl --list-devices
```

ここでは「AUSDOM」というメーカーのカメラを接続して実行してみました。すると以下のように表示されました。

```
01  $ v4l2-ctl --list-devices
02  bcm2835-codec-decode (platform:bcm2835-codec):
03          /dev/video10
04          /dev/video11
05          /dev/video12
06
07  bcm2835-isp (platform:bcm2835-isp):
08          /dev/video13
09          /dev/video14
10          /dev/video15
11          /dev/video16
12
13  AUSDOM FHD Camera: AUSDOM FHD C (usb-0000:01:00.0-1.1):
14          /dev/video0
15          /dev/video1
```

ここでは、AUSDOMのカメラが「/dev/video0」と「/dev/video1」というデバイスパスに割り当てられていることが分かります。つまり、このパス名でデバイスを利用できることが分かりました。

続いてカメラが撮影時に利用できる画像サイズを調べてみましょう。以下のようなコマンドを実行します。利用可能なサイズの一覧が得られます。

ターミナルで入力

```
01  # カメラのサイズなどを調べる
02  $ v4l2-ctl --list-formats-ext --device (デバイスパス)
```

先ほど調べたデバイス「/dev/video0」のカメラ情報を表示するには、以下のようなコマンドを実行します。以下のような情報が得られます。

```
01 $ v4l2-ctl --list-formats-ext --device /dev/video0
02 octl: VIDIOC_ENUM_FMT
03        Type: Video Capture
04
05        [0]: 'MJPG' (Motion-JPEG, compressed)
06                Size: Discrete 640x480
07                        Interval: Discrete 0.033s (30.000 fps)
08                Size: Discrete 320x240
09                        Interval: Discrete 0.033s (30.000 fps)
10                Size: Discrete 1920x1080
11                        Interval: Discrete 0.033s (30.000 fps)
12                Size: Discrete 1280x720
13                        Interval: Discrete 0.033s (30.000 fps)
14        [1]: 'YUYV' (YUYV 4:2:2)
15                Size: Discrete 640x480
16                        Interval: Discrete 0.050s (20.000 fps)
17                Size: Discrete 320x240
18                        Interval: Discrete 0.033s (30.000 fps)
19                Size: Discrete 1920x1080
20                        Interval: Discrete 0.333s (3.000 fps)
21                Size: Discrete 1280x720
22                        Interval: Discrete 0.200s (5.000 fps)
```

上記のように「Size:」に続いてカメラの利用サイズと、その場合のFPS値（1秒間に何枚の画像が撮影できるか）が表示されます。

もちろん、読者の皆さんが購入した機器が何かしら表示されていれば、正しく接続されていることが分かります。もし、Webカメラを認識しない場合、ラズパイを再起動してみましょう。また、電源不足の場合も認識しないことがありますので、その場合、本書のChapter 1のP.011を確認して、ラズパイのUSB電源が正しく推奨のアンペア数を満たしているか確認してみましょう。

続いて、APTを利用して画像撮影を行うためのソフトウェアを導入しましょう。ここでは、「fswebcam」というソフトウェアを使ってみましょう。

以下のコマンドを実行すると、インストールが完了します。

ターミナルで入力

```
01 $ sudo apt-get install fswebcam
```

それでは、さっそく撮影してみましょう。以下のようなコマンドを実行すると、コマンドを実行したカレントディレクトリに「test.jpg」という名前の画像ファイルを保存します。

ターミナルで入力

```
01 $ fswebcam test.jpg
```

図5-1-8は、ラズパイ自身を撮影したところです。画像の右下に撮影年月日が表示されるのが、fswebcamの標準仕様です。

図5-1-8　ラズパイにつないだUSBカメラでラズパイ自身を撮影したところ

「fswebcam」のコマンドですが、詳しいヘルプを見るには、「fswebcam --help」と入力すると出てきます。画像サイズを指定するには、「fswebcam −r（画像幅）×（画像高さ）」の書式で指定します。画像の幅と高さの指定の単位はピクセルです。

```
01  # fswebcamで撮影する画像サイズの指定
02  fswebcam -r 352x288 test.jpg
```

guvcviewを使ってみよう

Webカメラを利用するツールは、他にもあります。ラズパイのデスクトップを利用しているなら「guvcview」が便利です。

ターミナルで入力

```
01  $ sudo apt install guvcview
```

インストールして、ラズパイを再起動すると、ラズパイのアプリケーションメニューに「サウンドとビデオ > guvcview」が追加されます。guvcviewを起動すると、リアルタイムにカメラ画像をウィンドウに表示しておくことができます。これを使えば、GUIからキャプチャを取ったり、動画を撮影したり、操作することができます。

図5-1-9　guvcviewでデスクトップにカメラ画像を表示したところ

ラズパイでデジカメを作ろう

それでは、USBにつないだWebカメラを使いつつ、ラズパイを使って簡単なデジタルカメラを再現してみましょう。とはいっても、心臓部となるカメラ部分については「Webカメラ」がそのまま使えるので、ここでは、カメラとして足りない部分、物理ボタンやシャッター音を電子工作で作ります。

シャッターボタン（タクトスイッチ）を押すと、LEDが点灯し、ピポッと音が鳴って、カメラで撮影した写真がSDカード内に保存されるガジェットを作りましょう。

図5-1-10のように接続しましょう。

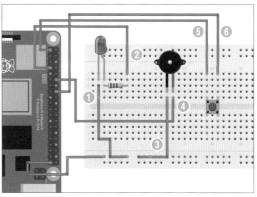

図5-1-10 シャッターボタンの接続図

足	接続先
LED（左/マイナス）	39番（GND）❶
LED（右/プラス）	抵抗→7番（ポート4）❷
圧電ブザー（左）	39番（GND）❸
圧電ブザー（右）	12番（ポート18）❹
タクトスイッチ（左）	1番（3.3V）❺
タクトスイッチ（右）	16番（ポート23）❻
Webカメラ	USBポート

図5-1-11は、USBカメラをつなぎ、回路を接続したところです。

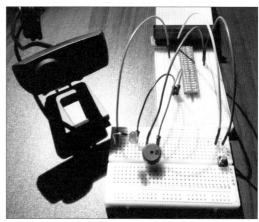

図5-1-11 実際にカメラシャッターの回路を接続したところ

そして、以下がシャッターボタンを使うプログラムです。ボタンが押されたとき、subprocessモジュールを利用して、fswebcamコマンドを呼び出すという仕組みです。

samplefile: src/ch5/camera-button.py

```
01  import RPi.GPIO as GPIO
02  from time import sleep, time
03  from datetime import datetime
04  import subprocess
05
06  # GPIOポートの設定 --- ❶
07  LED_PORT = 4
08  PE_PORT = 18
09  SWITCH_PORT = 23
10
11  GPIO.setmode(GPIO.BCM)
```

223

```
12  GPIO.setup(LED_PORT, GPIO.OUT)
13  GPIO.setup(PE_PORT, GPIO.OUT)
14  GPIO.setup(SWITCH_PORT, GPIO.IN, pull_up_down=GPIO.PUD_DOWN)
15
16  # コマンドの実行 --- ❷
17  def exec(cmd):
18      r = subprocess.check_output(cmd, shell=True)
19      return r.decode("utf-8").strip()
20
21  # 写真の撮影コマンドを実行 --- ❸
22  def take_photo():
23      now = datetime.now()
24      f = now.strftime('%Y-%m-%d_%H-%M-%S') + ".jpg"
25      exec("fswebcam "+f)
26
27  # ブザーを鳴らす --- ❹
28  def beep():
29      pwm = GPIO.PWM(PE_PORT, 330)
30      pwm.start(50)
31      sleep(0.1)
32      pwm.ChangeFrequency(440)
33      sleep(0.1)
34      pwm.stop()
35
36  # ボタンを押した時の動作 --- ❺
37  try:
38      sw = 0
39      while True:
40          if GPIO.input(SWITCH_PORT) == GPIO.HIGH:
41              if sw != 0: continue # 連続押し防止
42              sw = 1
43              GPIO.output(LED_PORT, GPIO.HIGH)
44              beep()
45              take_photo()
46              continue
47          else:
48              sw = 0
49              GPIO.output(LED_PORT, GPIO.LOW)
50          sleep(0.1)
51  except KeyboardInterrupt:
52      pass
53  GPIO.cleanup()
```

プログラムを実行するには、以下のコマンドを実行します。

ターミナルで入力

```
01  $ python3 camera-button.py
```

プログラムを実行して、タクトスイッチを押すと、**LED**が光り、ピポッと音が鳴り、「年-月-日_時-分-秒.jpg」の形式で撮影した画像が保存されます。以下に、ボタンを押してシャッターを切る様子を動画に収めています。

●シャッターボタンを押してカメラ撮影する動画
[URL] https://youtu.be/6Sfyxx3yDTs

それでは、プログラムを詳しく見ていきましょう。

プログラムの❶では、GPIOのポート番号を設定します。LEDと圧電ブザーは出力モードで、タクトスイッチはプルダウン抵抗を指定しつつ、入力モードで使います。

プログラムの❷では、外部コマンドを実行するためのexec()関数を実装します。

そして、❸では、fswebcamコマンドを実行して、Webカメラの画像を「年-月-日_時-分-秒.jpg」の形式でスクリプトと同じディレクトリに保存します。

プログラムの❹では、ブザーを鳴らします。最初は、330Hzで直後に440Hzでブザーを鳴らします。それで、ピポッというビープ音になります。

プログラムの❺では、ボタンが押されたかどうかを繰り返し調べ、ボタンが押されていれば、LEDを点灯してビープ音を鳴らした後、写真を撮影するという処理になっています。

レゴでカメラの外観を作ってみよう

次に、レゴブロックを利用して、よりカメラっぽい外観になるようにしてみましょう。

また、iPad対応のモバイルバッテリで稼働させて、持ち歩いて、あちらこちらで撮影してみましょう。

モバイルバッテリを一番下に置いて、家を作るようにその回りにブロックを積み上げていきます。

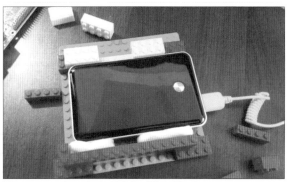

図5-1-12　モバイルバッテリを土台に仕込んだところ

そして、モバイルバッテリの上にラズパイを配置します。

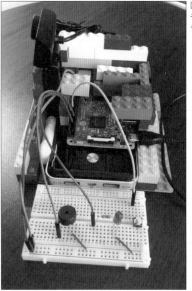

図5-1-13
モバイルバッテリの上に
ラズパイを配置

> **TIPS**
>
> なお、レゴブロックを使わなくても、段ボールやお菓子の缶など身近にある素材で作るのも楽しいでしょう。100円ショップに行くと、電子工作で使えそうな、いろいろなプラスチックの容器や木片、段ボール、カードや小さなブロックが売っていますので、それらをうまく組み合わせて、楽しく工作してみましょう！

そして、ラズパイの上にブレッドボードを配置
し、さらにその周りにブロックを積み上げます。
このとき、レゴの1ブロックが、なかなかラズ
パイやブレッドボードのサイズにぴったり合わ
ないのですが、余った部分には、梱包用の衝
撃吸収クッションや、新聞紙をちぎって詰め物
にすると、ぴったりはまります。

図5-1-14
ラズパイの上にブレッドボードを配置、その周りをレゴブロックで固めていきます

そして、箱形のデジカメの完成です。モバイ
ルバッテリやラズパイを平置きにしたため、か
なり分厚くなってしまいましたが、持ち運んで
撮影できるようになりました。
以下のURLでカメラの全容を動画で紹介して
います。

● **カメラで撮影している動画**

[URL] https://youtu.be/E4v5Lm2PldE

図5-1-15　カメラが完成したところ

ラズパイカメラの改良点

しかし、今回は、シャッター部分だけを作ったので、肝心のディスプレイがありません。何がどのように映ったのかは、
後から確認するときのお楽しみです。後から、ラズパイにモニターをつなげて、画像を確認するしかありません。
もちろん、3,000円から5,000円程度で売っている、ラズパイ用の小型TFTモニターLCDなどを購入し、小型ディス
プレイを取り付けるなら、その場で写真を見ることができるようになりますが、ここでは、お金をかけず、利便性を
高めましょう。
Chapter 2-6ではWebサーバーのApacheを利用する方法を紹介しました。基本的に、Apacheのドキュメントルー
ト以下のディレクトリ（デフォルトでは、/var/www/html）以下に写真が出力されるようにすれば、Webブラウザで画
像を確認できるようになります。

そこで、写真を撮影したら、Apacheのドキュメントルート以下に「preview.jpg」という名前で画像が保存されるよ
うプログラムを改良しましょう。そうすれば、ラズパイで撮影した画像を、Webブラウザ上でプレビューできます。
Chapter 2-6の手順に沿って、Apacheをインストールした上で、プログラムを改良しましょう。
改良するポイントは、take_photo()関数です。この関数を、次のように書き換えましょう。

```
01  docroot = "/var/www/html"  # ドキュメントルートを指定
02  def take_photo():
03      now = datetime.now()
04      f = now.strftime('%Y-%m-%d_%H-%M-%S') + ".jpg"
05      exec("fswebcam "+f)
06      exec("cp {0} {1}/preview.jpg".format(f, docroot)) # ファイルをコピー
```

そして、Apacheのドキュメントルートである、/var/www/html に、ファイルを書き込むことができるように、書き込み権限をつけましょう。

ターミナルで入力

```
01  $ sudo chmod 777 /var/www/html
```

そして、プログラムを実行します。

ターミナルで入力

```
01  $ python3 camera-button2.py
```

そして、カメラで画像を撮影した後、同一LAN内にあるPCやスマホで、Webブラウザで次のURLにアクセスします。

```
http://(ラズパイのIPアドレス)/preview.jpg
```

すると、撮影した画像を確認できます。
再度撮影したら、Webブラウザの更新ボタンを押すことで、画像が更新されます。

図5-1-16　Webブラウザでカメラ画像を確認しているところ

ここまでの部分で、USB接続のカメラを利用した、手作りデジカメも作ってみました。USBカメラは比較的大きいのでゴツゴツした感じの楽しい見栄えのカメラになりました。配線を収納したり、専用カメラモジュールやラズパイゼロを使うなど、改善点はいくつもありそうです。ぜひ皆さんのアイデアで改造してみてください。

この節のまとめ

この節では、カメラの基本的な使い方を紹介しました。ラズパイ専用のカメラ、あるいは、USB接続のカメラのどちらを使うとしても、コマンドラインから、fswebcamなどのコマンドを実行することで、画像の撮影が行えます。Pythonのプログラムから撮影を行いたいときは、subprocessで外部コマンドを実行することで目的を果たせます。

TIPS

ラズパイの動作情報を取得しよう

ラズパイには、「vcgencmd」というコマンドがあります。これは、ファームウェア情報を取得するコマンドで、さまざまな情報を取得することができます。

書式

```
$ vcgencmd（パラメータ）
```

たとえば、ラズパイのCPUメモリの使用量を得るには以下のように「get_mem arm」パラメータを指定して実行します。

```
01  $ vcgencmd get_mem arm
02  arm=944M
```

ここで指定するパラメータは右の表の通りです。より詳細な情報を取得する場合は、以下を参照してください。

● vcgencmdのマニュアル
　[URL] http://elinux.org/RPI_vcgencmd_usage

コマンドとパラメータ	説明
vcgencmd measure_temp	CPUの温度
vcgencmd measure_clock arm	CPU周波数
vcgencmd measure_volts	電圧の取得
vcgencmd get_mem arm	CPUメモリ使用量の取得
vcgencmd get_mem gpu	GPUメモリ使用量の取得

他にも、Linuxカーネルのバージョンを取得するには、以下のように記述します。

```
01  $ cat /etc/debian_version
02  10.9
```

そして、「uname -a」コマンドで、ラズパイのシステム情報を調べることもできます。

```
01  $ uname -a
02  Linux raspberrypi4 5.10.52-v7l+ #1441 SMP Tue Aug 3 18:11:56 BST 2021 armv7l
    GNU/Linux
```

人感センサーとカメラで防犯ロボットを作ろう

ラズパイゼロOK

この節のポイント

●人感センサーとカメラを連携させよう

●反応があったとき、LINEで通知するようにしよう

ここで使うデバイス

デバイス	個数	説明	P.088～092の表の番号
Webカメラ	1個	一般的なUSBカメラ	26

ここで使う電子部品

電子部品	個数	説明	P.088～092の表の番号
カーボン抵抗器（330Ω）	1個	「橙橙茶金」の色で印が付いたもの（R-07812）。LEDにつなぐ	5
赤色LED	1個	通電すると光るLED（I-06245）	6
人感センサーSE-10	1個	焦電型赤外線センサモジュール（M-02471）	25
カーボン抵抗器（10KΩ）	1個	「茶黒橙金」の色で印がついたもの（R-07838）。SE-10につなぐ	5

chapter 5-2

カメラと人感センサーで防犯ロボットを作ろう

Chapter 4-7では人感センサーの使い方を紹介しました。それは、焦電型赤外線センサーの「SE-10」を利用したもので、人や動物が動いたことを、センサーで感知することができるものでした。そこで、このセンサーとカメラを組み合わせて、防犯目的の画像記録ロボットを作ってみましょう。

接続しよう

まずは、部品を接続してみましょう。ここでは、USBカメラと人感センサーの他に、撮影のタイミングで光るLEDも使うことにします。カメラ、赤色LED、人感センサー（SE-10）を右のように接続することにしましょう。

部品	接続先
USBカメラ	USBポート
LED（左/マイナス）	39番（GND）❶
LED（右/プラス）	抵抗→7番（ポート4）❷
SE-10（赤:VDD）	2番（5V）❸
SE-10（白:GND）	39番（GND）❹
SE-10（黒:AL）	抵抗→16番（ポート23）❺

回路図は**図5-2-1**のようになります。
この図でGNDへの線が2股になっていま
す。これは実際にはブレッドボードの上下の
列（長い列）を介して、GNDにつなげます。

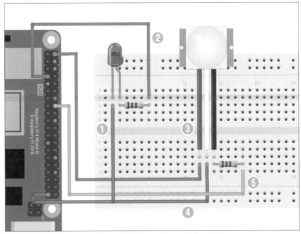

図5-2-1　人感センサーを利用した防犯カメラの回路

カメラと人感センサーを縦向きに配置しよう

ブレッドボード上で部品をつなげたら、動作
確認をするために、カメラと人感センサーを
立ててみましょう。都合良くUSBカメラは
台座がついている上に、レンズの横にスペー
スがあったので、カメラの横にマスキング
テープで人感センサーを固定できました。

図5-2-2　Webカメラに人感センサーを固定

また、カメラに合わせて、LEDもジャンパ
ワイヤにつなげて位置が自由になるように
延ばしました。テープで線が広がらないよう
に固定すると挿しやすくなります。

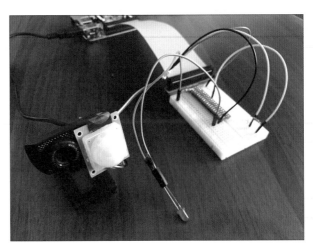

図5-2-3　回路を接続したところ

人感センサーに反応して撮影するプログラム

次に、プログラムを作りましょう。人感センサーに反応して撮影するプログラムは以下の通りです。基本的に、人感センサーに反応があったとき、カメラの撮影コマンドを実行するというだけの簡単な仕組みです。

samplefile: src/ch5/camera-pe.py

```python
01 import RPi.GPIO as GPIO
02 from time import sleep
03 from datetime import datetime
04 import subprocess
05
06 # GPIOポートの設定 --- ❶
07 SENSOR_PORT = 23
08 LED_PORT = 4
09 GPIO.setmode(GPIO.BCM)
10 GPIO.setup(SENSOR_PORT, GPIO.IN)
11 GPIO.setup(LED_PORT, GPIO.OUT)
12
13 # コマンドの実行 --- ❷
14 def exec(cmd):
15     r = subprocess.check_output(cmd, shell=True)
16     return r.decode("utf-8").strip()
17
18 # 写真の撮影コマンドを実行 (ファイル名を日時に)
19 def take_photo():
20     now = datetime.now()
21     f = now.strftime('%Y-%m-%d_%H-%M-%S') + ".jpg"
22     exec("fswebcam "+f)
23
24 try:
25     # 繰り返しセンサーの値を得る --- ❸
26     sw = 0 # 連続撮影防止
27     while True:
28         v = GPIO.input(SENSOR_PORT)
29         if v == GPIO.HIGH:
30             GPIO.output(LED_PORT, GPIO.HIGH)
31             take_photo()
32             sw = 1
33         else:
34             GPIO.output(LED_PORT, GPIO.LOW)
35             sw = 0
36         sleep(0.1)
37
38 except KeyboardInterrupt:
39         pass
40
41 GPIO.cleanup()
```

プログラムを実行するには、以下のコマンドを実行します。

ターミナルで入力

```
01 $ python3 camera-pe.py
```

プログラムを実行し、人感センサーの前で動くと、Webカメラが撮影します。撮影した画像は、カレントディレクトリ（プログラムと同じディレクトリ）へ「年-月-日_時-分-秒.jpg」の形式でファイル名で保存します。

プログラムの内容を確認していきましょう。
プログラムの❶では、GPIOポートの指定を行います。人感センサー「PE-10」を入力モード（GPIOI.IN）で、赤色LEDを出力モード（GPIO.OUT）に設定します。
続いて、プログラムの❷の部分では、外部コマンドのfswebcamを実行して、画像を撮影します。この部分は、Chapter 5-1で紹介したプログラムと全く同じです。
そして、プログラムの❸の部分では、繰り返しセンサーの値を取得します。while文で繰り返し実行しますが、ここでは、センサーの値が、LOW→HIGHと変化したときのみ、撮影を行うように変数swを使ってシャッターを切るタイミングを調整しています。
ただし、プログラムを実行してみると分かりますが、人が通り過ぎるだけの場合、それほど良い画像が撮影できているわけではありません。これは、fswebcamのコマンドを実行して撮影するのに、時間がかかるためです。この点は、Chapter 5-3で紹介するOpenCVを使うことで改善できるでしょう。

防犯ロボットっぽくレゴで外観を作ろう

それから、せっかくの防犯ロボットですから、それらしく外観を作ってみましょう。というのも、防犯カメラは、実際に動いていないとしても、ダミーのカメラがあるというだけで、防犯効果があります。つまり、防犯ロボットと名乗るからには、外見が重要ということです。そういえば、アニメ『機動警察パトレイバー』では、人型ロボットの「イングラム」は、一般市民や犯人への心理的影響も考慮して設計されたという設定でした。イングラムとまではいかないまでも、それなりにロボットっぽく飾ってみましょう。

ここでは、レゴブロックを使って、カメラと人感センサーの周囲にブロックを組んでいきます。ちょうど、レゴブロックの家の窓枠が、人感センサー「SE-10」のサイズと同じだったので、窓枠を使って、センサーを固定することができました。
また、マスキングテープを利用して、LEDを固定したら完成です。

実際に動かしてみたところを動画に撮影しました。

● 防犯ロボットのビデオ
　[URL] https://youtu.be/EeFMuSA7mNE

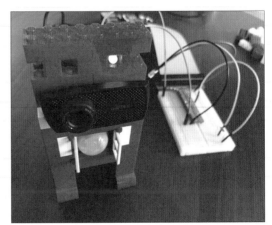

図5-2-4　レゴブロックで外観を組んだ防犯ロボット

最後に、配置するときに、ラズパイ本体とブレッドボードを、100円ショップで売っているカゴの中に隠せば、手作り防犯ロボットの完成です。

防犯ロボットにLINE通知機能を付けよう

防犯ロボットが一通り完成したら、次のステップとして、ロボットに**通知機能**をつけましょう。人感センサーに反応があり、写真を保存したら、**LINE**にその旨を**通知**するようにします。防犯目的だけでなく、ロボットを会議室に配置しておけば、誰かが会議室を使っているかどうかを判断する目的でも利用できそうです。ただし、部屋に人がいる間中、ずっと通知があると困るので、一度通知したら、動きがあっても10分は通知しないように配慮しましょう。

LINE Notify

LINEに通知を行うために、LINE Notify APIを利用します。まず、Webブラウザで、以下のWebサイトを開きます。

● **LINE Notify**

[URL] https://notify-bot.line.me/ja/

そして、LINEのアカウントでログインしましょう。画面右上にある「ログイン」をクリックして、LINEのアカウントを入力します。そして、改めて画面右上から「(ユーザー名) > マイページ」をクリックします。

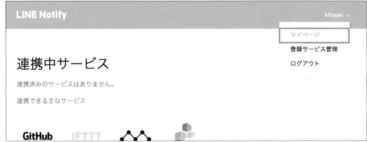

図5-2-5
LINE Notifyでマイページを
表示

マイページに行くと、「パーソナルアクセストークン」の発行ボタンがあります。これを利用すると、Webサービスの登録をすることなく、特定のグループや人に通知を送ることができます。
「トークンを発行する」のボタンをクリックすると、通知を誰に送るのか選択する画面がでます。

図5-2-6
誰に通知を送るのか
選択する画面が出る

そして、選択すると、認証用のトークンが発行されます。こ
のトークンが重要なので、しっかりとメモっておきましょう。

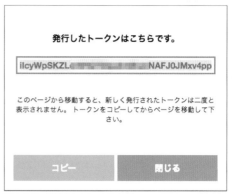

発行したトークンはこちらです。

ilcyWpSKZL███████████████NAFJ0JMxv4pp

このページから移動すると、新しく発行されたトークンは二度と
表示されません。トークンをコピーしてからページを移動して下
さい。

コピー　　　　　　閉じる

図5-2-7　発行されたトークンの例

なお、以下のプログラムでは、仮の無効なトークンが記されていますので、上記の手順で、トークンを取得したら、
ご自身で取得したトークンに変更してご利用ください。
もしも、グループに通知を送りたい場合は、「LINE Notify」をグループに追加しておく必要があります。
それから、プログラムを実行するに当たって、Pythonで必要となるrequestsモジュールをインストールしましょう。

ターミナルで入力

```
01  $ sudo pip3 install requests
```

まずは、簡単なメッセージを、Line Notifyに送信するプログラムを見てみましょう。このプログラムでは、コマンド
ラインの引数に指定したメッセージをLINEで通知します。

samplefile: src/ch5/line-test.py

```
01  import requests
02  import sys
03  import urllib.parse as parse
04
05  # LINE Notifyトークン - 以下を書き換えて利用します★
06  TOKEN = 'iIcyWpSKZLor6HQTOpa4mBiunNAFJOJMxv4ppuLAn7B'    ← ここを変更
07  API = 'https://notify-api.line.me/api/notify'
08
09  # LINE Notifyにデータをポスト
10  post_data = {'message': sys.argv[1]}                 # コマンドラインの引数を取得
11  headers = {'Authorization': 'Bearer ' + TOKEN}       # ヘッダーを指定
12  res = requests.post(API, data=post_data,             # データをポスト
13          headers=headers)
14  print(res.text) # 結果を表示
```

それではこのテストプログラムを実行してみましょう。以下のように、引数に「吾輩は猫である」と指定すると、そ
れをLINEに通知します。

ターミナルで入力

```
01  $ python3 line-test.py 吾輩は猫である
02  {"status":200,"message":"ok"}
```

図5-2-8は、LINEに通知されたメッセージです。

このようにLINE Notifyを使うのは、とても単純です。指定された
URLにmessageというパラメータ、ヘッダに認証トークンをつけて
データをポストするだけです。認証のためのヘッダは「Authorization:
Bearer（トークン）」という形式で送ります。
認証ヘッダやパフメータを指定のURLに送信するには、requestsモ
ジュールを使うのが簡単です。また、このときpost()メソッドを使っ
て送信します。

図5-2-8　LINE Notifyにメッセージを送ったところ

LINEに通知する機能を追加しよう

無事、LINEに通知が届いたことを確認したら、防犯ロボットのプログラム「camera-pe.py」にLINE通知機能を追
加しましょう。
以下のプログラムが、プログラムを書き換えたものです。特に、プログラムのtake_photo()関数を書き換えました。
そして、せっかく画像を記録するのですから、撮影した写真も一緒にLINEにポストするようにしてみました。

samplefile: src/ch5/camera-pe2.py

```
01  import RPi.GPIO as GPIO
02  from time import sleep
03  from datetime import datetime
04  import subprocess
05  import requests
06
07  # LINE Notifyトークン - 以下を書き換えて利用します★
08  TOKEN = 'iIcyWpSKZLor6HQTOpa4mBiunNAFJOJMxv4ppuLAn7B'     ← ここを変更
09  API = 'https://notify-api.line.me/api/notify'
10
11  # GPIOポートの設定
12  SENSOR_PORT = 23
13  LED_PORT = 4
14  GPIO.setmode(GPIO.BCM)
15  GPIO.setup(SENSOR_PORT, GPIO.IN)
16  GPIO.setup(LED_PORT, GPIO.OUT)
17
18  # コマンドの実行
19  def exec(cmd):
20      r = subprocess.check_output(cmd, shell=True)
21      return r.decode("utf-8").strip()
22
```

```
23  # 写真の撮影コマンドを実行（ファイル名を日時に）
24  last_post = datetime(2000, 1, 1) # 適当に初期化
25  def take_photo():
26      global last_post
27      # 写真を撮影
28      now = datetime.now()
29      fname = now.strftime('%Y-%m-%d_%H-%M-%S') + ".jpg"
30      exec("fswebcam "+fname)
31      # LINEに通知
32      # ただし10分は通知しない --- ❶
33      sec = (now - last_post).seconds
34      if sec < 10 * 60: return
35      last_post = now
36      # 通知をLINEに挿入 --- ❷
37      post_data = {'message': '侵入者アリ'}
38      headers = {'Authorization': 'Bearer ' + TOKEN}
39      files={'imageFile': open(fname,'rb')}
40      res = requests.post(API, data=post_data,
41          headers=headers,files=files)
42      print(res.text)
43
44  try:
45      sw = 0 # 連続撮影防止
46      # 繰り返しセンサーの値を得る
47      while True:
48          v = GPIO.input(SENSOR_PORT)
49          if v == GPIO.HIGH:
50              GPIO.output(LED_PORT, GPIO.HIGH)
51              take_photo()
52              sw = 1
53          else:
54              GPIO.output(LED_PORT, GPIO.LOW)
55              sw = 0
56          sleep(0.1)
57  except KeyboardInterrupt:
58          pass
59  GPIO.cleanup()
```

プログラムを実行してみましょう。

ターミナルで入力

```
01$ python3 camera-pe2.py
```

ロボットの前で動いてみると、LINE Notify を通して防犯ロボットから
通知が届きます（**図5-2-9**）。これでかなり実用度が高まりました。

図 5-2-9
LINE Notify に防犯ロボッ
トから通知があったところ

プログラムを見てみましょう。プログラムの❶では、10分以内に重ねてLINEへ通知を送らないように、間隔を空けるようにしています。❷の部分では、LINE Notifyへ「侵入者アリ」と通知を送信します。このとき、post()メソッドに、files引数を追加することで、画像も一緒にポストします。files引数には、imageFileと画像ファイルのファイルハンドルを渡します。

この節のまとめ

以上、ここでは、防犯ロボットを作る方法を紹介しました。人感センサーとカメラを組み合わせれば、効果的な防犯ツールを作ることができます。また、LINE Notifyを利用することで、LINEに画像を送信することもできることが分かりました。

TIPS

ブレッドボードの配線について

Chapter 5-2に出てきましたが、複数の線を1つのピンに接続したい場合がよくあります。大抵の電子部品は、電源とGNDに接続する必要があります。ここで、改めて一般的なブレッドボードを確認してみましょう。

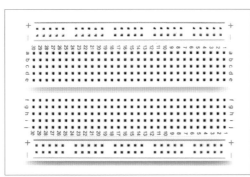

図5-2-A
一般的なブレッドボード

このブレッドボードの上下には、赤と青の線が引かれています。Chapter 3-3で説明しましたが、この上下2本の線は、横列方向へとずっとつながっています。そこで、そのうちの1本を3.3Vに、もう1本をGNDのピンに接続しておきます。そうすれば、多くの電子部品が必要とする、電源とGNDへと接続できます。

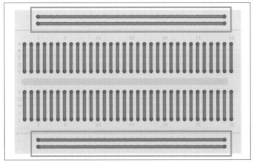

図5-2-B
ブレッドボードの上下の2本を
活用する

たとえば、複数のLEDを接続する場合、**図5-2-C**のように接続することができるでしょう。

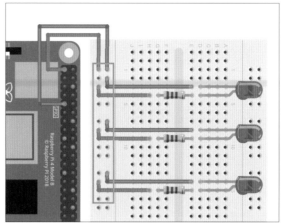

図5-2-C　LEDを3つつなげた場合

実際に接続する場合は、オス-オスのジャンパワイヤを使って接続することができます。右のようなブレッドボード内での接続に特化した短いジャンパワイヤも発売されています。

● ブレッドボード・ジャンパーワイヤ（P-00288）
　［URL］http://akizukidenshi.com/catalog/g/gP-00288/

図5-2-D　短いジャンパワイヤ

また、上下に2本の線がないミニブレッドボードでも余っている列を利用して、似たような配線を実現できます。**図5-2-E**の例は、左上の1列を3.3Vに、その右1列をGNDとして利用することができます。

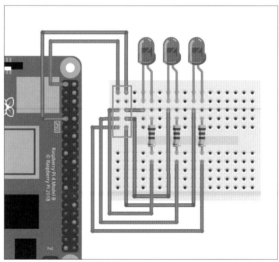

図5-2-E　ミニブレッドボードを使う場合

Webカメラと OpenCVで
自動撮影してみよう

| ラズパイゼロ OK |

この節のポイント

● OpenCV をインストールしてみよう

● OpenCV を使って顔認識をしてみよう

ここで使うデバイス

デバイス	個 数	説 明	P.088〜092の表の番号
Webカメラ	1個	一般的な USBカメラ	24

OpenCVとは

OpenCV (Open Source Computer Vision Library) は、インテルが開発・公開したオープンソースのコンピュータビジョン向けライブラリです。

このライブラリを使うと、画像形式の変換、フィルタ処理、顔認識や物体認識、文字認識など、画像に関連するさまざまな処理を行うことができます。Windows、macOS、Linux など、さまざまなプラットフォームで動作するのが特徴です。もちろん、ラズパイでも動作します。

せっかくラズパイから Web カメラが使えるのですから、OpenCV を利用して任意のタイミングで撮影などをしてみましょう。

● OpenCV の Web サイト
[URL] http://opencv.org/

図 5-3-1　OpenCV の Web サイト

インストールの手順

OpenCVは高機能で素晴らしいライブラリですが、ラズパイで使う際には、インストールが少々複雑です。そこで、ここでは、本書のためにラズパイ用のインストールスクリプトを用意しました。

以下のコマンドを実行することで、OpenCVをインストールできます。これは、GitHubからOpenCVのインストール用スクリプトを取得して、スクリプトを実行するものです。

ターミナルで入力

```
01 $ git clone https://github.com/kujirahand/raspi_opencv_install.git
02 $ bash raspi_opencv_install/setup.sh
```

これは、ソースコードをコンパイルしてからインストールするため、インストールには、それなりに時間がかかります。

インストール手順が煩雑なので、もしエラーが出た場合、以下のURLにアクセスして、最新の手順を確認してください。

[URL] https://github.com/kujirahand/raspi_opencv_install

```
[100%] Built target tutorial_Threshold
[100%] Built target tutorial_Geometric_Transforms_Demo
[100%] Built target tutorial_HoughCircle_Demo
[100%] Built target tutorial_Morphology_1
[100%] Built target tutorial_Remap_Demo
[100%] Built target tutorial_Sobel_Demo
[100%] Built target tutorial_calcBackProject_Demo1
[100%] Built target tutorial_copyMakeBorder_demo
[100%] Built target example_tapi_pyrlk_optical_flow
[100%] Built target example_tapi_bgfg_segm
[100%] Built target example_tapi_camshift
[100%] Built target example_tapi_tvl1_optical_flow
[100%] Built target example_tapi_clahe
[100%] Built target example_tapi_squares
[100%] Built target example_tapi_hog
[100%] Built target example_tapi_ufacedetect
Install the project...
-- Install configuration: "RELEASE"
-- Up-to-date: /usr/local/include/opencv2/cvconfig.h
-- Installing: /usr/local/include/opencv2/opencv_modules.hpp
-- Installing: /usr/local/lib/pkgconfig/opencv.pc
-- Installing: /usr/local/share/OpenCV/OpenCVConfig.cmake
-- Up-to-date: /usr/local/share/OpenCV/OpenCVConfig-version.cmake
-- Old export file "/usr/local/share/OpenCV/OpenCVModules.cmake" wil
ving files [/usr/local/share/OpenCV/OpenCVModules-release.cmake].
-- Installing: /usr/local/share/OpenCV/OpenCVModules.cmake
-- Installing: /usr/local/share/OpenCV/OpenCVModules-release.cmake
-- Up-to-date: /usr/local/include/opencv/cv.h
-- Up-to-date: /usr/local/include/opencv/cv.hpp
-- Up-to-date: /usr/local/include/opencv/cvaux.h
-- Up-to-date: /usr/local/include/opencv/cvaux.hpp
```

図 5-3-2　OpenCVのインストールをしているところ

インストールできたか確認してみよう

OpenCVがインストールできているかどうかを確認するには、まず以下のように、「python3」と入力して、Pythonの対話的実行環境を実行します。続いて「import cv2」と入力して、OpenCVのライブラリが読み込めるかどうかを試します。

ターミナルで入力

```
01 $ python3
02 >>> import cv2
```

インストールが正しくできていると、何も起きませんが、もし、インストールに失敗していると、モジュールがない旨のエラー（ModuleNotFoundError）が出ます。その場合、改めてインストールに挑戦してみてください。また、Pythonの対話環境を終了するには、quit()と入力します。

Webカメラで画像を保存しよう

OpenCVを利用して、Webカメラで画像を保存するには、以下のようなプログラムを利用します。

samplefile: src/ch5/opencv-camera.py

```
01  import cv2
02
03  # カメラデバイスをオープン --- ❶
04  camera = cv2.VideoCapture(0)
05
06  # 画像を取得 --- ❷
07  _, frame = camera.read()
08
09  # ファイルに画像を保存 --- ❸
10  cv2.imwrite('test-opencv.jpg', frame)
```

プログラムを実行するには、以下のコマンドを実行します。

ターミナルで入力

```
01  $ python3 opencv-camera.py
```

プログラムを実行すると、Webカメラで撮影を行って、画像を「test-opencv.jpg」という名前で保存します。

プログラムを見てみましょう。プログラムの❶では、カメラデバイスをオープンします。そして、❷の部分では、カメラから画像を取得します。最後に、❸の部分で、ファイルに画像を保存します。

人間の顔を認識したら記録するツール

OpenCVを使うと、画像の顔認識を行うことができます。そこで、ここでは、カメラをのぞき込んだ顔があれば、その顔を認識して、ファイルに保存するというプログラムを作ってみましょう。OpenCVの顔認識では、Haar-like特徴分類器と呼ばれる学習機械を用います。これは、機械学習で、対象となる特徴量を学習させて、学習データを元にパターン認識を行うカスケード分類器の一種です。

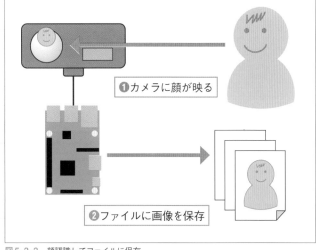

❶カメラに顔が映る

❷ファイルに画像を保存

図5-3-3　顔認識してファイルに保存

これを利用すれば、カメラをのぞき込んで、家の家電をコントロールしたり、ラズパイに近づいた人を記録しておくことができるでしょう。Webカメラをラズパイにつないだ上で、以下のプログラムを実行します。OpenCVで人間の顔を認識すると、その画像をファイルに保存します。

samplefile: src/ch5/opencv-face-camera.py

```
01 import cv2
02 from datetime import datetime
03 from time import sleep
04
05 # 顔認識用のファイル --- ❶
06 CASCADE_FILE = "./haarcascade_frontalface_alt.xml"
07
08 # あまり小さなサイズは顔と認識しないように --- ❷
09 MIN_SIZE = (150,150)
10
11 # 顔認識用の分類器を生成 --- ❸
12 cascade = cv2.CascadeClassifier(CASCADE_FILE)
13
14 # カメラをオープン --- ❹
15 camera = cv2.VideoCapture(0)
16
17 # 繰り返し画像を判定する
18 try:
19     while True:
20         # カメラから画像を入力 --- ❺
21         _, img = camera.read()
22         # グレースケールに変換 --- ❻
23         igray = cv2.cvtColor(img, cv2.COLOR_BGR2GRAY)
24         # 顔認識 --- ❼
25         faces = cascade.detectMultiScale(igray, minSize=MIN_SIZE)
26         if len(faces) == 0:
27             continue # 顔がなかった場合
28         # 認識した部分に印を付ける --- ❽
29         for (x,y,w,h) in faces:
30             color = (255, 0, 0)
31             cv2.rectangle(img, (x,y), (x+w, y+h),
32                 color, thickness=8)
33         # 画像を保存 --- ❾
34         s = datetime.now().strftime("%Y-%m-%d_%H_%M_%S")
35         fname = "face" + s + ".jpg"
36         cv2.imwrite(fname, img)
37         print("顔を認識しました")
38         sleep(3) # 連続で認識しないように待機
39
40 except KeyboardInterrupt:
41     print("ok.")
```

プログラムの中で顔認識のためのデータファイル「haarcascade_frontalface_alt.xml」を読み込んで使います。サンプルに収録していますので、プログラムと同じフォルダにコピーして実行してください。その後、以下のコマンドを実行します。

ターミナルで入力

```
01 $ python3 opencv-face-camera.py
```

図**5-3-4**は、筆者が自分でカメラをのぞき込んでみたところです。
問題なく、顔を認識してファイルに画像を保存することができま
した。美人のモデルに頼むことができれば、もっと良かったので
すが……。

プログラムを確認してみましょう。プログラムの❶では、顔認識
用のカスケードファイルを指定しています。OpenCVの顔認識は
汎用的となっており、人間の顔だけでなく、ネコの顔も認識する
ことができます。そして、何を認識するのかは、このカスケードファ
イルに何を指定するのかで変わってきます。

今回、以下のOpenCVのリポジトリよりダウンロードしたカスケー
ドファイル（BSDライセンス）を本書のサンプルに収録しています。

図5-3-4　カメラをのぞき込むとラズパイが顔を認識して撮影し、ファイルへ保存

[URL] https://github.com/opencv/opencv/tree/master/data/haarcascades

上記リポジトリの内容を見てみると、いろいろなカスケード
ファイルが用意されています。たとえば、右表のようなファ
イルがあり、それぞれ説明欄にあるような用途に利用できま
す。

ファイル名	説明
haarcascade_frontalface_alt.xml	人間の顔（正面）
haarcascade_eye.xml	顔の中の目
haarcascade_smile.xml	笑顔
haarcascade_frontalcatface.xml	ネコの顔（正面）

プログラムの❷では、あまりに小さな顔を認識しないように設定します。ここでは、サイズ150×150ピクセル以下
を顔と認識しないように指定します。これを指定しないと、壁の模様などを顔と認識してしまうことがあります。プ
ログラムの❸では、顔認識の分類器を生成します。❹ではカメラをオープンします。❺では、カメラから画像を入力
します。❻では、入力した画像をグレースケールに変換します。つまり、顔認識を行う場合は、次の手順を踏みます。

1. カメラから画像を読み取る
2. グレースケールに変換
3. 顔認識のdetectMultiScale()メソッドを実行

ちなみに、**手順2.** でグレースケールに変換するのは理由があります。このプログラム（Haar-like特徴分類器）では、
顔の明暗を元にして顔を認識しているからです。人間の顔写真をグレースケールにして観察すると分かりますが、目
の辺りは暗い色が多く、目の下の頬の部分は明るい色が多いという特徴になります。OpenCVで顔認識や物体認識
を行う処理では、入力としてグレースケールのデータを与える場面が多いということを覚えておきましょう。

プログラムの❼では、顔認識を実行します。認識した結果は、リスト型です。❽では、for構文を利用して認識した
部分を示すために、画像に長方形の枠を描画します。

そして、プログラムの❾では、日時を利用してファイル名を生成し画像を保存します。

この節のまとめ

以上、ここでは、OpenCVを利用して、カメラ画像を利用する方法、顔認識を行う方法を紹介しました。OpenCVは
多機能で、画像処理には欠かせないものです。手軽にカメラ画像を取り出すこともできるようになります。

Webブラウザで
カメラ映像をライブ配信しよう

| ラズパイゼロOK |

この節のポイント

● Webサーバー経由で画像配信する方法を学ぼう

● リアルタイムに画像を配信しよう

ここで使うデバイス

デバイス	個 数	説 明	P.088〜092の表の番号
Webカメラ	1個	一般的なUSBカメラ	24

連続でカメラ画像を保存しよう

Chapter 5-3までで、ラズパイとWebカメラをつなげて、画像を撮影する方法を見てきました。次に、スマホや他の
PCのWebブラウザでカメラの画像を確認できるように、**画像を配信する方法**を試してみましょう。

すでに、fswebcamコマンドや、OpenCVライブラリの使い方を紹介していますので、ラズパイに接続したWebカ
メラの画像を取得し、ファイルに保存することができるようになりました。画像のライブ配信を行うには、**画像を連
続で保存し、それをWebブラウザで見られる**ようにします。

本書のChapter 2-6では、WebサーバーのApacheをインストールする方法を紹介しましたので、ここでは、その
Apacheを利用して、画像をライブ配信してみましょう。

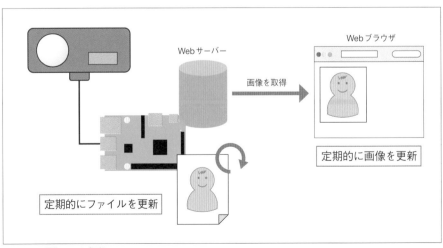

図5-4-1　画像のライブ配信

まずは、以下のPythonのプログラム「live-writer.py」と表示用のHTMLファイル「live1.html」を作成しましょう。
「live-writer.py」はカメラの映像を連続で画像ファイルに保存し続けるプログラムです。このプログラムは、
OpenCVを利用します。

samplefile: src/ch5/live-writer.py

```
01  import cv2, os, time
02
03  # デバイスをオープン --- ❶
04  camera = cv2.VideoCapture(0)
05
06  # 繰り返し画像をファイルに保存 --- ❷
07  while True:
08      _, frame = camera.read()
09      img = cv2.resize(frame, (320,240))
10      cv2.imwrite('tmp.jpg', img)
11      os.rename('tmp.jpg', 'live.jpg')
12      time.sleep(0.3)
```

「live1.html」は連続で画像を更新するJavaScriptを仕込んだHTMLファイルです。このHTMLファイルをブラウザ
で確認すると、JavaScriptにより画像が定期的に更新されます。

samplefile: src/ch5/live1.html

```
01  <!DOCTYPE html>
02  <html><head><meta charset="utf-8"></head>
03  <body><h3>ライブ配信</h3>
04    <img id="img">
05    <script>
06      var img = document.getElementById("img");
07      var r = 0;
08      function update() {
09        img.src = "live.jpg?r=" + r;
10        img.onload = function() {
11          setTimeout(update, 100);
12        };
13        r++;
14      }
15      update();
16    </script>
17  </body></html>
```

プログラムを実行するために、「live-writer.py」と「live1.html」をApacheのドキュメントルート「/var/www/html」
にコピーしますが、その前に「/var/www/html」の権限を変更します。ターミナルで以下のように入力します。

ターミナルで入力

```
01  # ディレクトリに読み書きの権限をつける(初回のみ)
02  $ sudo chmod 777 /var/www/html
03
04  # live-writer.pyとlive1.htmlを「/var/www/html」へコピー
05  $ cp live-writer.py /var/www/html
06  $ cp live1.html /var/www/html
```

そして、USBにWebカメラを接続した上で、以下のコマンドを実行します。

ターミナルで入力

```
01  # Apacheのドキュメントルートに移動
02  $ cd /var/www/html
03
04  # プログラムを実行する
05  $ python3 live-writer.py
```

その後で、Webブラウザで、ラズパイのWebサーバーのアドレスにアクセスしましょう。このとき、ラズパイと同一LANにつながっているパソコンからアクセスするようにしてください。

```
http://(ラズパイのIPアドレス)/live1.html
```

アクセスすると、図5-4-2のようにWebカメラの映像が表示されます。

図5-4-2　Webカメラの映像をライブ配信

プログラムを中止するには、ターミナルで、[Ctrl] + [C] キーを押して、画像保存を中止します。

では、Pythonのプログラム「live-write.py」を見てみましょう。画像を保存するだけなので10行ちょっとに収まっています。プログラムの❶では、OpenCVでカメラのデバイスをオープンします。
そして、プログラムの❷で320×240のサイズにリサイズして、「tmp.jpg」という画像ファイルに保存します。
そして、この画像を「live.jpg」というファイルにリネームします。わざわざリネームしているのは、繰り返し同じ画像ファイルを書き換えるために、ファイル書き換えと、画像の読み取りのタイミングが重なって、画像にアクセスできなくなるのを防ぐためです。
続いてHTMLファイル「live1.html」の方を見てみましょう。こちらは、画像が読み込まれて、0.1秒待機したら再度画像を読み込むようにしたものです。

画像配信専用Webサーバーを作ろう

しかし、先ほどのプログラムを実行してみると分かりますが、カクカクとして、映像の遅延もかなりあります。そこで、画像の更新と配信のタイミングを合わせてWebクライアントに送信するようにしてみましょう。

これは、Pythonで簡易Webサーバーを生成し、画像を逐次配信するようにするものです。仕組みとしては、次の図のようになります。Apacheを使わず、カメラから映像を読み取って、ファイルを介さず、そのままWebブラウザへと配信します。

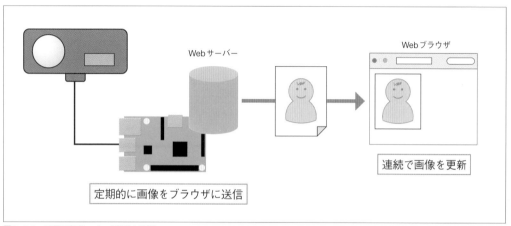

図 5-4-3　画像配信サーバーを利用する例

ここでは、Webサーバー機能を持たせたPythonのプログラム「live-server.py」と、サーバーから画像を次々と受信する「live2.html」の2つのファイルを利用します。WebサーバーのApacheを利用しないため、特にファイルを特定のディレクトリにコピーする必要はありません。

まず、以下のプログラムは、画像配信サーバーとなるPythonのプログラムです。

samplefile: src/ch5/live-server.py

```
01  from http.server import HTTPServer, BaseHTTPRequestHandler
02  import cv2
03
04  # カメラのデバイスをオープン
05  camera = cv2.VideoCapture(0)
06
07  # Webサーバーのハンドラを定義 --- ❶
08  class liveHTTPServer_Handler(BaseHTTPRequestHandler):
09      # アクセスがあったとき
10      def do_GET(self):
11          print("path=",self.path)
12          # 画像を送信する --- ❷
13          if self.path[0:7] == "/camera":
14              # ヘッダ
15              self.send_response(200)
16              self.send_header('Cotent-Type', 'image/jpeg')
17              self.end_headers()
18              # フレームを送信
```

```
19              _, frame = camera.read()
20              img = cv2.resize(frame, (300,200))
21              # JPEGにエンコード
22              param = [int(cv2.IMWRITE_JPEG_QUALITY), 80]
23              _, encimg = cv2.imencode('.jpg', img, param)
24              self.wfile.write(encimg)
25          # HTMLを送信する --- ❸
26          elif self.path == "/":
27              # ヘッダ
28              self.send_response(200)
29              self.send_header('Content-Type', 'text/html')
30              self.end_headers()
31              # HTMLを出力
32              try:
33                  f = open('live2.html', 'r', encoding='utf-8')
34                  s = f.read()
35              except:
36                  s = "file not found"
37              self.wfile.write(s.encode('utf-8'))
38          else:
39              self.send_response(404)
40              self.wfile.write("file not found".encode('utf-8'))
41  try:
42      # Webサーバーを開始 --- ❹
43      addr = ('', 8081)
44      httpd = HTTPServer(addr, liveHTTPServer_Handler)
45      print('サーバーを開始', addr)
46      httpd.serve_forever()
47
48  except KeyboardInterrupt:
49      httpd.socket.close()
```

そして、以下は、Webサーバーから配信される画像を受信し、再度サーバーへ画像をリクエストするJavaScriptを含んだHTMLです。

samplefile: src/ch5/live2.html

```
01  <!DOCTYPE html>
02  <html><head><meta charset="utf-8"></head>
03  <body><h3>ライブ配信</h3>
04    <img id="img">
05    <script>
06      var img = document.getElementById("img");
07      img.onload = update;
08      var r = 0;
09      function update() {
10        img.src = "camera?" + r;
11        r++;
12      }
13      update();
14    </script>
15  </body></html>
```

プログラムを実行するには、USBにWebカメラをつなげた上で、次のコマンドを実行します。

ターミナルで入力

```
01  $ python3 live-server.py
```

そして、Webブラウザで、以下のラズパイのIPアドレスにアクセスします。

```
http://(ラズパイのIPアドレス):8081/
```

以下の画像は、Webカメラの映像をライブ配信しているところです。カメラ画像をオンメモリで、クライアントに配信するため、比較的滑らかに画像を配信することができます。

図5-4-4　Webカメラの映像をライブ配信しているところ

プログラムを確認してみましょう。Pythonには元々簡単なWebサーバーを実現するモジュール「http.server」が用意されています。今回のプログラムでは、これを利用して、手軽に画像配信サーバーを実現したものです。
プログラムの❶を見ると、Webサーバーのハンドラを定義しています。❹の部分でWebサーバーを開始すると、このハンドラの do_GET() メソッドが実行されます。そして、そのとき、どのようなパスにアクセスがあったのか、調べることができます。
そこで、❷の「/camera」から始まるパスにアクセスがあると、Webカメラの画像をクライアントに送信します。ここでは、300×200に画像をリサイズし、JPEG形式にエンコードします。
プログラムの❸では、HTMLファイルの「live2.html」にHTMLファイルを送信します。
このように、Pythonのhttp.serverモジュールを利用することで、手軽にWebサーバーを実装することができます。今回のWebサーバーは、画像のキャッシュ機構を作り込んでいないため、1対1の通信専用で、複数箇所への配信には対応していませんが、リアルタイムに画像を配信することができました。

この節のまとめ

ここでは、ラズパイのWebカメラ映像を、HTTP経由でWebブラウザに配信する方法を紹介しました。少し工夫するだけで、それなりのパフォーマンスでリアルタイムに配信できるようになりました。

ロボットの口 —— スピーカーから音を出そう

| ラズパイゼロOK（一部注意）|

この節のポイント

● 音を出す方法を知っておこう

● 音声出力を利用しよう

ここで使うデバイス

デバイス	個 数	説 明	P.088〜092の表の番号
スピーカー	1個	一般的なアナログジャック対応のスピーカー	26

ラズパイで音を再生するには

ラズパイから音を出してみましょう。スピーカーの選択やボリュームの変更方法、MP3や動画の再生方法について、また、Pythonのプログラムで音声ファイルを生成し、再生する方法について紹介します。

HDMIでディスプレイに接続すれば、そこから音が出ます。また、3.5mmのアナログジャックにスピーカーをつないで音を出すこともできます。そして、Bluetoothも搭載されているので、Bluetoothスピーカーとペアリングして音を出せます。

通常は、アクティブな出力先が自動的に選ばれて、音が出力されるようになっていますので、特別な設定は不要です。

図 5-5-1　100円ショップで購入したスピーカー

上記の100円ショップのスピーカーでも、問題なく音を鳴らすことができました。ただし、残念ながら、出力される音は「非常に小さい」というのが率直な感想です。やはり、大きな音で鳴らすには、別途給電があるスピーカーが必要でしょう。

また、スピーカーがない人は、アナログジャックに普通のイヤフォンをさして音を確認することもできます。

なお、ラズパイゼロの場合、アナログジャックはありませんが、USBポートがあります。そこで、USB接続のスピーカーを購入し、USB変換プラグを利用しつつ、内側のUSBポートに挿すことで音を鳴らすことができます。加えて、3.5mmアナログジャックをUSBに変換するアダプターもあります。

スピーカーの音量テスト

スピーカーから音が出るかどうか、テストしたい場面があります。そんなときに便利なのが、「speaker-test」コマンドです。以下のコマンドを実行すると、スピーカーから、880Hzのサイン波が出力されて、ピーッという音がスピーカー

から鳴ります。音を止めるには、ターミナルで、［Ctrl］＋［C］のキーを押します。

```
01 $ speaker-test -t sine -f 880
```

なお、後述のBluetoothスピーカーを使う場合、上記のテストが利用できない場合があります。

音量を調整しよう

コマンドラインでラズパイの音量を変更するには、以下のコマンドを実行します。出力音量を上げるには、カーソルキーの上下で変更します（**図5-5-2**）。［ESC］キーを押すと、設定画面を終了します。

ターミナルで入力

```
01 $ alsamixer
```

また、Raspberry Pi OSのデスクトップの画面上部のバーの右上にある、スピーカーのアイコンから音量を変更することができます（**図5-5-3**）。

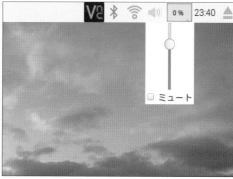

図5-5-3　スピーカーアイコンで音量変更

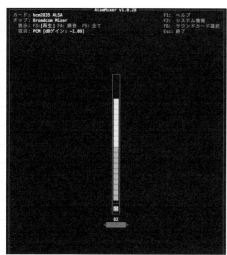

図5-5-2
コマンドラインから音量を変更できます

トラブルシューティング ―― 音が出ないとき

もし、音量を上げても、音が出ないようであれば、以下のraspi-configコマンドを実行して設定を変更しましょう。

ターミナルで入力

```
01 $ sudo raspi-config
```

次いで、「System Options」次いで「Audio」をカーソルキーで選択します。そして、出力先を選択します。HDMIモニターではなく、アナログジャックから音を出したい場合は「Headphones」を選択します（**図5-5-4**）。

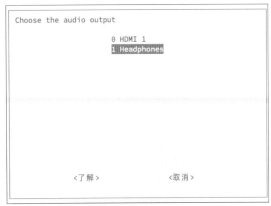

```
Choose the audio output

              0 HDMI 1
              1 Headphones








          <了解>          <取消>
```

図5-5-4　オーディオ出力先の選択

音量をコマンドラインから取得・設定しよう

また、現在利用できるオーディオ・インターフェイスの一覧を確認したいときは、以下のように「mixer controls」コマンドを実行します。

ターミナルで入力

```
01  $ amixer controls
02  numid=4,iface=MIXER,name='Master Playback Switch'
03  numid=3,iface=MIXER,name='Master Playback Volume'
04  numid=2,iface=MIXER,name='Capture Switch'
05  numid=1,iface=MIXER,name='Capture Volume'
```

上記の情報を1つずつ確認してみると、どうやらオーディオ出力を表しているのが、numid=3であることが分かるでしょう。そこで、numid=3について、さらに情報を得てみましょう。以下のように「amixer cget numid=(番号)」のコマンドを実行します。

ターミナルで入力

```
01  $ amixer cget numid=3
02  numid=3,iface=MIXER,name='Master Playback Volume'
03    : type=INTEGER,access=rw------,values=2,min=0,max=65536,step=1
04    : values=58983,58983
```

よく分からない値が表示されたと思うかもしれません。それでも、よく見ると、min（最小値）が0、max（最大値）が65536であり、values（現在値）が58983,58983であることが分かります。ステレオ（右＋左）に対応しているため値が2つ表示されています。

次に、ボリュームを変更してみましょう。「amixer cset numid (値)」とコマンドを実行するとボリュームを変更できます。範囲内（0-65536）の値を指定するか、あるいは「90%」のように割合で指定することも可能です。以下は、音量を70%に設定する例です。

```
01 $ amixer cset numid=3 70%
02 numid=3,iface=MIXER,name='Master Playback Volume'
03   ; type=INTEGER,access=rw------,values=2,min=0,max=65536,step=1
04   : values=45876,45876
```

コマンドの出力を見てみると、values=45876,45876と70%の値（≒65536*0.7）と設定されたことが分かります。値が大きいのでパーセント(%)で指定できると便利ですね。

再起動しても設定を保持させたい場合には、以下のコマンドを実行します。

ターミナルで入力

```
01 $ sudo alsactl store
```

MP3を再生する方法

MP3で音声ファイルを再生するには、どうしたら良いでしょうか。MP3を再生するには、パッケージマネージャーのAPTを利用して、MP3の再生アプリ「mpg321」をインストールします。以下のコマンドを実行すると、インストールできます。

ターミナルで入力

```
01 # mpg321のインストール
02 $ sudo apt-get -y install mpg321
```

たとえば、「pico.mp3」というMP3ファイルを再生するには、以下のコマンドを実行します。なお、「pico.mp3」はサンプルの中に含まれています。

ターミナルで入力

```
01 $ mpg321 pico.mp3
```

同じファイルを繰り返し再生したり、音量を変えて再生することもできます。繰り返し再生を行うには、「--loop 回数」というオプションを付けます。0を指定すると、ずっと繰り返して再生しますが、以下は、3を指定するので、3回繰り返し再生します。

ターミナルで入力

```
01 # pico.mp3を3回再生する
02 $ mpg321 pico.mp3 --loop 3
```

実は、このmpg321ですが、コマンドラインから使える**音楽プレイヤー**としても優秀です。たとえば、複数のオーディオファイルを引数に指定すると、連続でそれを再生してくれます。

そのため、コマンドラインで以下のように指定すると、フォルダ内のMP3を連続で再生します。しかも、引数オプショ

ンに「--loop」をつけて実行すれば、ずっと繰り返し再生してくれますし、「--shuffle」をつけると曲をランダムに選んで再生してくれます。つまり、BGMを流し続けたい場面で活躍してくれます。

ターミナルで入力

```
01  # あるフォルダにあるMP3を全部再生する
02  $ mpg321 --loop 0 --shuffle -K *.mp3
```

また、引数オプションで「-K」オプションを付けておくと、キーボード操作でボリュームや曲のスキップが可能になります。「*」でボリュームを上げ、「/」でボリュームを下げ、「m」でミュート、「n」で曲をスキップします。
筆者も、プログラムを書いたりするときは、コマンドラインの音楽プレイヤーを使って、BGMを操作していますが、キーボードであらゆる操作を行えるのが最大の魅力です。

動画のダウンロードと再生

ラズパイを使って、動画をダウンロードしたり、再生することができます。

YouTubeの動画をダウンロードできる

YouTubeから動画をダウンロードするには、「youtube-dl」というコマンドがあります。以下のコマンドを実行すると、youtube-dlをインストールすることができます。

ターミナルで入力

```
01  $ sudo pip3 install youtube-dl
```

インストールが完了したら、以下の書式でYouTube動画をダウンロードできます。YouTubeのURLを引数に与えると、動画のダウンロードが始まります。たとえば、以下のように指定できます。

ターミナルで入力

```
01  # YouTubeをダウンロードする
02  $ youtube-dl https://www.youtube.com/watch?v=N-GjScHUnLw
```

上記の要領でYouTubeの動画をダウンロードすると、動画のタイトルの入ったファイルが、カレントディレクトリに保存されます。上記の例では、「Raspberry Pi - 7セグメントLED 二桁分 -N-GjScHUnLw.mp4」という名前になります。これだと、再生が面倒なので、「abc.mp4」という名前にしましょう。下記のように指定すると「Rasp」から始まるMP4ファイルを「abc.mp4」にファイル名を変更します。

ターミナルで入力

```
01  $ mv Rasp*.mp4 abc.mp4
```

そして、ダウンロードした動画は、ラズパイに最初からインストールされている「omxplayer」を使って再生することができます。

たとえば、abc.mp4という動画であれば、以下のようにコマンドを入力します。

ターミナルで入力

```
01  # 動画を再生する
02  $ omxplayer abc.mp4
```

ただし、omxplayerを使って動画を再生する場合、ラズパイに直接接続したモニターでのみ再生され、VNCやSSHなどリモート操作している環境では動画を見ることはできません。

また、ラズパイのデスクトップ上で動画を再生するには、VLCプレイヤーが便利です。以下のコマンドを実行するとVLCプレイヤーをインストールします。

ターミナルで入力

```
01  $ sudo apt install vlc
```

VLCをインストールしたら、ラズパイのファイルマネージャー（PCMan File Manager）上でファイルをダブルクリックして動画を再生できます。

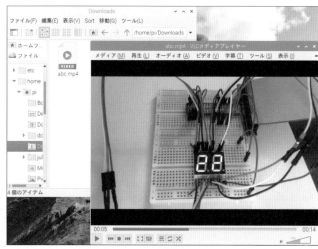

図5-5-5　VLCで動画を再生しているところ

Pythonで音声ファイルを生成しよう

次に、Pythonを利用して、音声ファイルを生成する方法を試してみましょう。以下のプログラムを実装すると440Hzのサイン波（音の高さ「ラ」の音）を5秒間鳴らすWAVファイル「sine.wav」を作成します。

samplefile: src/ch5/sine-wave-out.py

```
01  import wave
02  import numpy as np
03  import struct
04
05  # サイン波を作る --- ❶
06  def gen_sine_wave(A, f0, fs, sec):
07      swav = np.zeros(sec * fs, np.int16)
08      for n in range(swav.size):
09          y = A * np.sin(2 * np.pi * f0 * n / fs)
10          # クリッピング処理
11          if y > 1.0 : y = 1.0
12          if y < -1.0 : y = -1.0
13          # 16ビット整数に変換
14          swav[n] = int(y * 32767.0)
15      return swav
16
17  swav = gen_sine_wave(1, 440, 8000, 5)
18
19  # ファイルに保存 --- ❷
20  bin = struct.pack("h" * len(swav), *swav)
21  w = wave.Wave_write("sine.wav")
22  p = (1, 2, 8000, len(bin), "NONE", "not compressed")
23  w.setparams(p)
24  w.writeframes(bin)
25  w.close()
```

以下のコマンドを実行すると、WAVファイルを生成して、プレイヤー「aplay」を使って、WAVファイルを再生します。

ターミナルで入力

```
01  # WAVファイルを生成
02  $ python3 sine-wave-out.py
03
04  # 生成したファイルを再生
05  $ aplay sine.wav
```

プログラムを確認してみましょう。プログラム❶では、サイン波を生成します。サイン波を作成するには、np.sin()関数を利用します。ここでは、振幅1、周波数440Hz、サンプリング周波数8000、5秒の設定で、サイン波を作成し、プログラムの❷でWAV形式で保存します。
このように、プログラミングにより音声ファイルを生成し、ラズパイから再生することもできます。

この節のまとめ

このように、ラズパイでは、手軽に音声出力を行うことができます。また、ソフトウェアを導入することで、MP3など圧縮された音声ファイルの再生もできます。Pythonで音声ファイルを生成することもできます。

Bluetooth スピーカーとつなげる方法

昨今いろいろなBluetoothスピーカーが発売されています。内蔵バッテリーを搭載しているものも多く、電源につないでなくても長時間大きな音を出せるものもあります。これを利用してラズパイをBGM再生のためのジュークボックスの代わりに使うこともできます。

とはいえ、アナログジャックに挿すスピーカーとは違って挿せば使えるという訳ではありません。Bluetooth機器は最初にペアリングする必要がありますし、機器同士の相性もあります。ここでは、Bluetoothスピーカーをつなげる方法について紹介します。

なお、原稿執筆時点でも、ラズパイのデスクトップのメニューバー右上にBluetoothのアイコンがあるのですが、そこからBluetoothスピーカーは接続できませんでした。そこで、必要なライブラリをインストールするところから始めましょう。手軽にBluetoothの設定ができるように、最初にBluetoothとオーディオ関連のパッケージをインストールしましょう。

ターミナルで入力

```
01 # Bluetoothとオーディオ関連のパッケージをインストール
02 $ sudo apt-get install pi-bluetooth blueman bluealsa bluez mpg321
03 $ sudo apt-get install pulseaudio pavucontrol pulseaudio-module-bluetooth
```

念のため、ラズパイを再起動します。その後、ラズパイのメニューに［設定 > Bluetoothマネージャー］が追加されるので、これを起動します。

図5-5-A ［設定 > Bluetoothマネージャー］をクリック

そして、Bluetoothスピーカーをペアリング可能な状態にしましょう。Bluetoothマネージャーが起動したらメニュー上部の［検索］ボタンを押します。接続したいデバイスが一覧に表示されたら、右クリックして「セットアップ」を選んでクリックします。その後は、セットアップ画面が出ますので「オーディオシンク」を選び「進む」ボタンをクリックします。最後に「閉じる」ボタンを押すとセットアップが完了します。

図5-5-B デバイスを検索してセットアップを行う

そして、画面右上のメニューバーにあるスピーカーアイ
コンを右クリックして、［Audio Outputs＞（任意のスピー
カー）］をクリックして出力スピーカーを選択します。

図5-5-C　スピーカーを選択しよう

一般的には上記の手順で音が鳴るようになるはずです。しかし、筆者が試したところ、この手順では、再生で
きないBluetooth機器がありました。その場合、以下のコマンドラインから制御する方法を試してみてください。

コマンドラインでBluetoothスピーカーを有効にする方法
コマンドラインからBluetoothスピーカーを使う方法を紹介します。
この場合、ターミナルからbluetoothctlコマンドを使って機器をペアリングします。

ターミナルで入力

```
01 $ bluetoothctl
```

すると、コマンドラインの左端のプロンプト表示が［bluetooth］になりますので、以下のコマンドを実行しま
しょう。

ターミナルで入力

```
01 $ power on
02 $ agent on
03 $ scan on
```

すると、Bluetooth機器の一覧が表示されます。そこで該当する機器のアドレスが分かったら、「scan off」で
検索を停止します。続けて「trust（アドレス）」「pair（アドレス）」「connect（アドレス）」と入力するとスピーカ
ーが利用できる状態になります。
ここで「info」とタイプすると接続情報を表示します。接続できたら「quit」と入力してbluetoothctlを終了し
ます。
続いて設定ファイル「~/.asoundrc」に設定情報を指定して別名で利用できるようにします。以下のファイル
を作成し「device」の部分（2箇所）をスピーカーのアドレスに書き換えます。なおターミナルで「nano ~/.
asoundrc」を実行することで作成・編集できます。

~/.asoundrc

```
01 defaults.bluealsa.interface "hci0"
02 defaults.bluealsa.device "6C:5C:3D:33:EC:4F"  ←←← 書き換える
03 defaults.bluealsa.profile "a2dp"
04 defaults.bluealsa.delay 10000
05
06 pcm.bt-speaker {
07    type bluealsa
08    device "6C:5C:3D:33:EC:4F"  ←←← 書き換える
09    profile "a2dp"
10 }
```

そして再起動します。すると本文で紹介しているmpg321を利用する際、「--audiodevice=bt-speaker」というオプションを指定することで、Bluetoothスピーカーから音楽ファイルを再生できます。

ターミナルで入力

```
01  $ mpg321 --audiodevice=bt-speaker（音楽ファイル）
```

なお、筆者が試したBluetoothスピーカー（IKEAエネヒーポータブル）は省エネ設計のため音が出ていない時には、すぐにスリープモードに移行してしまう仕組みのものでした。そのため、普段は音を出さず必要な時のみ音を鳴らすという用途には向いていませんでした。

ただし、そのスピーカーにはアナログジャックによる入力もついており、これを利用するとスリープモードを防ぐことができました。ラズパイではBluetoothスピーカーも利用できますが、やはりUSB接続かラズパイ専用の拡張HAT、アナログジャックで接続するのが安定していてオススメです。

Chapter 5-6

ラズパイをしゃべらせよう

ラズパイゼロ OK

この節のポイント

● ラズパイにしゃべらせよう

● 今日の天気を読み上げよう

ここで使うデバイス

デバイス	個数	説明	P.088〜092の表の番号
スピーカー	1個	一般的なアナログジャック対応のスピーカー	28

ラズパイにしゃべらせる方法

Chapter 5-5で、ラズパイから音を出力させる方法、また、すでに準備された音声ファイルを再生する方法を学びました。このChapter 5-6では、音声合成を行って、ラズパイに任意の文章をしゃべらせる方法を見ていきましょう。ラズパイで音声合成をして、日本語をしゃべらせるには、「AquesTalk Pi」と「Open JTalk」を使う方法と2つの方法が有名です。それぞれに個性があり、話す雰囲気が異なるので、2つの方法を試してみましょう。

AquesTalk Pi を使う方法

「AquesTalk Pi」とは、日本語のテキストから音声合成を行って、WAVファイルを出力するアプリケーションです。もともと有償のプロダクトですが、個人の非営利の場合のみ無償で使用できます。AquesTalkは、すでにカーナビやさまざまな製品に組み込まれている音声合成エンジンです。そのため、安定した日本語を話すことができます。

● AquesTalk Pi のWebサイト
[URL] http://www.a-quest.com/products/aquestalkpi.html

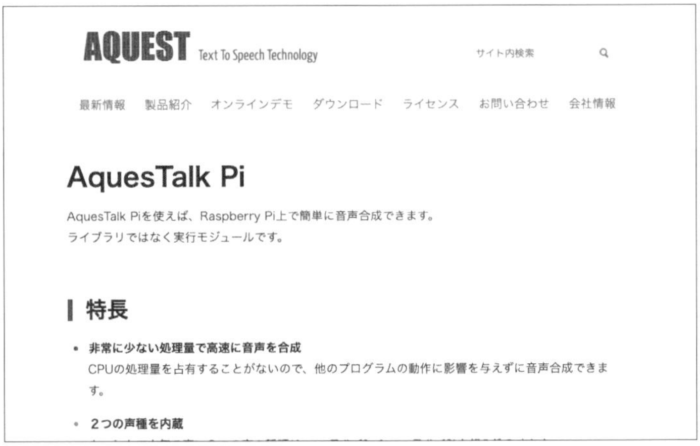

図 5-6-1　AquesTalk Pi のWebサイト

ラズパイ用にバイナリファイルが提供されていますので、これを利用してみましょう。Webサイトの指示に従って、ブラウザを利用して、ラズパイ用のバイナリをダウンロードしてください。個人の非営利利用は無償で利用できるようです。

ファイルをダウンロードしたら、デスクトップのファイルマネージャーを使って解凍するか、以下のようにtarコマンドを使って解凍します。ここでは、ダウンロードしたファイルが「aquestalkpi-20201010.tgz」であったとします。ダウンロードしたフォルダに移動してから、以下を実行します。

ターミナルで入力

```
01  $ tar xzvf aquestalkpi-20201010.tgz
02  $ cd aquestalkpi
```

解凍すると「AquesTalkPi」という名前の実行ファイルが入っています。それでは、これを使ってしゃべらせてみましょう。以下のコマンドを実行すると「こんにちは」と声が聞こえます。

ターミナルで入力

```
01  $ ./AquesTalkPi "こんにちは" | aplay
```

もう少し長文も読み上げてもらいましょう。少し長い文章も自然に読み上げてくれます。

ターミナルで入力

```
01  $ MSG="今日の天気は雨です。傘を忘れずに持っていきましょう。"
02  $ ./AquesTalkPi $MSG | aplay
```

Open JTalkを使う方法

「Open JTalk」は、その名前にOpenと掲げるとおり、オープンソース（BSDライセンス）の音声合成エンジンです。名古屋工業大学の研究チームが開発しました。HMM（隠れマルコフモデル）という方式を用いて音声合成を行います。

● Open JTalk
[URL] http://open-jtalk.sourceforge.net/

図5-6-2　Open JTalkのWebサイト

Open JTalkは、パッケージマネージャーのAPTを利用して、ライブラリをインストールできます。次のコマンドを実行して、インストールを行いましょう。

```
01  # Open JTalkをインストール
02  $ sudo apt-get -y install open-jtalk
03
04  # 動作に必要な辞書と音声データをインストール
05  $ sudo apt-get -y install open-jtalk-mecab-naist-jdic
06  $ sudo apt-get -y install hts-voice-nitech-jp-atr503-m001
```

Open JTalkをコマンドラインから利用するには、指定すべきオプションが多いので、次のようなスクリプトを作ってみましょう。1行目は「#」から始まっていますが、飛ばさず入力してください。

samplefile: src/ch5/jtalk.sh

```
01  #!/bin/bash
02  tempfile="/tmp/tmp-jtalk.wav"
03  voice="nitech-jp-atr503-m001/nitech_jp_atr503_m001.htsvoice"
04  dic="/var/lib/mecab/dic/open-jtalk/naist-jdic"
05  option="-m /usr/share/hts-voice/$voice -x $dic -ow $tempfile"
06
07  echo "$1" | open_jtalk $option
08  aplay $tempfile
```

次のコマンドでスクリプトに実行権限を与えましょう。

ターミナルで入力

```
01  $ chmod 766 jtalk.sh
```

そして、音声をしゃべらせるには、コマンドラインから、以下のように実行すると、男性の声で「こんにちは」とスピーカーから声が聞こえます。

ターミナルで入力

```
01  $ ./jtalk.sh "こんにちは。"
```

Open JTalkで女性の声に変更する方法

Open JTalkでは、声データ(これを「音響モデル」と呼びます)を差し替えることで、異なる声に変えることができます。ちょうど、MMDAgentというオープンソースのサンプルデータ(本体ではなくサンプル)に、Meiという女性の音響モデルが含まれています。これを利用することで、女性の声で文章の読み上げが可能になります。
以下のサイトでダウンロードできます。[Download] ボタンをクリックしてZIPファイルをダウンロードしましょう。なお、いろいろファイルがありますが、一番大きな番号のフォルダを開き、zipファイルをダウンロードしてください。

● Sourceforge > MMDAgent Example
　[URL] https://sourceforge.net/projects/mmdagent/files/MMDAgent_Example/

次いで、ZIPファイルを解凍すると、「Voice」というフォルダがあります。このフォルダ以下にある音響モデルを、

ラズパイの/usr/share/hts-voice以下にコピーしましょう。ただし、/usr/share以下にファイルをコピーするには、管理者権限が必要となるので、適当なフォルダにダウンロードした上で、以下のコマンドを実行してコピーしましょう。

ターミナルで入力

```
01  # ZIP ファイルを解凍
02  $ unzip MMDAgent_Example-1.8.zip
03  # ファイルをコピー
04  $ sudo cp -r MMDAgent_Example-1.8/Voice/mei /usr/share/hts-voice/
```

コピーが終わったら、/usr/share/hts-voice/mei を見てみましょう。普通の声 (mei_normal.htsvoice) に加えて、怒っている声 (mei_angry.htsvoice) や、はにかんだ声 (mei_bashful.htsvoice) など、感情ごとに声が用意されています。

ターミナルで入力

```
01  $ cd /usr/share/hts-voice/mei
02  $ ls
03  COPYRIGHT.txt  mei_angry.htsvoice    mei_happy.htsvoice   mei_sad.htsvoice
04  README.txt     mei_bashful.htsvoice  mei_normal.htsvoice
```

無事に音響モデルがコピーできていることを確認できたら、jtalk.shを書き換えましょう。

samplefile: src/ch5/mei.sh

```
01  #!/bin/bash
02  tempfile="/tmp/tmp-jtalk.wav"
03  voice="mei/mei_normal.htsvoice"
04  dic="/var/lib/mecab/dic/open-jtalk/naist-jdic"
05  option="-m /usr/share/hts-voice/$voice -x $dic -ow $tempfile"
06
07  echo "$1" | open_jtalk $option
08  aplay -q $tempfile
```

それでは、シェルスクリプトに実行権限を与えて、その上でスクリプトを実行して「猿も木から落ちる」としゃべらせてみましょう。

ターミナルで入力

```
01  # 実行権限を与える
02  $ chmod 777 mei.sh
03  # 音声を再生する
04  $ ./mei.sh 猿も木から落ちる
```

うまくしゃべらせることができたら、次に、このシェルスクリプトを手軽に使うことができるように、/usr/local/binにコピーしておきましょう。

ターミナルで入力

```
01  # パスの通ったディレクトリへコピー
02  $ sudo cp ./mei.sh /usr/local/bin/
03  # しゃべらせてみよう
04  $ mei.sh 猿も木から落ちる
```

このように、スクリプトをパスの通ったディレクトリにコピーしておけば、コマンドラインから利用したり、また他の
プログラムから利用したりするのが楽になります。

紙面では分かりませんが、爽やかな声で、文章を読み上げてくれます。

天気予報を取得してしゃべらせてみよう

それでは、ラズパイで天気予報を取得し、その
天気を読み上げるようなプログラムを作ってみま
しょう。天気予報の情報が、「気象情報 - クジラ
週間天気API」でJSON形式で配信されています
ので、これを利用してみます。

● 気象情報 - クジラ週間天気API

[URL] https://api.aoikujira.com/index.
php?tenki

図 5-6-3　気象情報 - クジラ週間天気APIのWebサイト

ここでは、東京の天気を読み上げますが、URLパラメータのcityの値を差し替えることで、全国のいろいろな場所の
天気予報に対応することができます。

以下のプログラムは、東京の天気予報をJSON形式で取得して読み上げます。先ほど作成したmei.shを使うので、
同じディレクトリにコピーしておきます。

samplefile: src/ch5/talk-weather.py

```
01  import urllib.request as req
02  import json, subprocess
03
04  # 天気予報のJSONデータをダウンロード
05  url = "https://api.aoikujira.com/tenki/week.php?fmt=json&city=319"
06  savename = "tenki.json"
07  req.urlretrieve(url, savename)
08
09  # JSONファイルを解析
10  text = ""
11  data = json.load(open(savename, "r", encoding="utf-8"))
12  for row in data['319']:
13      date = row['date']
14      tenki = row['forecast']
```

```
15      text += date + "は、" + tenki + "です。"
16
17  # 読み上げ
18  def exec(cmd):
19      r = subprocess.check_output(cmd, shell=True)
20      return r.decode("utf-8").strip()
21
22  # 1文ずつ読み上げる
23  lines = text.split("。")
24  for s in lines:
25      if s == "": continue
26      print(s)
27      exec('./mei.sh "' + s + '"')
```

プログラムを実行するには、以下のコマンドを入力します。読み上げられる内容は、実行時によって違います。

ターミナルで入力

```
01  $ python3 talk-weather.py
02  22日（火）は、晴です
03  23日（水）は、曇です
04  24日（木）は、曇です
05  25日（金）は、曇一時雨です
06  26日（土）は、曇一時雨です
07  27日（日）は、曇一時雨です
08  28日（月）は、曇一時雨です
```

ラズパイだと長文の読み上げに時間がかかる……

Open JTalkでいろいろな文章を読み上げていると気になるのが、読み上げ開始までにかかる処理時間です。Open JTalkでは文章を元にWAVファイルを生成するという仕組みなので、仕方ないことですが、長文が出てくると、音声データが生成されるのに時間がかかります。

これを回避するには、いくつかの方法があります。まず、一番簡単なのは、少しずつ読み上げるようにするということです。天気予報の読み上げプログラムでは「。」で文章を区切ってから読み上げていましたが、句読点「、」と「。」で文章を区切るようにしてみましょう。他の方法ですが、最初の一文を読み上げている間に、残りの文章の音声ファイルを作っておくという方法が考えられます。プログラムをちょっと工夫することで、解決できると思いますので、試行錯誤してみてください。

また、Open JTalkよりもAquesTalk Piの方が、処理時間が短いようですので、用途や目的に応じて音声合成エンジンを使い分けるという手も考えられるでしょう。

この節のまとめ

以上、本節ではコマンドラインから音声合成を行うアプリ「AquesTalk Pi」と「Open JTalk」を紹介しました。これらを利用すれば、ラズパイに好きな文章を読み上げさせることができます。これらは、会話ロボットを作るのには欠かせません。基本的な使い方を覚えておきましょう。

ロボットの耳 —— マイクから音声を入力しよう

ラズパイゼロ OK

この節のポイント

● USBマイクを使おう

● 音声認識をしよう

ここで使うデバイス

デバイス	個数	説明	P.088〜092の表の番号
USBマイク	1個	一般的なUSBマイク	29

USBマイクについて

続いて、ラズパイにつないだマイクから音声を入力しましょう。ラズパイにアナログ音声入力の機能はついていないので、USB接続のマイクを利用します。USB接続のマイクはさまざまなものが販売されています。探してみると、安価な数百円のものもあります。調べてみると200円で買った激安のマイクでも、ラズパイで使えたという報告がありますので、大抵のUSBマイクは使えることでしょう。

ちなみに、筆者が購入したいくつかのUSBカメラを確認すると、いずれもマイク内蔵のものだったので、新たにマイクを買わずに、これを利用しましたが、それなりに音声認識をさせることもできました。もちろん、カメラのオマケですから、それほど音質は良くありません。必要であれば、別途購入すると良いでしょう。

USBマイクを認識しているか確認しよう

USBマイクをラズパイが認識しているかどうかを調べるには、以下のコマンドを実行します。

ターミナルで入力

```
01  $ lsusb
02  Bus 001 Device 004: ID 0411:0260 BUFFALO INC. (formerly MelCo., Inc.)
03  Bus 001 Device 003: ID 0424:ec00 Standard Microsystems Corp. SMSC9512/9514 Fast
    Ethernet Adapter
04  Bus 001 Device 002: ID 0424:9514 Standard Microsystems Corp.
05  Bus 001 Device 001: ID 1d6b:0002 Linux Foundation 2.0 root hub
```

コマンドを実行して、リストの中に接続したマイクのメーカーや製品名が表示されていれば成功です。

また、次のようにマイクのハードウェアのカード番号を確認しておきましょう。

ターミナルで入力

```
01  $ arecord -l
02  **** ハードウェアデバイス CAPTURE のリスト ****
03  カード 1: Camera [BUFFALO BSWHD06M USB Camera], デバイス 0: USB Audio [USB Audio]
04    サブデバイス: 1/1
05    サブデバイス #0: subdevice #0
```

これを見ると「カード1」「デバイス0」となっています。この値を覚えておきましょう。

他にも、次のコマンドを実行することでもリストを確認できます。これを見ても、カード番号を確認することができます。

ターミナルで入力

```
01  $ cat /proc/asound/cards
02   0 [ALSA          ]: bcm2835 - bcm2835 ALSA
03                        bcm2835 ALSA
04   1 [Camera        ]: USB-Audio - BUFFALO BSWHD06M USB Camera
05                        KYE Systems Corp. BUFFALO BSWHD06M USB Camera at usb-
06  3f980000.usb-1.2, high spe
```

マイク音量を変更する

上記の結果を踏まえて、マイクの音量を変更してみましょう。以下は、デバイスのカード番号の1番の音量を100%に変更する例です。「-c 1」というオプションがカード番号を「1」と指定するものです。

ターミナルで入力

```
01  $ amixer sset Mic 100% -c 1
02  Simple mixer control 'Mic',0
03    Capabilities: cvolume cswitch
04    Capture channels: Front Left - Front Right
05    Limits: Capture 0 - 88
06    Front Left: Capture 88 [100%] [16.00dB] [on]
07    Front Right: Capture 88 [100%] [16.00dB] [on]
```

マイクから音声を録音しよう

マイクの音声を録音するには、以下のコマンドを実行します。以下は、指定のデバイスからファイル「test.wav」に音声を録音するという意味になります。録音を止めるには、[Ctrl] + [C] キーを押します。

ターミナルで入力

```
01  $ arecord --device=plughw:1,0 test.wav
```

ここで指定している「--device=plughw:1,0」ですが、先ほど調べたカード番号とデバイス番号を指定します。「-D plughw:1,0」としても同じ意味になります。

```
arecord --device=plughw:(カード番号),(デバイス番号) ファイル名
```

筆者の環境では、カード番号が1、デバイス番号が0だったので、先のように指定しました。

今度は「-D plughw:1,0」の表記を使って、改めて録音してみましょう。あらかじめ、録音する秒数が分かっている場合は「-d 秒数」のオプションを指定します。

ターミナルで入力

```
01  $ arecord -D plughw:1,0 -d 10 test.wav
```

録音した音声を再生してみましょう。

ターミナルで入力

```
01  $ aplay test.wav
```

音声を長時間録音するとき

長時間音声を録音したいとき、すべてのデータを1つのファイルに書き込むと非常に巨大なファイルになってしまいます。そんなときのために「-max-file-time=秒数」のオプションがあります。このオプションを指定して録音を実行すると、指定秒数が経過したとき、連番を振って別のファイルに録音を続けてくれます。

ターミナルで入力

```
01  # 10秒ずつ個別のファイルに録音
02  $ arecord --max-file-time=10 test.wav --device=plughw:1,0
03
04  # [Ctrl] + [C] で停止した後で ls でディレクトリを確認
05  $ ls *.wav
06  test-01.wav  test-02.wav  test-03.wav
```

ちなみに、arecordの標準設定では、8bit 8000 Hzモノラルで録音するようになっています。それほど音質が良いわけではありませんが、これは、10秒ずつの録音で、8,000バイトの容量を消費します。これを元に計算すると、1分で48,000バイト、1時間で2,880,000バイト(2.74MB)ですので、24時間録音しっぱなしでもそれほど大きな容量にはなりません。最近のSDカードは大容量なので、一日中録音しっぱなしにしても、問題なく録音できます。

WAVをMP3に変換して再生しよう

そして、巨大なファイルができたときに、MP3に変換して、容量を抑えたい場合も多くあります。その際に役立つのが「lame」です。lameを使うと、WAVファイルをMP3ファイルに変換することができます。

ターミナルで入力

```
01  # lameのインストール
02  $ sudo apt-get install lame
```

「test.wav」をMP3形式「test.mp3」に変換するには、次のコマンドを実行します。「lame（入力ファイル）（出力ファイル）」と書くだけなので簡単です。

ターミナルで入力

```
01 $ lame test.wav test.mp3
```

この節のまとめ

以上、ここでは、マイクから得た音声を録音する方法やマイクの音量設定方法などを紹介しました。

TIPS

ラズパイで自宅WIKIを運用しよう

ラズパイを利用すれば、自宅Webサーバーを運用できます。そこにWIKIや掲示板などのWebアプリを設置すると、家族や会社の部署内で、連絡用に使うことができます。Chapter 2-6でApacheをインストールしましたので、さらにPHPなどを追加インストールすることで、いろいろなWebアプリを設置できます。以下のコマンドを実行すると、PHPとよく使われる追加モジュールをインストールできます。

```
01 $ sudo apt-get install -y php7.3 php7.3-sqlite3 php7.3-cli php7.3-gd
    php7.3-mbstring
```

そして、PHPをインストールしたら、Apacheを再起動しましょう。

```
01 $ sudo service apache2 restart
```

WIKIとは、Webブラウザから手軽にページの内容を書き換えることができるWebサイト管理システムのことです。家でだけで参照する情報などをラズパイのWIKIに記述しておけば、家族だけが参照できるWIKIとして活用できます。今回は、筆者が開発しているKonaWiki2をインストールする方法を紹介します。ここでは、ターミナルで、以下のコマンドを実行すると、自宅WIKIを設定できます。

```
01 $ sudo chmod 777 /var/www/html
02 $ sudo chown -R www-data:www-data /var/www/html
03 $ cd /var/www/html
04 $ git clone https://github.com/kujirahand/konawiki2.git
05 $ chmod 777 konawiki2/data
06 $ chmod 777 konawiki2/attach
07 $ chmod 777 konawiki2/cache
```

同一ネットワーク内のパソコンやスマートフォンから、ラズパイのIPアドレスへアクセスすると、WIKIにアクセスすることができます。そして、画面右下の「ログイン」のボタンをクリックしたら、ユーザー名「username」、パスワード「password」でログインします。そして「編集」リンクからWIKIを書き換えることができます。

ラズパイを御用聞きに
—— 音声認識に挑戦しよう

ラズパイゼロOK（一部注意）

この節のポイント

● 音声認識に挑戦しよう

● 音声認識エンジン「Julius」を使ってみよう

ここで使うデバイス

デバイス	個 数	説 明	P.088〜092の表の番号
USBマイク	1個	一般的なUSBマイク	29

音声認識について

会話できるAI（人工知能）を作るのは、プログラマーの憧れの1つです。昔から、ヒーローが相棒であるAIに向かって、話しかけるというのは、よく見かけるシーンです。ラズパイで、そんなことが可能でしょうか。ここでは、**音声認識**に挑戦してみましょう。

人間が話した内容を機械が聞き取る処理のことを「音声認識」と言います。

この分野では、iPhoneのSiriや、Googleの音声入力が有名です。これらの有名な音声認識技術は、認識率も高いのですが、残念ながら一般に開放されていません。

しかし、オープンソースの音声認識エンジンの「Julius」があります。Juliusはラズパイでも動かすことができます。

そして、カスタマイズすることにより、認識率を飛躍的に高めることができます。本書では、Juliusを使って、音声認識に挑戦してみましょう。

● Julius
  [URL] http://julius.osdn.jp/

図 5-8-1　JuliusのWebサイト

ラズパイゼロでの使用

この節の内容は、ラズパイゼロでも動かすことはできました。ただし、音声認識に時間がかかります。ラズパイ3以降を利用することをオススメします。

Julius以外の方法 ── クラウドAPIについて

ところで、Julius以外の音声認識の方法としては、「Google Cloud Speech API」があります。これは、録音した音声ファイルを、Web上にアップロードすることで、音声認識の結果を得るというものです。

この音声認識を使うには、ユーザー登録をして、**APIキー**を取得します。手軽に音声認識ができて魅力的なのですが、**無料で使える使用回数に制限**があります。ただし、認識精度は、Juliusよりも高いので、用途に応じて使い分けると良いでしょう。

Google Cloud Speech APIは、機械学習の技術を利用して音声認識を行うAPIです。125か国語に対応し、雑音の多い環境でも高い精度で認識を行うことができます。Google Cloud Platformのアカウントを作り、プロジェクトを作り、Speech APIを有効化するという手順で利用します。原稿執筆時点では、毎月60分まで無料で使えます。

● Google Cloud Speech API

[URL] https://cloud.google.com/speech/

図 5-8-2　Google Cloud Speech APIのページ

音声認識「Julius」を使ってみよう

それでは、オープンソースの音声認識エンジン「Julius」を使って音声認識に挑戦してみましょう。Juliusは、京都大学、IPA、奈良先端科学技術大学院大学、名古屋工業大学など多くの機関が協力して開発されています。ちなみに、Juliusは、ユリウスとも読めますが、開発チームではジュリアスと呼んでいるそうです。

以下は、バージョン4.4.2.1のソースコードをダウンロードして、ラズパイ上でビルドし、インストールする手順です。ラズパイでJuliusを利用するには、ソースコードからのコンパイルが必要なため、利用開始までには、それなりに時間がかかりますが、頑張ってインストールしましょう。

以下の手順通りコマンドを打ち込んでいきましょう。

ターミナルで入力

```
01  # ソースコードの取得
02  $ wget https://github.com/julius-speech/julius/archive/v4.4.2.1.zip
03
04  # 解凍
05  $ unzip v4.4.2.1.zip
06  $ cd julius-4.4.2.1
07
08  # 必要なライブラリのインストール
09  $ sudo aptitude install libasound2-dev
10
11  # ビルド
12  $ ./configure --with-mictype=alsa
13  $ make
14
15  # インストール
16  $ sudo make install
```

Juliusを動かすには、上記の本体に加えて、ディクテーションキットと文法認識キットのダウンロードが必要です。以下のコマンドを入力してダウンロードし、インストールしましょう。

ターミナルで入力

```
01  # ダウンロード
02  $ wget https://osdn.net/dl/julius/dictation-kit-v4.4.zip
03  $ unzip dictation-kit-v4.4.zip
04
05  # ディレクトリを指定
06  $ mv dictation-kit-v4.4 ~/julius-dict
```

そして、Juliusを手軽に実行するために、以下のようなスクリプトを作成しましょう。

samplefile: src/ch5/juliusrec.sh

```
01  # デバイスの設定 - 必要に応じて以下を書き換えます
02  export ALSADEV="plughw:1,0"      ← P.267～268を参考に書き換え
03
04  # Juliusの起動
05  DICT=~/julius-dict/main.jconf
06  GRAM=~/julius-dict/am-gmm.jconf
07  julius -C $DICT -C $GRAM -nostrip
```

コマンドラインから以下のコマンドを実行すると、Juliusが起動します。

ターミナルで入力

```
01 $ bash juliusrec.sh
```

しばらく待っていると、「<<please speak>>」というメッセージが出るので、メッセージが表示されたら、マイクに向かって話しかけます。

試しに、「明日の天気は？」と話しかけてみました。すると、しばらくして**図5-8-3**のように表示されました。

```
pass1_best: 朝 の 便器 は 。
pass1_best_wordseq: <s> 朝+名詞 の+助詞 便器+名詞 は+助詞 </s>
pass1_best_phonemeseq: silB | a s a | n o | b e N k i | w a | silE
pass1_best_score: -3877.414795
### Recognition: 2nd pass (RL heuristic best-first)
STAT: 00 _default: 55185 generated, 3010 pushed, 443 nodes popped in 156
sentence1:  朝 の 天気 は 。
wseq1: <s> 朝+名詞 の+助詞 天気+名詞 は+助詞 </s>
phseq1: silB | a s a | n o | t e N k i | w a | silE
cmscore1: 0.219 0.335 0.323 0.067 0.351 1.000
score1: -3898.119385

pass1_best: 朝 の 天気 は 。
pass1_best_wordseq: <s> 朝+名詞 の+助詞 天気+名詞 は+助詞 </s>
pass1_best_phonemeseq: silB | a s a | n o | t e N k i | w a | silE
pass1_best_score: -4484.895996
### Recognition: 2nd pass (RL heuristic best-first)
STAT: 00 _default: 46071 generated, 2452 pushed, 428 nodes popped in 178
sentence1:  朝 の 天気 は 。
wseq1: <s> 朝+名詞 の+助詞 天気+名詞 は+助詞 </s>
phseq1: silB | a s a | n o | t e N k i | w a | silE
cmscore1: 0.582 0.224 0.522 0.072 0.365 1.000
score1: -4518.106934

pass1_best: あした の 天気 は 。
pass1_best_wordseq: <s> あした+名詞 の+助詞 天気+名詞 は+助詞 </s>
pass1_best_phonemeseq: silB | a s h i t a | n o | t e N k i | w a | silE
pass1_best_score: -5205.367188
### Recognition: 2nd pass (RL heuristic best-first)
STAT: 00 _default: 46371 generated, 1996 pushed, 380 nodes popped in 210
sentence1:  パスタ の お 天気 は 。
wseq1: <s> パスタ+名詞 の+助詞 お+接頭辞 天気+名詞 は+助詞 </s>
phseq1: silB | p a s u t a | n o | o | t e N k i | w a | silE
cmscore1: 0.654 0.257 0.370 0.186 0.141 0.371 1.000
score1: -5227.975098
```

図5-8-3　明日の天気は？と話しかけたところ

一発では認識せず、「朝の便器は」とか「朝の天気は」など、何度か失敗した後、以下のように正しく認識させることができました。

```
01 pass1_best:  あした の 天気 は 。
02 pass1_best_wordseq: <s> あした+名詞 の+助詞 天気+名詞 は+助詞 </s>
03 pass1_best_phonemeseq: silB | a s h i t a | n o | t e N k i | w a | silE
04 pass1_best_score: -4311.256348
05 ...
```

いろいろ試してみましょう。それなりに認識してくれるのですが、やはり、完全ではありません。失敗することも多く、なかなか音声認識が難しいことを実感できます。

Juliusのトラブルシューティング

ところで、上記の手順で実行したとき、下記のようなエラーが表示されたときには、/etc/modulesにモジュールを追加する必要があります。

```
01  Error: adin_oss: failed to open /dev/dsp
02  failed to begin input stream
```

上記のエラーに対処するには、以下のコマンドを実行して、モジュールに「snd-pcm-oss」を追加して再起動します。

ターミナルで入力
```
01  $ sudo sh -c "echo snd-pcm-oss >> /etc/modules"
02  $ sudo reboot
```

それから、起動スクリプト内で、ディクテーションキットのパスが間違っていると正しく動きませんので、パスが正しいかを確認してください。

また、ALSADEVに指定するカード番号とデバイス番号が間違っていると、うまく動きません。ここに指定する値は、Chapter 5-7でマイク録音をするときに「--device」に指定した値です。

辞書をカスタマイズして音声認識の精度を高めよう

先ほどJuliusで利用したのは、標準の音声認識辞書です。それなりに音声認識させることができますが、単語の誤認識も多く、残念に思った方も多いことでしょう。

しかし、Juliusの長所は、音声認識辞書をカスタマイズできる点にあります。認識させたい単語や文法だけを指定し、選択肢を制限することで、音声認識の精度を飛躍的に高めることができます。

たとえば、写真を撮影するとか、何かの電源をオンにするとか、ラジコンを操縦するなど、決まり切った単語だけを登録するならば、かなりの精度を出すことができます。

ここでは、「LINEを送って！」や「写真を撮って！」という、いくつかの命令を認識させるだけの辞書を作ってみましょう。そのために作成する辞書は、語彙を記述するファイル「meirei.voca」と、構文の制約を記述するファイル「meirei.grammer」です。

まずは、語彙ファイルを定義しましょう。「%」から始まる行で語彙の種類を指定し、その下で1行ずつ「語彙 音素列」の形式で記述します。音素列は、基本的にローマ字です。音素ごとにスペースを入れて分けて書きます。この音素列は、Juliusの独自ルールなので、後で詳しく解説します。

samplefile: src/ch5/meirei.voca
```
01  % KEYWORD
02  ラズパイ    r a z u p a i
03
04  % GREETING
05  おはよう    o h a y o u
```

```
06  こんにちは   k o N n i t i w a
07  こんばんは   k o N b a N w a
08
09  % OBJECT
10  メール      m e : r u
11  LINE        r a i n
12  写真        s h a s i N
13
14  % COMMAND
15  して        s i t e
16  撮って      t o q t e
17  送って      o k u q t e
18
19  % NS_B
20  [s]         s i l B
21
22  % NS_E
23  [/s]        s i l E
```

そして、上記の語彙をどのような順番で使うのかという文法を、以下のように定義します。基本的に、1行目はそのままにしておいて、2行目以降の部分で語彙の種類の出てくる順番を指定します。

samplefile: src/ch5/meirei.grammar

```
01  S : NS_B BUN NS_E
02  BUN : KEYWORD
03  BUN : GREETING
04  BUN : OBJECT COMMAND
```

この2つのファイルから、Julius用の辞書データを作成します。Juliusと共にインストールされている、mkdfa.plという変換ツールを利用します。

ターミナルで入力

```
01  $ mkdfa.pl meirei
```

このコマンドを実行すると、meirei.dfa/meirei.term/meirei.dictと3つのファイルが生成されます。ただし、このツールは単純に辞書形式に変換するだけで、文法に間違いがあっても、この時点ではエラーが表示されません。
ここまでの手順で、辞書の作成は完了です。Juliusを起動するために、次のスクリプトを作成します。

samplefile: src/ch5/julius-meirei.sh

```
01  # デバイスに応じて以下を書き換えます
02  export ALSADEV="plughw:1,0"      ← P.267〜268を参考に書き換え
03
04  # Juliusの起動
05  DICT=~/julius-dict/am-gmm.jconf
06  GRAM=meirei
07  julius -C $DICT -gram $GRAM -nostrip
```

それでは、Juliusを起動してみましょう。

```
01 $ bash julius-meirei.sh
```

そして、マイクに向かって話しかけます。
すると、登録した言葉についてはほぼ
間違いなく音声を認識するようになり
ました。

```
pass1_best: [s] ラズパイ [/s]
pass1_best_wordseq: 6 0 7
pass1_best_phonemeseq: silB | r a z u p a i | silE
pass1_best_score: -2929.036377
### Recognition: 2nd pass (RL heuristic best-first)
STAT: 00 _default: 18 generated, 18 pushed, 4 nodes popped in 127
sentence1: [s] ラズパイ [/s]
wseq1: 6 0 7
phseq1: silB | r a z u p a i | silE
cmscore1: 1.000 1.000 1.000
score1: -2929.035645

pass1_best: [s] メール 送って [/s]
pass1_best_wordseq: 6 3 4 7
pass1_best_phonemeseq: silB | m e : r u | o k u q t e | silE
pass1_best_score: -3492.725830
### Recognition: 2nd pass (RL heuristic best-first)
STAT: 00 _default: 21 generated, 21 pushed, 5 nodes popped in 150
sentence1: [s] メール 送って [/s]
wseq1: 6 3 4 7
phseq1: silB | m e : r u | o k u q t e | silE
cmscore1: 1.000 0.999 0.996 1.000
score1: -3464.032959

pass1_best: [s] 写真 撮って [/s]
pass1_best_wordseq: 6 3 4 7
pass1_best_phonemeseq: silB | s h a s i N | t o q t e | silE
pass1_best_score: -3619.419678
### Recognition: 2nd pass (RL heuristic best-first)
STAT: 00 _default: 22 generated, 22 pushed, 5 nodes popped in 150
sentence1: [s] 写真 撮って [/s]
wseq1: 6 3 4 7
phseq1: silB | s h a s i N | t o q t e | silE
cmscore1: 1.000 1.000 0.996 1.000
score1: -3604.884033
```

図5-8-4　辞書をカスタマイズすると驚くほどの認識率がでるようになった

辞書定義のコツ ── 音素列を調べよう

もし、辞書定義にエラーがあると、Juliusを実行した際に、エラーがある旨が表示されます。特に、語彙定義ファイ
ルで、音素列の指定に間違いがあると、Juliusが正しく動作しません。
音素列の記述方法は、Juliusの独自ルールですので、気をつけるポイントがあります。まず、「こんにちは」を「ko
Nnitiwa」と書く必要があります。注目したいのが「ん」で、これを大文字の「N」と書きます。また「写真」は「sh
asiN」、「撮って」を「toqte」と記述します。
この独自ルールはどこにまとまっているのかと思うかもしれませんが、実は、ひらがなで書いたテキストを、この
Julius専用の音素列に変換するツールがあります。それが、yomi2voca.pl です。
この音素列変換ツールにかけるためには、1行ずつ「単語(タブ)よみがな」の形式で書いておきます。

samplefile: src/ch5/meirei.txt

```
01 ラズパイ　　らずぱい
02 おはよう　　おはよう
03 こんにちはこんにちわ
04 写真　　　　しゃしん
05 撮って　　　とって
```

ただし、このツールは、EUC-JPで書かれたテキストファイルに対して動作するものです。ラズパイで作ったテキス
トは、UTF-8なので、文字コード変換ツールのiconvを利用しつつ、音素列変換ツールを使いましょう。

以下のように、iconvコマンドでコードを変換してから、変換ツールにかけます。実行すると、その変換結果はコマンドラインに表示されます。この結果を語彙ファイル「meirei.voca」に反映させます。

ターミナルで入力

```
01 $ iconv -f utf8 -t eucjp meirei.txt | yomi2voca.pl | iconv -f eucjp -t utf8
```

PythonのプログラムでJuliusを使おう

ここまでで、音声認識の精度をぐっと高めることができました。とはいえ、認識させたテキストを、プログラムから使ってこそ意味があると言えます。ここでは、Pythonのプログラムから、Juliusを使いましょう。

まず、Juliusをモジュールモードで起動するようにします。以下の起動スクリプトを用意します。とはいえ、先ほどの起動スクリプトとの違いは「-module」オプションを付けるかどうかです。

samplefile: src/ch5/julius-module.sh

```
01 # デバイスに応じて以下を書き換えます
02 export ALSADEV="plughw:1,0"    ← P.267〜268を参考に書き換え
03
04 # Juliusをモジュールモードで起動
05 DICT=~/julius-dict/am-gmm.jconf
06 GRAM=meirei
07 julius -C $DICT -gram $GRAM -nostrip -module
```

そして、以下のコマンドを実行すると、モジュールモードでJuliusを実行できます。

```
01 $ bash julius-module.sh
```

すると、ソケットのポート10500番でJuliusと対話できるようになります。

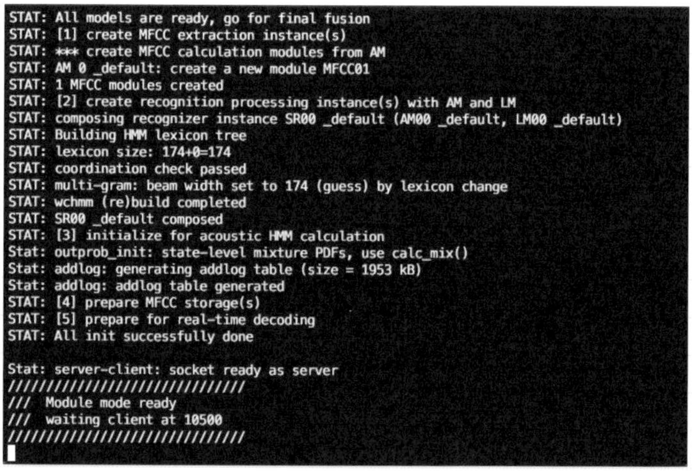

```
STAT: All models are ready, go for final fusion
STAT: [1] create MFCC extraction instance(s)
STAT: *** create MFCC calculation modules from AM
STAT: AM 0 _default: create a new module MFCC01
STAT: 1 MFCC modules created
STAT: [2] create recognition processing instance(s) with AM and LM
STAT: composing recognizer instance SR00 _default (AM00 _default, LM00 _default)
STAT: Building HMM lexicon tree
STAT: lexicon size: 174+0=174
STAT: coordination check passed
STAT: multi-gram: beam width set to 174 (guess) by lexicon change
STAT: wchmm (re)build completed
STAT: SR00 _default composed
STAT: [3] initialize for acoustic HMM calculation
Stat: outprob_init: state-level mixture PDFs, use calc_mix()
Stat: addlog: generating addlog table (size = 1953 kB)
Stat: addlog: addlog table generated
STAT: [4] prepare MFCC storage(s)
STAT: [5] prepare for real-time decoding
STAT: All init successfully done

Stat: server-client: socket ready as server
/////////////////////////////
/// Module mode ready
/// waiting client at 10500
/////////////////////////////
```

図5-8-5　モジュールモードでJuliusを起動したところ

まずは、Pythonでソケット通信するプログラムを作ってみましょう。以下のプログラムは、Juliusに接続して、Juliusの送信してくる音声認識データを3回受信するというものです。

samplefile: src/ch5/socket-test.py

```
01  import socket
02
03  # Juliusに接続
04  HOST = "localhost"
05  PORT = 10500
06  client = socket.socket(socket.AF_INET, socket.SOCK_STREAM)
07  client.connect((HOST, PORT))
08
09  # Juliusから送られてくる認識データを3回受信
10  print(client.recv(4096))
11  print(client.recv(4096))
12  print(client.recv(4096))
13
14  # Juliusとの接続を中止
15  client.close()
```

ただし、Juliusは、起動したとか、聞き取り中とか、各種のパラメータも送信するので、3回受信しただけでは、肝心の音声認識結果を取り出すことはできません。

Juliusでは、音声認識に成功すると、以下のようなXMLデータを送ってきます。

```
01  <RECOGOUT>
02    <SHYPO RANK="1" SCORE="-3802.272461" GRAM="0">
03      <WHYPO WORD="[s]" CLASSID="4" PHONE="silB" CM="1.000"/>
04      <WHYPO WORD="LINE" CLASSID="2" PHONE="r a i n" CM="1.000"/>
05      <WHYPO WORD="送って" CLASSID="3" PHONE="o k u q t e" CM="0.996"/>
06      <WHYPO WORD="[/s]" CLASSID="5" PHONE="silE" CM="1.000"/>
07    </SHYPO>
08  </RECOGOUT>
```

そのため、以下のようなプログラムを作って、Juliusで音声認識の結果を連続で取り出してみましょう。

samplefile: src/ch5/julius_cli.py

```
01  import socket
02  import xml.etree.ElementTree as ET
03
04  # Juliusと接続 --- ❶
05  client = socket.socket(socket.AF_INET, socket.SOCK_STREAM)
06  def julius_connect():
07      HOST = "localhost"
08      PORT = 10500
09      client.connect((HOST, PORT))
10
11  # Juliusからデータを連続で受信する --- ❷
12  def julius_recv(callback):
13      tmp = bytes()
14      while True:
15          try:
```

```
16          # XML形式でデータを受け取る --- ❸
17          buf = client.recv(1024)
18          tmp += buf
19          # \n.\n がJuliusの区切り文字
20          n = tmp.find(b"\n.\n")
21          if n < 0: continue
22          line = tmp[:n].decode("utf-8")
23          tmp = tmp[n+3:]
24          # print(line) # 受信したXML
25          # 切り取ったデータをXMLとして処理 --- ❹
26          root = ET.fromstring(line)
27          if root.tag != "RECOGOUT": continue
28          shypo = root[0]
29          # 認識した語句を取り出す
30          words = []
31          for whypo in shypo:
32              words.append(whypo.attrib['WORD'])
33          # 最初と最後は[s]..[/s]なので削る --- ❺
34          words = words[1:len(words)-1]
35          if callback(words) == False:
36              break
37      except KeyboardInterrupt:
38          break
39    socket.close()
40    return
41
42 # 受信した時に実行する関数を定義した --- ❻
43 def test_callback(words):
44     print("認識した語句=", words)
45     return True
46
47 # メイン --- ❼
48 if __name__ == "__main__":
49     julius_connect()
50     julius_recv(test_callback)
```

プログラムを実行するには、Juliusをモジュールモードで実行している必要があります（モジュールモードで実行するには前述の手順で「julius-module.sh」を実行します）。

「julius-module.sh」を実行した後、ラズパイのコマンドラインの画面で「ファイル > New Window」を選択して新しい画面を出します。その上で以下のコマンドを実行します。

そして、マイクに「ラズパイ」と話しかけてみましょう。

ターミナルで入力

```
01 $ python3 julius_cli.py
02 認識した語句= ['ラズパイ']
```

すると、無事、ラズパイという語句を認識すると思います、もしも、モジュールモードのJuliusがうまく動作していないと、ConnectionRefusedErrorというエラーが表示されます。

プログラムを詳しく見てみましょう。プログラムの❶では、Juliusのモジュールモードとソケット通信を開始する処

理を定義しています。ここでは、接続先に「localhost」を指定していますので、ラズパイのローカルで実行している Juliusに接続します。この部分を、IPアドレスに変更すると別のマシンで実行している Juliusに接続することもできます。

プログラムの❷では、Juliusから連続で音声認識の結果を取得する julius_recv( ) 関数を定義します。引数にコールバック関数を指定する仕組みになっており、認識結果を受け取ったら、引数 callback の関数を実行するようにしました。

プログラムの❸では、ソケット通信で Juliusから送られてきたデータを受信します。ここで、client.recv(1024) と書いていますが、これは結果を最大1024バイト受信するという意味です。ソケット通信は、ひたすらデータがサーバー側から送られてくるという仕組みです。そのため、送られてきたデータが、意味のある塊であるとは限りません。そこで、ひとまず、受信したデータを変数 tmp に追加しておきます。

Julius側では「(XMLデータ)(改行).(改行)」が、ひとかたまりのデータの意味となっています。そのため、変数tmpに「\n.\n」のデータが見つかれば、そこまでがひとかたまりとなるため、そこで、データを意味のあるデータとして区切ります。

プログラムの❹では、意味のあるひとかたまりのデータをXMLとして処理します。このために、Pythonの標準モジュールである xml.etree.ElementTree（プログラム中ではET）を利用します。そして、取得したXMLの要素がRECOGOUTであれば音声認識データです。先ほども述べたとおり Juliusでは、音声認識した結果だけでなく、それ以外の Juliusの動作に関係する情報もXMLとして送信して来るので、ここでは、そうした余分な情報は無視して、音声認識データだけを検出し、XMLの WHYPO 要素の WORD 属性の値を取り出して、認識結果とします。また、❺で処理しているとおり、認識結果は、[s]と[/s]で囲まれているのでこれを削除します。また、関数の戻り値として、True を返さないと、プログラムをその時点で終了する仕組みです。

プログラムの❻では、音声認識の結果を受信したときに実行する test_callback( ) 関数を定義しています。認識結果は、引数wordsにリスト型で入っています。プログラムの❼では、Juliusに接続し、Juliusからデータを連続で受信します。❷で定義した julius_recv( ) 関数を呼ぶときに、❻の test_callback を引数にしているので、受信した認識結果は、test_callback( ) で得られます。

ボイスコマンドで写真を撮影しよう

先ほど、作成した「julius_cli.py」は、外部のプログラムからモジュールとして利用できるようにしました。そのため、これを利用して、ボイスコマンドに応じて、写真を撮影するプログラムを作ってみましょう。

以下は「写真撮って！」という合い言葉を合図に、写真を撮影するプログラムです。

samplefile: src/ch5/voice_photo.py

```
01  import subprocess
02  import julius_cli
03  from datetime import datetime
04
05  # 写真を撮影する関数
06  def take_photo():
07      print("写真を撮影します。")
08      now = datetime.now()
09      t = now.strftime('%Y%m%d-%H%M%S')
10      cmd = "fswebcam " + t + ".jpg"
11      subprocess.check_output(cmd, shell=True)
```

```
12
13  # 音声認識の結果を処理する関数
14  def voice_command_cb(words):
15      cmd = "".join(words)
16      if cmd == "写真撮って":
17          take_photo()
18      else:
19          print("不明なコマンド=", cmd)
20      return True
21
22  # 接続開始
23  julius_cli.julius_connect()
24  julius_cli.julius_recv(voice_command_cb)
```

プログラムを実行するには、先ほどの「julius_cli.py」を同じディレクトリに配置した上で、Juliusをモジュールモードで起動し、以下のコマンドを実行します。

ターミナルで入力

```
01  $ python3 voice_photo.py
```

そして、「写真撮って！」とマイクに向かって話しかけると、写真を撮影します。

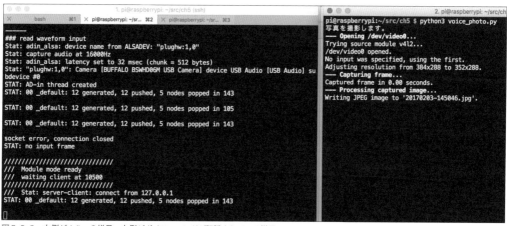

図5-8-6　左側がJuliusの様子、右側がボイスコマンドが認識されている様子

この節のまとめ

ここまでの部分で、Juliusを利用した音声認識について紹介しました。実際、Juliusを使いこなすためには、Juliusのインストール、辞書ファイルのカスタマイズ、Pythonを利用したソケット通信と、少々ハードルが高いものとなっています。しかし、本書の手順通り作業していけば、ボイスコマンドでラズパイを操作することができます。

赤外線リモコンを利用しよう

| ラズパイゼロ OK |

この節のポイント

● 赤外線の送受信の仕組みを理解しよう

● 赤外線ツールを制御してみよう

ここで使う電子部品

電子部品	個 数	説 明	P.088〜092の表の番号
SwitchBot ハブミニ	1個	複数の赤外線リモコンを学習・送信できるスマートリモコン	xx

家の中の家電は、赤外線リモコンを利用して操作するものが多くあります。例えば、TVやDVDレコーダー、電気やエアコン、車庫のシャッターなど、さまざまです。これを、ラズパイから制御することができたら便利ではないでしょうか。実は、赤外線リモコンも電子部品を使って、自作することができるのですが、なかなか大変なので、本書では、既製品のSwitchBotハブミニを使って手軽にラズパイから制御してみましょう。

SwitchBotハブミニとは

SwitchBotハブミニを使うと、手軽に赤外線リモコンを学習することができ、任意のタイミングで赤外線を送信できます。価格も3,980円でありながら、広い範囲にある家電に赤外線を飛ばせます。スマートスピーカーと連携したり、スマートフォンから操作したりと、必要十分な機能を備えています。

● SwitchBot ハブミニ

 [URL] https://www.switchbot.jp/products/switchbot-hub-mini

図 5-9-1　SwitchBotハブミニのWebサイト

もちろん、スマートリモコンというだけの製品でしたら、本書で紹介するまでもないのですが、SwitchBotハブミニは、外部アプリからリモコンを操作するためのAPIが公開されているのです。これを使うと任意のタイミングで赤外線を送信できるので、APIをラズパイから操作してみましょう。

● SwitchBot APIのマニュアル
　［URL］https://github.com/
　OpenWonderLabs/SwitchBotAPI

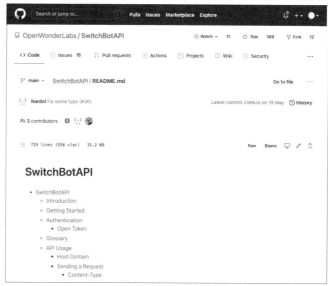

図5-9-2　APIマニュアルがGitHubで公開されている

SwitchBot APIを使えるようにしよう

なお、すでにSwitchBotをセットアップして、家電の操作をしているものとします。SwitchBot APIを使うには、スマートフォンアプリを利用して設定が必要になります。次の手順で操作しましょう。

まず、SwitchBotアプリを起動したら「プロフィール＞設定」をタップします。アプリのバージョン番号が表示されているので、これを10回タップします。

図5-9-3
アプリバージョンを10回タップ

すると「開発者向けオプション」という項目が表示されるようになりますのでタップします。

図5-9-4
「開発者オプション」が表示されるのでタップ

続いて「トークンを取得」のボタンが表示されるので、このボタンをクリックします。すると、APIトークンが表示されるので、コピーして覚えておきましょう。

図5-9-5
トークンをコピー

デバイスIDを取得しよう

それでは、最初にデバイス一覧を取得するSwitchBot APIを使ってみましょう。以下のプログラムを実行しましょう。なお、APIトークン（変数token）は上記の手順で取得したトークンに書き換えて利用してください。

```
01  import requests
02
03  # 以下のAPIトークンを書き換える
04  token = '0ffc9a00d8d60800789cbbbb234cdb65a94eff253c5b3b1a0a7810e33ab686edc227c7fc8835b3bf1
    5999093a3f1bdc7'
05
06  api = 'https://api.switch-bot.com/v1.0/devices'
07  head = {
08    'Authorization': token,
09    'Content-Type': 'application/json; charset=utf8'
10  }
11  data = requests.get(api, headers=head)
12  print(data.text)
```

プログラムを実行するとデバイスの一覧が表示されます。

ターミナルで入力

```
01  $ python3 switchbot_devices.py
02  {
03    "statusCode":100,
04    "body":{
05      "deviceList":[
06        {"deviceId":"EF4620AB8BB0","deviceName":"Hub Mini B0","deviceType":"Hub Mini","ena
    bleCloudService":false,"hubDeviceId":"000000000000"}],
07      "infraredRemoteList":[
08        {"deviceId":"01-202008062042-98","deviceName":"ダイソン","remoteType":"DIY Fan","hubD
    eviceId":"EF4620AB8BB0"},
09        {"deviceId":"01-202008062051-72","deviceName":"テレビ","remoteType":"TV","hubDeviceId"
    :"EF4620AB8BB0"},
10        {"deviceId":"01-202101190900-98293655","deviceName":"キッチン","remoteType":"DIY Ligh
    t","hubDeviceId":"EF4620AB8BB0"},
11        {"deviceId":"01-202104171701-18575010","deviceName":"
12    扇風機","remoteType":"Fan","hubDeviceId":"EF4620AB8BB0"}]},
13    "message":"success"
14  }
```

よく見ると、ここで表示された機器には、固有のdeviceId（デバイスID）が割り振られていることに気付くと思います。
このdeviceIdを指定することで、その機器を操作できます。

部屋の電気をオン・オフしてみよう

それでは、部屋の電気をオンにして5秒後にオフにするプログラムを作ってみましょう。なお、以下は筆者の部屋の
電気の設定なので、読者の皆さんは、APIトークン（token）の値とデバイスID（deviceId）の値を書き換えてから実行
してみてください。

samplefile: src/ch5/switchbot_onoff.py

```
01  import requests, json, time
02
03  # 以下のAPIトークンを書き換える
04  token = '0ffc9a00d8d60800789cbbbb234cdb65a94eff253c5b3b1a0a7810e33ab686edc227c7fc8835b3bf1
        5999093a3f1bdc7'
05  # 以下のデバイスIDを書き換える
06  deviceId = '01-202101190900-98293655'
07
08  api_head = 'https://api.switch-bot.com/v1.0/devices/'
09  api = api_head + deviceId +'/commands'
10  head = {
11    'Authorization': token,
12    'Content-Type': 'application/json; charset=utf8'
13  }
14
15  # 電気のオンのコマンド
16  cmd_on = json.dumps({
17    'command': 'turnOn',
18    'parameter': 'default',
19    'commandType': 'command',
20  })
21  # 電気のオフのコマンド
22  cmd_off = json.dumps({
23    'command': 'turnOff',
24    'parameter': 'default',
25    'commandType': 'command',
26  })
27
28
29  # 電気をオン・オフする
30  requests.post(api, headers=head, data=cmd_on)
31  time.sleep(5)
32  requests.post(api, headers=head, data=cmd_off)
```

以下のコマンドでプログラムを実行します。

ターミナルで入力

```
01  $ python3 switchbot_onoff.py
```

コマンドは一覧で確認できる

このように、非常に簡単にSwitchBotハブミニに登録されている機器を操作できます。本節の冒頭で、SwitchBot
APIのマニュアルを紹介しましたが、そのマニュアルにどんなコマンドを受け付けるのかが一覧表で示されています。
大抵の機器がコマンドを少し変更するだけで操作できることが分かるでしょう。

Send device control commands

```
POST /v1.0/devices/{deviceId}/commands
```

Description

Send control commands to physical devices and virtual infrared remote devices.

Command set for physical devices

The table below describes all the available commands for physical devices,

deviceType	commandType	Command	command parameter	Description
Bot	command	turnOff	default	set to OFF state
Bot	command	turnOn	default	set to ON state
Bot	command	press	default	trigger press
Plug	command	turnOn	default	set to ON state
Plug	command	turnOff	default	set to OFF state
Curtain	command	setPosition	index0,mode0,position0 e.g. 0,ff,80	mode: 0 (Performance Mode), 1 (Silent Mode), ff (default mode) position: 0~100 (0 means opened, 100 means closed)
Curtain	command	turnOff	default	equivalent to set position to 100
Curtain	command	turnOn	default	equivalent to set position to 0
Humidifier	command	turnOff	default	set to OFF state
Humidifier	command	turnOn	default	set to ON state
Humidifier	command	setMode	auto or 101 or 102 or 103 or {0~100}	auto, set to Auto Mode, 101, set atomization efficiency to 34%, 102, set atomization efficiency to 67%, 103, set atomization efficiency to 100%
Smart Fan	command	turnOn	default	set to ON state

図5-9-6　SwitchBot APIのマニュアルからコマンドの一覧

アイデア次第で使い方いろいろ

赤外線リモコンを使ったアイデアとしては、冷暖房エアコンと温度センサーを使って、温度に合わせてエアコンをオンにすることができます。また、Chapter 3では、湿度を取得する方法も紹介しました。これを使って、リモコン対応の加湿器と湿度センサーを使って、湿度が低ければ、加湿器のリモコンをオンにすることもできるでしょう。

この節のまとめ

以上、ここまでの部分で、赤外線リモコンSwitchBotのAPIを使って、ラズパイから家電を制御するプログラムを紹介しました。家の中には、赤外線リモコンで操作できる家電がたくさんあるので、これを、ラズパイのセンサーと連動して制御できれば便利なので挑戦してみてください。

ロボットの体 ── 温度湿度の異常を光って教える紙コップロボット

ラズパイゼロOK

この節のポイント

● 紙コップを使ってロボットを作ろう

● 温湿度センサーを活用しよう

ここで使う電子部品

電子部品	個数	説明	P.088〜092の表の番号
ミニブレッドボード	1個	小さなサイズのブレッドボード(P-05155)	31
温湿度センサーDHT11	1個	温湿度センサー(M-07003)	12
カーボン抵抗器(10KΩ)	1個	「茶黒橙金」の色で印がついたもの(R-07838)。温湿度センサーと合わせて使う	5
赤色LED	2個	通電すると光るLED(I-06245)。ロボットの目に使用	6
カーボン抵抗器(330Ω)	2個	「橙橙茶金」の色で印が付いたもの(R-07812)。LEDとつなぐ	5
スピーカー	1個	アナログジャック対応の小さなスピーカー	28

身近な材料と電子工作を組み合わせよう

紙コップなど身の回りにある材料と電子工作を組み合わせることで、生活をちょっと便利にする、楽しいロボットを作ることができます。そういえば、キテレツ大百科に出てくるロボットのコロ助は、ゴムまりや風呂桶・ホースなどを用いて製作されたのでした。やはり、特別な素材を使わなくても、身の回りのものでロボットを作ることができたら楽しいものです。ここでは、紙コップの中に、温湿度センサーとLED、ミニスピーカーを詰め込んで、小さなロボットを作ってみましょう。

まずは、完成図を確認しましょう。温度と湿度を確認して、不快な状態であれば、光って、暑い・寒い・乾燥・ジメジメを声で警告してくれます。

温度の異常を話すところを動画で撮影したものが以下にあります。

● 温度湿度を監視する紙コップのロボット

[URL] https://youtu.be/2G6L7qDZANs

図5-10-1　紙コップで作った温度湿度監視ロボットの完成図

本節の制作で必要となる知識は、主にChapter 3で学んだ電子工作の基礎です。基礎とはいえ、複数の部品を組み合わせるときは、それぞれの部品についての知識が必要となります。

● LEDの制御 ‥‥‥‥‥‥‥‥‥‥ Chaptor 3-3〜3-5
● 温湿度センサーの制御 ‥‥‥‥‥ Chapter 3-8
● 音声合成 (Open JTalk)の利用 ‥‥ Chapter 5-6

電子回路を作ろう

図5-10-2は、今回使う電子部品を並べたところです。ここでは、紙コップの大きさにこれらを詰め込むために、小さなサイズのブレッドボードを用意しました。

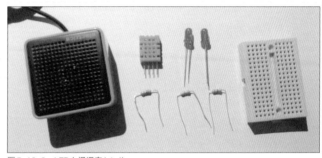

図5-10-2　LEDと温湿度センサー

さて、回路を組んでいきましょう。温湿度センサー「DHT11」は、右表のように接続しましょう。足は、穴が開いている面を手前にして、左から1番と数えます。

足	接続先
1	2番ピン(5V) ❶
2	10KΩの抵抗→7番ピン(ポート4) ❷
3	つながない
4	6番ピン(GND) ❸

そして、2つのLEDは右表のようにつなぎます。

部品と足	接続先
左LED(−)	6番ピン(GND) ❹
左LED(+)	330Ωの抵抗→11番ピン(ポート17) ❺
右LED(−)	6番ピン(GND) ❻
右LED(+)	330Ωの抵抗→13番ピン(ポート27) ❼

接続図(図5-10-3)でも確認してみましょう。図5-9-4は実際にブレッドボードに接続した写真です。LEDが2つあるため、線の数は多いものの、それほど複雑なものではありません。

また、この接続図では、各LEDのカソード(−)側と、温湿度センサーの4番の足の3つがGNDにつながってます。接続図上は、線が3股に分かれています。これを実際の接続でどう実現するかですが、ブレッドボード上で利用していない列に3つの足を差し込みます。より詳しくは、P.237〜238のコラムをご覧ください。

最後に、ミニスピーカーを、アナログジャックに差し込みます。

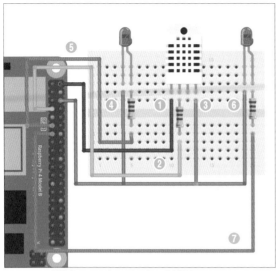

図5-10-3　温湿度センサーとLEDをつないだ接続図

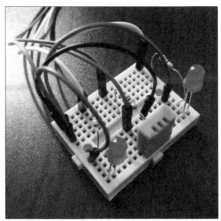

図5-10-4
実際にLEDと温湿度センサーをブレッドボードに挿した写真

紙コップでロボットの外見を仕上げよう

回路ができたら、紙コップを2つ重ねて、ロボットの外見を仕上げましょう。コップ1つだと、それほど格好良くならなかったので、2つコップを重ねることにしました。

紙コップの工作

外側の紙コップは、縦に切り込みを入れて2つに割り、片方にはさみを入れて、顔が出るように切り取ります。そうすることで、立体的で鎧っぽく見えるようになります。

内側のコップが顔になります。顔の裏側の下部（コップの飲み口）に回路やスピーカーの線を逃す切り込みを入れましょう。ここから、線をラズパイ本体につなげます。

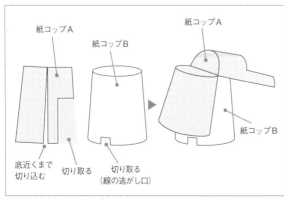

図5-10-5　紙コップの工作

図5-10-6　紙コップを2つ重ねてロボットの人形を作る

次に、コップの中に入れる電子回路ですが、LEDがちょうど目の位置に来るように、スピーカーの上にレゴ、レゴの上にブレッドボードを載せました。そして、コップをかぶせます。このとき、複数の線を結束バンドなどでまとめておきましょう。

最後に、LEDのある位置にカッターで穴を空けることで、ロボットの目（LED）が見えるようになります。このとき、LEDを点灯させた状態でコップをかぶせると、目の位置がよく分かります。

図5-10-7　LEDが目の位置に来るように高さを調整

温度湿度を監視するプログラムを作ろう

外観ができて、テンションが上がったところで、ロボットを動かすPythonのプログラムに取りかかりましょう。

最初に人間が快適だと思う温度と湿度を調べておきます。ある目安では、右の通りです。夏と冬で快適に感じる温度は違うようです。とはいえ、ここでは、プログラムを簡単にするために、温度が18℃から28℃の範囲を出たとき、また、湿度が40%から60%の範囲を出たときに、光りと音声で警告するというものにしてみます。

	夏	冬
温度	25〜28℃	18〜22℃
湿度	50〜60%	40〜60%

ライブラリをインストールしておこう

プログラムを実行するために、DHT11のライブラリ、および、Open JTalkのライブラリのインストールを行いましょう。それぞれ、以下の箇所を参考にしてください。すでにインストールを済ませている方は次へ進んでください。

● DHT11 ………… P.128
● Open JTalk ﹍﹍ P.262

温湿度の異常を光ってしゃべって教える紙コップロボットのプログラム

そして、以下が、温湿度の異常を光ってしゃべって教える紙コップロボットのプログラムです。P.263で作成した「mei.sh」を使うので、同じディレクトリにコピーしておいてください。

```
01  import RPi.GPIO as GPIO
02  import dht11
03  from time import sleep
04  from datetime import datetime
05  import subprocess
06
07  # ポートの初期化 --- ❶
08  PORT_DHT11 = 4
09  LED_L = 17
10  LED_R = 27
11
12  GPIO.setmode(GPIO.BCM)
13  GPIO.setup(LED_L, GPIO.OUT)
14  GPIO.setup(LED_R, GPIO.OUT)
15  # DHT11をセットアップ
16  dht11_obj = dht11.DHT11(pin=PORT_DHT11)
17
18  # 番号でLEDを点灯する関数 --- ❷
19  def led_pattern(n):
20      # 左右のLEDのパターンを定義
21      lr_pat = [(0,0),(1,0),(0,1),(1,1)]
22      l, r = lr_pat[n]
23      GPIO.output(LED_L, l)
24      GPIO.output(LED_R, r)
25
26  # 左右のLEDを点滅させる関数 --- ❸
27  def led_move(wait):
28      for i in range(10):
29          led_pattern(1) # 左点灯
30          sleep(wait)
31          led_pattern(2) # 右点灯
32          sleep(wait)
33
34  # メッセージをしゃべる関数 --- ❹
35  def voice(msg):
36      cmd = '/usr/local/bin/mei.sh "{0}" &'.format(msg)
37      subprocess.call(cmd, shell=True)
38
39  # メイン処理 - 温度湿度をチェック --- ❺
40  try:
41      while True:
42          warning = None
43          led_pattern(0) # LEDオフ
44          # 温湿度を取得 --- ❻
45          res = dht11_obj.read()
46          if not res.is_valid():
47              print('- error:', res)
48              sleep(1)
49              continue
50          humi = res.humidity
51          temp = res.temperature
52          # 情報を表示
53          print("+", datetime.now().strftime('%H:%M:%S'))
54          print("| 湿度=",humi, "%")
55          print("| 温度=",temp,"度")
56          # 指定範囲内かどうか確認する --- ❼
```

```
57              if temp < 18:
58                  warning = "寒いです。{0}度です。".format(int(temp))
59              elif temp > 28:
60                  warning = "暑いです。{0}度です。".format(int(temp))
61              elif humi > 60:
62                  warning = "ジメジメしてます。湿度{0}%".format(humi)
63              elif humi < 40:
64                  warning = "乾燥しています。湿度{0}%".format(humi)
65              # 警告する --- ❽
66              if warning is not None:
67                  voice(warning)
68                  led_move(0.3)
69                  led_pattern(0)
70              else:
71                  sleep(30) # 異常がなければ30秒に一度測定する
72  except KeyboardInterrupt:
73      pass
74  GPIO.cleanup()
```

プログラムを実行するには、ターミナルで以下のコマンドを入力します。

```
01  $ python3 ondo-robot.py
```

温度と湿度を確認し、異常があれば、光り、その旨を声で知らせます。

それでは、プログラムを確認してみましょう。

プログラムの❶では、**GPIOのポート**を初期化します。このプログラムでは、温湿度センサー1つと、LED2つを制御します。

プログラムの❷では、**左右のLEDの点灯消灯を番号で指定**できるように関数を定義します。0番は**左右両方のLEDオフ**、1番は**左だけ点灯**、2番は**右だけ点灯**、3番は**両方点灯**という具合です。

そして、❸では、**10回左右のLEDを交互に点灯させる関数**を定義しています。温度か湿度が異常のときに光る処理がこの部分になります。プログラムの❹では、Open JTalkを実行するスクリプトを、外部コマンドとして実行します。ここでは、外部コマンドを実行する際に、以下のように末尾に「&」をつけて実行します。

```
01  $ ./mei.sh "メッセージ" &
```

このように末尾に「&」をつけてコマンドを実行すると、コマンドを非同期で実行できます。通常、Open JTalkのコマンドを実行すると、音声の再生が終わるまでは処理を待機するのですが、「&」をつけて実行すると、コマンドを実行して、その処理が終わるのを待つことなく、すぐ次の処理が進みます。つまり、この手法を使えば、メッセージをしゃべっている間に、LEDを点滅させることができるのです。

そして、プログラムの❺以下の部分で、**繰り返し温湿度をチェック**します。

❻で温湿度を取得し、情報をコンソール画面に出力します。

そして、❼の部分で、温度・湿度が規定範囲内かを確認します。

chapter
5-10

293

もしも、範囲外であれば、❽の部分で、警告を行います。まず、メッセージをしゃべり、LEDを点滅させます。異常がなければ、30秒間スリープして、再度、温湿度をチェックします。

この節のまとめ

以上、ここまでの部分で、紙コップを使ってロボットを作ってみました。コップの中に温湿度センサーを仕込むことで、部屋の中の快適さを見守るロボットに仕上げることができました。ミニスピーカーを仕込んで、Open JTalkで好きなメッセージをしゃべらせることができるので、メッセージを工夫してみたり、ネットから取得した情報をしゃべるように工夫することもできるでしょう。

TIPS

ラズパイでドローンは作ることができるか？

もともと、ドローン(drone)とはハチの羽音を指す単語でしたが、近頃では『ドローン』と言えば、遠隔操縦する無人航空機のことを指します。比較的小型の無人航空機が安価(1万円前後)で発売されています。
ドローンにカメラを付けて、高い位置から地上を撮影する「空撮」は、かなり一般的になってきましたし、ドローンに商品を付けて配達するなど、新しい使い方も提案されています。その一方で、進入禁止エリアに入り込んだり、歴史的建造物にぶつけてしまったりと課題も多くあります。
とはいえ、安価で入手も手軽になったドローンを活用したいと思う場面は多くあります。それに加えて、技術的に「空を飛ぶこと」が、これほど手軽になったことに興奮を隠せない方(筆者を含めた本書の読者)も多くいるでしょう。

ラズパイでドローンは作ることができるか？ ……その答えはイエスです！
ラズパイでドローンを作ることができます。AI搭載で、ピンチの時に呼ぶと、空を飛んで助けに来てくれる……そんなロボットの製作も、夢ではない時代になりました。
それで、当初、本書の中でドローンの自作を解説しようという話もありました。残念ながら時間的な問題で、お蔵入りになってしまいましたが……。しかし、YouTubeなどで「Raspberry Pi Drone」のキーワードで検索すると、ラズパイで自作した数々のドローンの勇姿を見ることができます。中には、ラズパイの基盤むき出しのドローンもあり、見ているだけで自分も作ってみたいという気持ちになってきます。
そもそも、ラズパイでドローンの自作に必要な部品は、ドローンの基本となるフレームと、プロペラ、プロペラを回すモーターと、平行を保つために必要な制御用の3軸加速度センサーなどです。
その動作原理ですが、基本的にはモーターを回すだけです。とは言え、何も考えずモーターを回すだけでは、機体が平行にならず空中に浮く前に、地面に激突してしまうことでしょう。そこで、加速度センサーで機体の傾きを調べて、平行になるようにモーターの出力を調整するのです。思ったよりも単純ですね。

とは言え、ここまで電子工作をやってきて、皆さんお気づきの通り、「言うは易く行うは難し」でしょう。調べてみると分かりますが、多くの方が、壁にぶつけてプロペラを壊したり、落下のタイミングで機体が大破したと言っています。
ですから、実用的なレベルで飛ぶドローンを作るのには、かなりのノウハウが必要とされます。本書で、電子工作の基礎を身につけた皆さん、次のステップとして、ドローンの自作に挑戦してみるのも良いのではないでしょうか。

ロボットの足 ── ラズパイ制御の ラジコンカーを作ろう

| ラズパイゼロOK |

この節のポイント

● モーターの制御を学ぼう

● ラジコンを作ろう

ここで使う部品

電子部品	個数	説明	P.088〜092の表の番号
モータードライバ「TB67H450」(※1)	2個	モーターの制御用 (K-14753)	32
電池ボックス	1個	モーターに給電する用 (P-00311)	31
セラミックコンデンサ 0.1μF	2個	モーターのノイズ対策 (P-00090)	32
タミヤ ユニバーサルプレートセット	2個	モーターを固定するプレート (P-09100)	33
タミヤ ツインモーターギヤボックス	1個	モーター付きのツインギヤボックス (K-09099)	34
タミヤ トラック&ホイールセット	1個	キャタピラのホイールセット (Amazon - ASIN: B001VZJDY2)	35
タミヤ スリムタイヤセット	1個	スリムタイヤセット (K-09500)	36
プラスチックナット＋連結(6角ジョイント)スペーサー(10mm)セット	4個	プレートを重ねるのに使用 (P-01864)	37
モバイルバッテリ	1個	ラズパイを稼働させるモバイルバッテリ	25

※1 モータードライバの「TB67H450」は、秋月電子のほかスイッチサイエンスでも「TB67H450FNG」として販売されています。基本的には同じものですが足の番号が異なります。機能を読み替えることで変更可能です。P.306のコラムを参照

工作キットを利用すれば手軽にラジコンが作れる

ラズパイで制御するラジコンカーを作ってみましょう。ラズパイのGPIOとモーターをつなぐことで、モーターの動きを制御することができます。ラズパイを心臓に据えることで、スマホで制御するラジコンカーも、手軽に制作することができます。自作ラジコンの利点は、自由に改良ができることです。車の上にWebカメラをつけると、映像のリアルタイム配信をすることができます。また、気温センサーや光りセンサーなど、各種センサーを付けておけば、遠隔操作で人間が行きづらいところまで操作して、その場の様子をモニターすることもできます。また、車の後ろにお掃除シートを固定すれば、床ふきお掃除ロボットに仕立てることもできるでしょう。

モーター制御からやってみよう

ラジコンをいきなり作るのではなく、まずは、モーターの制御の仕方を学びましょう。モーターを制御するには、モータードライバを利用します。ここでは、よく利用される「TB67H450」の使い方を紹介します。なお、「TB67H450」を使うにはハンダ付けが必要です。

モータードライバ「TB67H450」には、8本の足があります。左側に凹みがあり、左の足からそれぞれ右表のような意味です。

図5-11-1
TB67H450の写真
（ハンダ付け後）

番号	名称	意味
1	OUT2	モーターにつなぐ
2	RS	GND
3	OUT1	モーターにつなぐ
4	VM	外部電源端子（電池ボックスの［+］またはラズパイの5V）
5	VREF	モーター出力電流設定端子（ラズパイにつなぐ）
6	IN1	入力端子1（ラズパイにつなぐ）
7	IN2	入力端子2（ラズパイにつなぐ）
8	GND	GND

モータードライバのIN1/IN2に対して、右表の値を指定することで、モーターを制御することができます。ラジコンを作成するには、モーターを動かすだけでなく、逆回転で動かす必要があるので、モーターの回転方向を制御する必要があります。なお、TB67H450の電源電圧は4.5V-44Vです。そのため乾電池は4本（1.5V×4=6V）必要です（2本だと電圧不足で動きません）。

IN1	IN2	モード
LOW	LOW	ストップ
HIGH	LOW	正転/時計回り（CW）
LOW	HIGH	逆転/逆時計回り（CCW）

それでは、**図5-11-2**のようにラズパイとモーターをつなげてみましょう。
モーターは「タミヤ ツインモーターギヤボックス」のものを使います。この段階では、ジャンパワイヤのオスを、モーターの穴部分に軽く差し込むか、クリップ付きジャンパワイヤではさみましょう。
電池ボックスは、裏面に**ON-OFF**のスイッチがあるので、**ON**にしておきます。

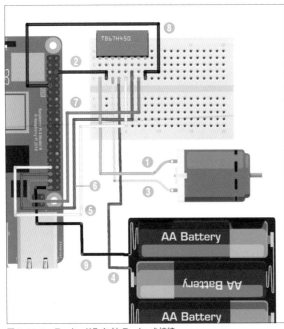

図5-11-2　モータードライバとモーターを接続

モータードライバ「TB67H450」の接続

番号	名称	接続先
1	OUT2	モーターにつなぐ ❶
2	RS	6番ピン（GND）❷
3	OUT1	モーターにつなぐ ❸
4	VM	電池ボックス(+)へ ❹
5	VREF	33番ピン（ポート13）へ ❺
6	IN1	35番ピン（ポート19）へ ❻
7	IN2	37番ピン（ポート26）へ ❼
8	GND	9番ピン（GND）❽

モーターの接続

番　号	接続先
穴1（※2）	TB67H450の1番 ❶
穴2	TB67H450の3番 ❸

※2 この段階では左右どちらでもOKです

電池ボックスの接続

線	接続先
赤（プラス）	TB67H450の4番 ❹
黒（マイナス）	TB67H450の39番ピン（GND）❾

次のプログラムは、モーターを1秒回し、1秒停止し、逆回りに1秒回すというものです。

sample file: src/ch5/tb67h450.py

```
01  import RPi.GPIO as GPIO
02  from time import sleep
03
04  # GPIOのポートを指定 --- ❶
05  R_VREF = 13
06  R_IN1 = 19
07  R_IN2 = 26
08
09  GPIO.setmode(GPIO.BCM)
10  GPIO.setup([R_VREF,R_IN1,R_IN2], GPIO.OUT)
11
12  # モーターを回す
13  # 回転速度を指定 --- ❷
14  pwm_r = GPIO.PWM(R_VREF, 50)
15  pwm_r.start(100)
16  try:
17      while True:
18          # 時計回りにモーターを回す --- ❸
19          print("時計回り");
20          GPIO.output(R_IN1, GPIO.HIGH)
21          GPIO.output(R_IN2, GPIO.LOW)
22          sleep(1)
23          # モーターを停止する
24          print("停止")
25          GPIO.output(R_IN1, GPIO.LOW)
26          GPIO.output(R_IN2, GPIO.LOW)
27          sleep(1)
28          # 逆時計回りにモーターを回す
29          print("逆回り")
30          GPIO.output(R_IN1, GPIO.LOW)
31          GPIO.output(R_IN2, GPIO.HIGH)
32          sleep(1)
33  except KeyboardInterrupt:
34      pass
35
36  GPIO.cleanup()
```

プログラムを動かすには、以下のコマンドを実行します。

ターミナルで入力

```
01  $ python3 tb67h450.py
```

プログラムを動かすと、モーターが動きます。モーターが1秒回り、1秒停止し、逆回りに1秒回ります。モータードライバから、ラズパイにつなげるのは、電源とGNDを除くと3本です。

プログラムの❶ではGPIOのポートを指定します。モータードライバの足の5番 (Vref) は、制御電源端子であり、PWM信号を送信することで、モーターの回転速度を指定できます。そして、ラズパイから6番 (IN1) と7番 (IN2) に何を出力するかで、モーターの動作を制御できます。プログラムの❷では、PMWを開始させ、回転速度を指定します。次に❸で、IN1/IN2に何を出力するかで、モーターの動作を指定できます。

ラジコンを作ろう

モータードライバの制御方法が分かったところで、ラジコンの製作に取りかかりましょう。

ギヤボックスを組み立てよう

最初に、ツインモーターギヤボックスを作ります（詳しくは、ギヤボックスの説明書が親切なので、そちらをご覧ください）。ギヤボックスができたら、ユニバーサルプレートに取り付けます。それから、タミヤの「トラック＆ホイールセット」を取り付けましょう（**図5-11-4**ではジャンパワイヤを付けていますが、実際には次節でハンダ付けします）。

図5-11-3　タミヤのギヤボックスを組み立てたところ

図5-11-4　ユニバーサルプレートにギヤボックスとタイヤを取り付けたところ

モーターのノイズを対策しよう

モーターは高速で回転するために、整流火花や回転騒音などによるノイズが発生し、外部回路に影響を及ぼすことがあります。そこで、モーター制御の精度を高めるために、セラミックコンデンサを取り付けましょう。少々、難しいのですが、モーターとセラミックコンデンサとジャンパワイヤをハンダ付けしましょう（**図5-11-5**、**図5-11-6**、**図5-11-7**）。なお、この作例の注意点ですが、乾電池は4本使ってください（理由はP.305）。

図5-11-5
モーター端子の両端にセラミックコンデンサを挿し込む

図5-11-6
モーターにコンデンサとジャンパワイヤを取り付ける

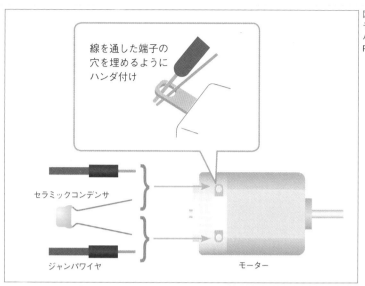

図 5-11-7
モーターとコンデンサのハンダ付け。
ハンダ付けの基本的なやり方は、
P.204 を参照

線を通した端子の
穴を埋めるように
ハンダ付け

セラミックコンデンサ

ジャンパワイヤ

モーター

モーターに電子回路をつなげよう

次に、モーターと電子回路を接続しましょう。ラジコンを作る場合、2つのモーターを制御することになりますので、2つのモータードライバにつなぎます。

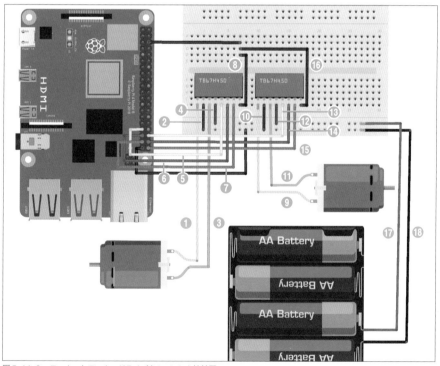

図 5-11-8　モーターとモータードライバを2つにした接続図

左側のモータードライバの接続先

番号	名称	接続先
1	OUT2	モーターにつなぐ ❶
2	RS	39番ピン（GND）❷
3	OUT1	モーターにつなぐ ❸
4	VM	電池ボックス（+）へ ❹
5	VREF	33番ピン（ポート13）❺
6	IN1	35番ピン（ポート19）❻
7	IN2	37番ピン（ポート26）❼
8	GND	6番（GND）❽

右側のモータードライバの接続先

番号	名称	接続先
1	OUT2	モーターにつなぐ ❾
2	RS	39番ピン（GND）❿
3	OUT1	モーターにつなぐ ⓫
4	VM	電池ボックス（+）へ ⓬
5	VREF	36番ピン（ポート16）⓭
6	IN1	38番ピン（ポート20）⓮
7	IN2	40番ピン（ポート21）⓯
8	GND	6番（GND）⓰

モーターの接続

番号	接続先
左のモーターの穴1	左のTB67H450の1番 ❶
穴2	左のTB67H450の3番 ❸
右のモーターの穴1	右のTB67H450の1番 ❾
穴2	右のTB67H450の3番 ⓫

電池ボックスの接続

線	接続先
赤（プラス）	左右のTB67H450の4番 ⓱
黒（マイナス）	39番（GND）⓲

※ プログラムを動かして車輪が逆に動くようなら、穴1と穴2を交換してください

特に、**図5-11-8**で、ブレッドボードの下にある横2列を利用している点に注目してください。左右2つのモータードライバの2番と4番の足をそれぞれ電池ボックスの（+）と（−）に接続しています。なお、電池ボックスから出ているコードが短い場合、その線とジャンパワイヤをハンダでつなげたり、クリップのついたコネクタ付ジャンパワイヤで挟んでしまう方法もあるでしょう。
図5-11-9は実際に回路を接続してみたところです。

図5-11-9　配線してみたところ

この回路を動かすプログラムは、以下のようになります。ラジコンを1.5秒ごとに、前へ、後ろへ、停止させて、と繰り返し実行するものです。とりあえず、モーターが回ることを確かめてみましょう。

samplefile: src/ch5/motor.py

```
01  import RPi.GPIO as GPIO
02  from time import sleep
03
04  # GPIOのポートを指定 --- ❶
05  L_VREF = 16
```

```
06  L_IN1 = 20
07  L_IN2 = 21
08
09  R_VREF = 13
10  R_IN1 = 19
11  R_IN2 = 26
12
13  motor_ports = [
14      [L_IN1, L_IN2, L_VREF],
15      [R_IN1, R_IN2, R_VREF]
16  ]
17
18  GPIO.setmode(GPIO.BCM)
19  for ports in motor_ports:
20      GPIO.setup(ports, GPIO.OUT)
21
22  # モーターを制御する関数を定義 --- ❷
23  def set_motor(pno, job):
24      ta_switch = [
25          [0, 0], # 停止
26          [1, 0], # 時計回り
27          [0, 1]] # 反時計回り
28      ports = motor_ports[pno]
29      sw = ta_switch[job]
30      GPIO.output(ports[0], sw[0])
31      GPIO.output(ports[1], sw[1])
32
33  # 両方のモーターを同時に制御する
34  def set_motor2(job):
35      set_motor(0, job)
36      set_motor(1, job)
37
38  # モーターを回す
39  # 回転速度を指定 --- ❸
40  pwm_l = GPIO.PWM(L_VREF, 50)
41  pwm_r = GPIO.PWM(R_VREF, 50)
42  pwm_l.start(100)
43  pwm_r.start(100)
44
45  if __name__ == "__main__":
46      try:
47          while True:
48              print("前へ")
49              set_motor2(1) # 前へ --- ❹
50              sleep(1.5)
51              print("後ろへ")
52              set_motor2(2) # 後ろへ
53              sleep(1.5)
54              print("停止")
55              set_motor2(0) # 停止
56              sleep(1.5)
57
58      except KeyboardInterrupt:
59          pass
60      GPIO.cleanup()
```

chapter
5-11

プログラムを実行するには、以下のコマンドを記入します。プログラムを実行すると、モーターが時計回りに回転し、少しすると、逆回転するのを確認できるでしょう。

ターミナルで入力

```
01  $ python3 motor.py
```

もし、うまくモーターが回らない場合、回路の接続が正しくできていません。もう一度、配線を確認しましょう。線が多いので、挿し間違いに注意しましょう。

また、前進するときに、2つのモーターが正しく前進方向に動くかを確認してください。もし、左右の車輪が逆回りになってしまうと、前進しないので、モータードライバの1番と3番の配線を交換します。

さて、このプログラムですが、モーターが1つ増えただけで、前回のものとほとんど同じです。プログラムの❶では、GPIOポートを指定しています。❷では、モーターを制御する関数を定義しています。引数jobに0を与えると停止、1で時計回り、2で反時計回りとなります。

前回と同様に、プログラムの❸では、モーターの回転速度を指定し、❹では、モーターを動かします。

ユニバーサルプレートにラズパイを乗せよう

回路が完成し、モーターが制御できることを確認したら、ユニバーサルプレートにラズパイを乗せて、ラジコンとして操作できるようにしましょう。ユニバーサルプレートはプラスチックナットで柱を立てることで何重にも重ねることができます。そのため、かなり自由度が高い配置が可能です。

ここでは、1層目にギヤボックス、2層目にモバイルバッテリーと電池ボックス、3層目にラズパイとブレッドボード（モータードライバ）という構成にしてみます。

最初に、ギヤボックスを取り付けたユニバーサルプレートへ、プラスチックナットの柱を4カ所立てます。そして、ユニバーサルプレートを載せてビスで固定します（**図5-11-10**）。

次に、ユニバーサルプレート上に、モバイルバッテリーと電池ボックスを積みましょう。ここでは、バッテリーと電池ボックスの間にプラスチックナットの柱を立て、輪ゴムや100円ショップの結束バンドを利用して、落ちないように固定しました（**図5-11-11**）。

図5-11-10　柱を立てユニバーサルプレートを載せた

図5-11-11　まずはモバイルバッテリーを積む

そして、さらにユニバーサルプレートを重ねて3層目を作りました。この上にはラズパイとブレッドボードを配置します。これらが固定できる場所にナットを立てます（**図5-11-12**）。

最後に、最上面を仕上げましょう。ラズパイはビスで固定し、ブレッドボードは結束バンドで固定します。ただし、

なかなかサイズがぴったり合わないので、念のため落ちないようテープでしっかり固定しました。固定したら、配線を仕上げましょう。なお、ここでは、ラズパイゼロを搭載してみましたが、ラズパイ4でも問題なく動きます（**図5-11-13**）。

図5-11-12　ラズパイをプラスチックナットで固定

図5-11-13　ブレッドボードも固定したら完成

スマホをリモコンで操作しよう

先のプログラムでは、あらかじめ決めた動きをするだけでした。しかし、それでは、面白くありません。スマホをリモコンにして、操作できるようにしてみましょう。

Chapter 5-4では、PythonでWebサーバーを作り、画像のライブ配信をしました。今回は、Webブラウザからリモコン操作を受け付け、それを受け取ってモーターを制御するサーバーを作ってみましょう。

まずは、Webブラウザの操作画面から作ってみましょう。HTMLで作成します。

samplefile: src/ch5/motor-client.html

```
01  <!DOCTYPE html><html><head><meta chatset="utf-8">
02  <meta name="viewport" content="width=device-width">
03  <script src="https://code.jquery.com/jquery-3.1.1.min.js"></script>
04  <style> button { font-size:30px; border-radius:6px;  } </style>
05  </head><body style="text-align:center; font-size:30px;">
06  <script>
07    function send(cmd) { $.get(cmd); $('#msg').html(cmd); }
08  </script><p>
09    <button onclick="send('forward')">↑</button><br>
10    <button onclick="send('left')">←</button>
11    <button onclick="send('stop')">□</button>
12    <button onclick="send('right')">→</button><br>
13    <button onclick="send('back')">↓</button><br>
14    <p id="msg"></p>
15  </p></body></html>
```

そして、HTMLを送出し、モーターを制御するWebサーバーのプログラムは、以下のようになります。

このプログラムは、P.300で作った「motor.py」をモジュールとして利用しますので、同じフォルダにコピーしておいてください。

```
01  from http.server import HTTPServer, BaseHTTPRequestHandler
02  import motor
03  import RPi.GPIO as GPIO
04
05  class MotorServerHandler(BaseHTTPRequestHandler):
06      # アクセスがあったとき
07      def do_GET(self):
08          path = self.path
09          print("path=", path)
10          body = "ok"
11          if path == "/":
12              f = open("motor-client.html", encoding='utf-8')
13              body = f.read()
14              f.close()
15          if path == "/forward":
16              motor.set_motor2(1)
17          elif path == "/back":
18              motor.set_motor2(2)
19          elif path == "/left":
20              motor.set_motor(0, 1)
21              motor.set_motor(1, 0)
22          elif path == "/right":
23              motor.set_motor(0, 0)
24              motor.set_motor(1, 1)
25          elif path == "/stop":
26              motor.set_motor2(0)
27          else:
28              print("command unknown")
29          self.send_response(200)
30          self.send_header('Content-Type', 'text/html;charset=utf-8')
31          self.end_headers()
32          self.wfile.write(body.encode('utf-8'))
33  try:
34      # サーバーを開始
35      addr = ('', 8081)
36      httpd = HTTPServer(addr, MotorServerHandler)
37      print("サーバーを開始")
38      httpd.serve_forever()
39  except KeyboardInterrupt:
40      pass
41  httpd.socket.close()
42  GPIO.cleanup()
```

プログラムの実行方法ですが、まずは、Webサーバーを実行します。ラズパイのターミナルで、以下のコマンドを実行します。

```
01  $ python3 motor-server.py
```

その上で、同一LAN内のスマートフォンで、ラズパイのIPアドレスにアクセスします。

[URL] http://(ラズパイのIPアドレス):8081/

すると、**図5-11-14**のような操作画面が表示されます。上下左右のボタンを押すと、その方向に車が動きます。そして、中央の「□」を押すと車は止まります。

ラジコンカーを動かしている動画が以下にあります。

● ラジコンを動かしているビデオ

[URL] https://youtu.be/l9X19tATVDQ

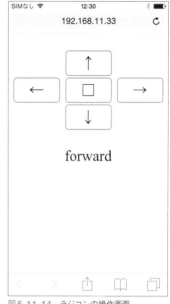

図5-11-14　ラジコンの操作画面

実は失敗していました

本節では、タミヤのトラック＆ホイールを利用して前後左右に動くラジコンカーを作りましたが、実は本ラジコンカーを作る際に大失敗していたのです。ユニバーサルプレートと一緒に使えるパーツとして、スリムタイヤのセットを購入しました。スリムタイヤを使って自動車を作ったのが右の写真です。

試行錯誤しつつも、スリムタイヤを使ってラジコンカーを組み立てました。動かしてみると、スマートに前後に動くので嬉しくなりました。しかし、残念ながら、肝心の左右への方向転換ができませんでした。

図5-11-15　スリムタイヤで作ったラジコン

モーターが2つあるので、片方だけのモーターを回せば、方向の転換ができるだろうと安易に考えていたのですが、残念ながら前後にしか動きませんでした。ギヤボックスとつながっていないタイヤを外すと動いたのですが、かっこ悪いので却下しました。

その後、別途トラック＆ホイールを購入して、タイヤを付け替えただけで問題を解決できました。また、当初は異なるモータードライバを用いたため単三電池2本の電池ボックスでも動かすことができたのですがパワー不足でした。そこで、単三電池4本のボックスに載せ替えたところ、パワーが向上し左右方向に向きを変えるのがスムーズになりました。ちょっとしたことなのですが物作りには失敗がつきものです。やってみないと分からないことは多いですね。ちょっとした改良で完成度を高めることができます。

なお、改造のヒントですが、Chapter 5で紹介したカメラを搭載したり、スピーカーを搭載すれば、見たり話したりするロボットになります。また、Chapter 3、Chapter 4で紹介したいろいろなセンサーを搭載することもできるでしょう。いろいろと工夫してみてください。

この節のまとめ

ラズパイはモバイルバッテリーでも動かすことができます。この利点を活かせば、電源のない野外でも、自作のロボットやガジェットを動かすことができます。そして、Wi-Fiがあるところでは、今回作ったラジコンカーのようにスマートフォンやタブレットと連携して動かすこともできます。

TIPS

モータードライバにスイッチサイエンスの「TB67H450FNG」を使う場合

スイッチサイエンスで発売されている「TB67H450FNG搭載モータドライバ ピッチ変換基板」を使っても同

じようにモーターを制御できます。基本的にChapter 5-11で紹介した秋月電子通商で発売されているものと機能は同じです。ピンの順番が違うだけで、基盤に印字されている説明も同じです。

なお、このモータードライバですが、以前流通していたモータードライバ「TA7291P」のピン配置と近づけたものとなっています。10本の足がありますがそのうち2本は使いません。

TB67H450FNGの接続

番号	名称	接続先
1	GND	ラズパイのGNDにつなぐ
2	OUT1	モーターにつなぐ
3	N.C.	未接続
4	VREF	モーター出力電流設定端子。33番ピン（ポート13）へ
5	IN1	入力端子1。35番ピン（ポート19）へ
6	IN2	入力端子2。37番ピン（ポート26）へ
7	VM	外部電源端子。電池ボックスの［+］またはラズパイの5Vへ）
8	RS	ラズパイのGNDにつなぐ
9	N.C.	未接続
10	OUT2	モーターにつなぐ

COLUMN

本書のまとめ

以上、本書では、ラズパイのセットアップから、スマホで操作できる自作ラジコンまで、ラズパイの使い方から電子ガジェットの作成まで基本的な事柄を解説することができました。きっと「本書の手順通りにやっても、動かなかった」とか「部品を差し間違えて壊してしまった」という方もいるでしょう。もし、動かなかったときは、冷静になって手順を1つずつ最初から試してみましょう。また、頭をひねって動かない原因を追求してみましょう。そもそも、「動かなくて悩むこと」というのは、無駄なことに思えるかもしれませんが、「失敗すること」こそが大切なんです。「失敗は成功のもと」という言葉の意味が後になって分かるでしょう。

それから、ここまで、電子ガジェットや簡易ロボットを作ってみた読者の皆さんであれば「自分でオリジナルガジェットを作ってみよう」という気持ちになっているのではないでしょうか。本書の作例を組み合わせたり、少し改良することで、オリジナルガジェットが制作できます。ぜひ頭の中にあるアイデアを実際の形にしてみてください。本書が、楽しい「ものづくり体験」の最初の一歩になれば幸いです。

Index

コマンド

著者プロフィール

クジラ飛行机（くじら ひこうづくえ）
一人ユニット「クジラ飛行机」名義で活動するプログラマー。
代表作に、テキスト音楽「サクラ」や日本語プログラミング言語「なでしこ」など。
2001年オンラインソフト大賞入賞、2005年IPAのスーパークリエイター認定、2010年
IPA OSS貢献者賞受賞。技術書も多く執筆しており、HTML5/JS・PHP・Pythonや機
械学習・アルゴリズム関連の書籍を多く手がけている。

STAFF

本文・カバーイラスト：2g (https://twograms.jimdo.com)
装丁：三宮 暁子（Highcolor）
DTP：AP_Planning
編集：伊佐 知子

やさしくはじめる **ラズベリー・パイ**
改訂2版［Raspberry Pi OS 対応］
電子工作で簡易ロボット＆ガジェットを作ろう

2021年10月27日　初版第1刷発行

著者	クジラ飛行机
発行者	滝口 直樹
発行所	株式会社 マイナビ出版
	〒101-0003　東京都千代田区一ツ橋2-6-3　一ツ橋ビル2F
	TEL：0480-38-6872（注文専用ダイヤル）
	TEL：03-3556-2731（販売）
	TEL：03-3556-2736（編集）
	E-Mail：pc-books@mynavi.jp
	URL：https://book.mynavi.jp
印刷・製本	シナノ印刷株式会社

©2021 クジラ飛行机, Printed in Japan
ISBN978-4-8399-7756-6